KB158842

재배학(개론)
기출문제집

재배학(개론)
기출문제집

초판 인쇄	2025년 01월 08일
초판 발행	2025년 01월 10일

편 저 자 | 공무원연구소

발 행 처 | 소정미디어㈜

등록번호 | 제313-2004-000114호

주　　소 | 경기도 고양시 일산서구 덕산로 88-45(가좌동)

대표전화 | 031-922-8965

팩　　스 | 031-922-8966

▷ 이 책은 저작권법에 따라 보호받는 저작물로 무단 전재, 복제, 전송 행위를 금지합니다.

▷ 내용의 전부 또는 일부를 사용하려면 저작권자와 소정미디어(주)의 서면 동의를 반드시 받아야 합니다.

▷ ISBN과 가격은 표지 뒷면에 있습니다.

▷ 파본은 구입하신 곳에서 교환해드립니다.

Preface

모든 시험에 앞서 가장 중요한 것은 출제되었던 문제를 풀어봄으로써 그 시험의 유형 및 출제경향, 난이도 등을 파악하는 데에 있다. 즉, 최소시간 내 최대의 학습효과를 거두기 위해서는 기출문제의 분석이 무엇보다도 중요하다는 것이다.

재배학(개론) 가출문제집은 그동안 시행된 국가직, 지방직, 서울시 기출문제를 시행처와 시행연도별로 깔끔하게 정리하여 담고 문제마다 상세한 해설과 함께 관련 이론을 수록하여 다시 한번 점검의 시간을 가질 수 있도록 하였다.

수험생은 본서를 통해 변화하는 출제경향을 파악하고 학습의 방향을 잡아 단기간에 최대의 학습효과를 거둘 수 있을 것이다.

1%의 행운을 잡기 위한 99%의 노력! 본서가 수험생 여러분의 행운이 되어 합격을 향한 노력에 힘을 보탤 수 있기를 바란다.

Structure

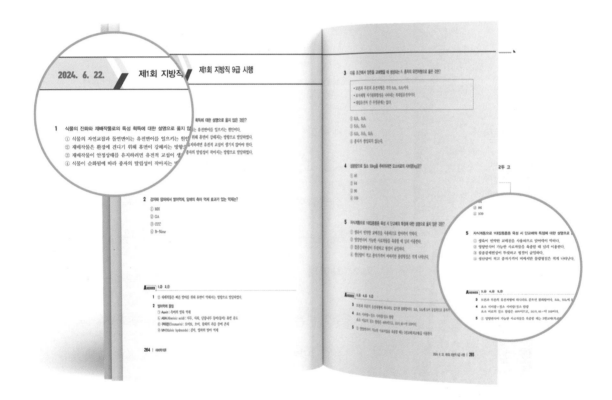

최신 기출문제분석

2024년 최신 기출문제를 비롯한 최다 기출문제를 수록하여 모든 시험에서 가장 중요한 기출 동향을 파악하고, 학습한 이론을 정리할 수 있습니다. 기출문제들을 반복하여 풀어봄으로써 이전 학습에서 확실하게 깨닫지 못했던 세세한 부분까지 철저하게 파악, 대비하여 실전대비 최종 마무리를 완성하고, 스스로의 학습상태를 점검할 수 있습니다.

상세한 해설

상세한 해설을 통해 한 문제 한 문제에 대한 학습을 가능하도록 하였습니다. 정답을 맞힌 문제라도 꼼꼼한 해설을 통해 다시 한 번 내용을 확인할 수 있습니다. 틀린 문제를 체크하여 내가 취약한 부분을 파악할 수 있습니다.

Contents

재배학(개론)

재배학(개론)

1 〈보기〉에서 설명하고 있는 특성을 모두 지닌 작물은?

> • 광합성 과정에서 광호흡이 거의 없다.
> • 고립상태일 때의 광포화점은 80~100%이다.(단위는 조사광량에 대한 비율이다.)

① *Oryza sativa* L.

② *Zea mays* L.

③ *Triticum aestivum* L.

④ *Glycine max* L.

2 색소체 DNA(cpDNA)와 미토콘드리아 DNA(mtDNA)의 유전에 대한 설명으로 가장 옳지 않은 것은?

① cpDNA와 mtDNA의 유전은 정역교배의 결과가 일치하지 않고, Mendel의 법칙이 적용되지 않는다.

② cpDNA와 mtDNA의 유전자는 핵 게놈의 유전자지도에 포함될 수 없다.

③ cpDNA에 돌연변이가 발생하면 잎색깔이 백색에서 얼룩에 이르기까지 다양하게 나온다.

④ 식물의 광합성 및 NADP합성 관련 유전자는 mtDNA에 의해서 지배된다.

ANSWER 1.② 2.④

1 ② 옥수수(*Zea mays* L.)는 C4 식물로, 광호흡이 거의 없고 광포화점이 높다.
①③④ C3 식물로 광호흡이 발생하고 광포화점이 낮다.

2 식물의 광합성 관련 유전자는 색소체 DNA(cpDNA)에 의해 지배된다. mtDNA는 주로 세포 호흡과 관련된 유전자 이다.

3 양성잡종(*AaBb*)에서 F$_2$의 표현형분리가 (9*A_B_*) : (3*A_bb* + 3*aaB_* + 1*aabb*)로 나타난 경우에 대한 설명으로 가장 옳지 않은 것은?

① A와 B 사이에 상위성이 있는 경우 발생한다.
② 수수의 알갱이 색깔이 해당된다.
③ 벼의 밑동색깔이 해당된다.
④ 비대립유전자 사이의 상호작용 때문이다.

4 유전력과 선발에 대한 설명으로 가장 옳지 않은 것은?

① 유전력은 개체별 측정치 또는 후대의 계통 평균치를 이용했는가에 따라서 차이를 보인다.
② 우성효과가 크면 협의의 유전력이 커지고, 후기 세대에서 선발하는 것이 유리하다.
③ 환경의 영향이 작고 우성효과가 작은 경우, 초기 세대에서의 개체선발이 유효하다.
④ 유전획득량이 선발차보다 작게 되는 가장 큰 이유는 세대 진전에 따라 우성효과가 소멸되기 때문이다.

5 작물이 재배형으로 변화하는 과정에서 생겨난 형태적·유전적 변화가 아닌 것은?

① 기관의 대형화
② 종자의 비탈락성
③ 저장전분의 찰성
④ 종자 휴면성 증가

ANSWER   3.② 4.② 5.④

3 ② F$_2$의 표현형분리가 (9*A_B_*) : (3*A_bb* + 3*aaB_* + 1*aabb*)로 나타난 것은 유전자 비율에 따라 보족유전이다. 수수의 알갱이 색깔은 억제유전자에 해당한다.

4 ② 우성효과가 클 경우 협의의 유전력은 오히려 낮아지고, 우성효과가 크면 초기 세대에서 개체 선발이 더 유리하다.

5 ④ 재배자가 의도한 시기에 쉽게 발아할 수 있도록 하기 위해서 재배형 작물에서는 일반적으로 종자 휴면성이 감소한다.

6 작물과 수분에 대한 설명으로 가장 옳지 않은 것은?

① 세포가 수분을 최대로 흡수하면 삼투압과 막압이 같아서 확산압차(DPD)가 0이 되는 팽윤(팽만)상태가 된다.

② 수수, 기장, 옥수수는 요수량이 매우 적고, 명아주는 매우 크다.

③ 세포의 삼투압에 기인하는 흡수를 수동적 흡수라고 한다.

④ 일비현상은 뿌리 세포의 흡수압에 의해 생긴다.

7 〈보기〉에서 작물의 필수원소와 생리작용에 대한 설명으로 옳은 것을 모두 고른 것은?

> ㉠ 철은 엽록소와 호흡효소의 성분으로, 석회질토양 및 석회과용토양에서는 철 결핍증이 나타난다.
> ㉡ 염소는 통기 불량에 대한 저항성을 높이고, 결핍되면 잎이 황백화되며 평행맥엽에서는 조반이 생기고 망상 맥엽에서는 점반이 생긴다.
> ㉢ 황은 세포막 중 중간막의 주성분으로 분열조직의 생장, 뿌리 끝의 발육과 작용에 반드시 필요하다.
> ㉣ 마그네슘은 엽록소의 형성재료이며, 인산대사나 광합성에 관여하는 효소의 활성을 높인다.
> ㉤ 몰리브덴은 질산환원효소의 구성성분으로, 결핍되면 잎 속에 질산태질소의 집적이 생긴다.

① ㉠㉡㉢ ② ㉠㉣㉤

③ ㉡㉢㉣ ④ ㉢㉣㉤

8 작부체계에 대한 설명으로 가장 옳지 않은 것은?

① 교호작은 전작물의 휴간을 이용하여 후작물을 재배하는 방식이다.

② 혼작 시 재해 및 병충해에 대한 위험성을 분산시킬 수 있다.

③ 간작의 단점은 후작으로 인해 전작의 비료가 부족하게 될 수 있다는 점이다.

④ 주위작으로 경사지의 밭 주위에 뽕나무를 심어 토양 침식을 방지하기도 한다.

ANSWER 6.③ 7.② 8.①

6 ③ 세포의 삼투압에 기인하는 흡수는 능동적 흡수에 해당한다. 수동적 흡수는 삼투압 차이에 의해 물이 자연스럽게 이동하는 현상이다.

7 ㉡ 염소는 식물에 필요한 미량 원소에 해당하지만 통기 불량에 대한 저항성과는 관련이 없다.
㉢ 황은 아미노산과 단백질의 구성 성분이다. 세포막보다는 단백질 합성에 관여한다.

8 ① 교호작은 한 해 또는 같은 시기에 다른 두 작물을 같은 밭에 번갈아 재배하는 방식이다. 전작물의 휴간을 이용하는 방식은 윤작이다.

9 〈보기〉에서 시설 내 탄산 시비에 대한 설명으로 옳은 것을 모두 고른 것은?

> ㉠ 탄산가스 사용 최적농도 범위는 엽채류가 토마토나 딸기보다 더 높다.
> ㉡ 탄산가스 발생제를 이용하면 발생량과 시간의 조절이 쉽다.
> ㉢ 시설 내 광도에 따라 탄산가스 포화점이 변하기 때문에 시비량을 조절한다.
> ㉣ 일반적으로 광합성 효율이 좋은 오후가 오전보다 탄산시비 시기로 적당하다.

① ㉠㉢   ② ㉠㉣
③ ㉡㉢   ④ ㉡㉣

10 춘화처리의 농업적 이용에 대한 설명으로 가장 옳지 않은 것은?

① 월동작물의 채종에 이용한다.
② 맥류의 육종에 이용한다.
③ 딸기의 반촉성재배에 이용한다.
④ 라이그래스류의 종 또는 품종의 감정에 이용한다.

11 특정 광도에서 이산화탄소의 흡수 및 방출을 측정하여 외견상광합성률이 30mg/m^2/h이고, 호흡으로 소모된 이산화탄소가 0.5mg/m^2/min인 경우 진정광합성률은?

① 30.5mg/m^2/min   ② 30.5mg/m^2/h
③ 29.5mg/m^2/h   ④ 60.0mg/m^2/h

ANSWER 9.① 10.③ 11.④

9 ㉠ 엽채류 1,500~2,500ppm, 딸기나 토마토 500ppm으로 더 높다.
　㉡ 탄산가스 발생제를 이용하면 조절이 쉽지 않다.
　㉣ 광합성 효율은 오전에 더 높기 때문에 탄산시비는 오전에 하는 것이 적당하다.

10 ③ 딸기의 반촉성재배는 저온 요구 없이 겨울철에 딸기를 재배하여 조기 수확하는 것이다. 저온 처리가 아닌 온
　실 등에서 재배 환경을 조절하는 방식이므로 춘화처리와 관련이 없다.

11 외견상광합성률은 30 mg/m^2/h, 호흡으로 소모된 이산화탄소는 0.5 mg/m^2/min이다.
　호흡으로 소모된 이산화탄소를 시간 단위로 환산하면 0.5 mg/m^2/min * 60 min/h = 30mg/m^2/h이다.
　진정광합성률은 '외견상광합성률 + 호흡으로 소모된 이산화탄소'으로 구할 수 있다.
　진정광합성률 = 30mg/m^2/h + 30mg/m^2/h = 60mg/m^2/h

12 양열온상에 대한 설명으로 가장 옳지 않은 것은?

① 볏짚, 건초, 두엄 같은 탄수화물이 풍부한 발열재료를 사용한다.
② 물을 적게 주고 허술하게 밟으면 발열이 빨리 일어난다.
③ 발열에 적당한 발열재료의 C/N율은 30~40 정도이다.
④ 낙엽은 볏짚보다 C/N율이 더 낮다.

13 작물의 시설재배에서 사용되는 피복재는 기초피복재와 추가피복재로 나뉜다. 일반적으로 사용되는 기초 피복재가 아닌 것은?

① 알루미늄 스크린
② 폴리에틸렌 필름
③ 염화비닐
④ 판유리

14 질소 · 인산 및 칼륨질 성분이 각각 30% · 5% 및 10%로 구성된 복합비료를 이용하여 질소시비를 하고자 한다. 질소의 흡수량이 10kg/10a이고, 천연 공급량이 1kg/10a, 질소의 흡수율이 30%인 경우 1ha 시비에 필요한 복합비료의 양[kg]은?

① 100kg
② 1000kg
③ 90kg
④ 900kg

12 ③ 발열에 적당한 발열재료의 C/N율은 20~30이다.

13 ① 추가 피복재로 사용된다. 열 차단, 차광 및 온도 조절을 위해 사용된다.

14 질소의 흡수량이 10kg/10a이고, 천연 공급량이 1kg/10a이므로 추가로 필요한 질소량은 9kg/10a이다.
흡수율이 30%이므로 9kg/10a ÷ 0.3 = 30kg/10a이다.
복합비료 중 질소의 비율을 이용하여 복합비료의 필요량 계산하면 30kg/10a ÷ 0.3 = 100kg/10a이다.
1ha로 환산하면 100 kg/10a * 10 = 1000 kg/ha이다.

15 개화 이외의 일장효과에 대한 설명으로 가장 옳지 않은 것은?

① 대체로 단일조건에서 고구마 괴근과 양파 인경의 비대가 조장된다.
② 담배는 한계일장 이상의 일장조건에서 영양생장을 계속하면 거대형 식물이 된다.
③ 콩은 화아형성 후의 일장이 단일조건이면 결협이 촉진된다.
④ 단일조건은 삼의 성전환(암 ↔ 수)을 조장한다.

16 변온과 작물생육에 대한 설명으로 가장 옳은 것은?

① 감자의 괴경은 20~29℃의 변온에서 현저히 촉진된다.
② 계속되는 야간의 고온은 콩의 개화를 촉진시키나 낙뇌낙화를 조장한다.
③ 벼는 분얼최성기까지는 밤의 저온이 신장과 분얼을 증가시킨다.
④ 분지에서 재배된 벼가 해안지에서 재배된 벼보다 등숙이 느리다.

17 종자의 발아촉진물질 처리에 대한 설명으로 가장 옳지 않은 것은?

① 지베렐린은 감자, 약용인삼에 효과적이다.
② 에스렐 수용액은 딸기에 효과적이다.
③ 시토키닌은 양상추에서 지베렐린의 효과가 있으나 땅콩의 발아촉진에는 효과가 없다.
④ 질산염은 화본과목초의 발아를 촉진한다.

ANSWER 15.① 16.② 17.③

15 ① 고구마는 단일조건에서 괴근 비대가 촉진되지만, 양파는 장일조건에서 비대가 촉진된다.

16 ① 16~20℃에서 가장 잘 이루어진다.
③ 벼는 일반적으로 따뜻한 온도에서 분얼이 잘 일어나고, 밤의 저온은 벼의 신장과 분얼을 저해한다.
④ 해안지에서 재배된 벼가 등숙이 더 빠르다.

17 ③ 양상추와 땅콩의 발아촉진에는 에세폰이 효과가 있다.

18 방사성동위원소의 이용에 대한 설명으로 가장 옳지 않은 것은?

① ^{14}C를 이용하면 제방의 누수개소의 발견, 지하수의 탐색과 유속측정을 정확하게 할 수 있다.

② ^{60}Co, ^{137}Cs 등에 의한 γ선 조사는 살균, 살충 및 발아억제의 효과가 있으므로 식품의 저장에 이용된다.

③ ^{32}P, ^{42}K, ^{45}Ca 등의 이용으로 인, 칼륨, 칼슘 등 영양 성분의 생체 내에서의 동태를 파악할 수 있다.

④ ^{11}C로 표지된 이산화탄소를 잎에 공급하고, 시간 경과에 따른 탄수화물의 합성과정을 규명할 수 있다.

19 식물생장조절제에 대한 설명으로 가장 옳은 것은?

① 아브시스산을 장일 조건하에서 딸기에 처리하면 화성 유도가 촉진된다.

② 합성호르몬 에세폰을 파인애플에 처리하면 개화가 되지 않는다.

③ 합성호르몬 에세폰을 양상추 종자에 처리하면 발아가 지연된다.

④ 지베렐린을 저온처리와 장일조건을 필요로 하는 총생형 식물에 처리하면 개화가 지연될 수 있다.

20 작물의 수확 후 관리에 대한 설명으로 가장 옳지 않은 것은?

① 고구마, 감자 등 수분함량이 높은 작물은 큐어링을 해준다.

② 서양배 등은 미숙한 것을 수확하여 일정 기간 보관해서 성숙시키는 후숙을 한다.

③ 과실은 수확 직후 예냉을 통해 저장이나 수송 중에 부패를 적게 할 수 있다.

④ 담배 등은 품질 향상을 위해 양건을 한다.

ANSWER 18.① 19.① 20.④
....

18 ① ^{14}C는 생물학적 연구나 연대 측정과 관련된 연구에서 사용된다.

19 ②③ 에세폰은 에틸렌 방출제로 파인애플의 개화와 양상추의 발아를 유도한다.
    ④ 지베렐린은 개화를 촉진한다.

20 ④ 품질 향상을 위해서 양건보다는 공기 건조 방식이 사용된다.

1 타식성작물의 육종 방법이 아닌 것은?

① 순계선발   ② 집단선발
③ 합성품종   ④ 순환선발

2 중경의 이점이 아닌 것은?

① 가뭄 피해를 줄일 수 있다.
② 비효증진의 효과가 있다.
③ 토양 통기 조장으로 뿌리의 생장이 왕성해진다.
④ 동상해를 줄일 수 있다.

3 작물의 생식에 대한 설명으로 옳지 않은 것은?

① 종자번식작물의 생식 방법에는 유성생식과 아포믹시스가 있고 영양번식작물은 무성생식을 한다.
② 유성생식작물의 세대교번에서 배우체세대는 감수분열을 거쳐 포자체세대로 넘어간다.
③ 한 개체에서 형성된 암배우자와 수배우자가 수정하는 것은 자가수정에 해당한다.
④ 타식성작물을 자연상태에서 세대 진전하면 개체의 유전자형은 이형접합체로 남는다.

ANSWER   1.①   2.④   3.②

1 ① 순계선발은 자식성작물의 육종 방법에 해당한다.

2 ④ 중경은 토양 표면을 부드럽게 하고 통기성을 높여 뿌리의 생장을 돕지만 동상해 감소에는 효과가 없다.

3 ② 유성생식작물에서 배우체세대는 감수분열을 통해 포자체세대를 형성하지 않는다. 포자체세대는 감수분열을 통해 배우체세대를 형성한다.

4 단위결과에 대한 설명으로 옳지 않은 것은?

① 파인애플은 자가불화합성에 기인한 단위결과가 나타난다.
② 오이는 단일과 야간의 저온에 의해 단위결과가 유도될 수 있다.
③ 지베렐린 처리는 단위결과를 유도할 수 없다.
④ 옥신 계통의 화합물(PCA, NAA)은 단위결과를 유기할 수 있다.

5 용도에 따른 작물별 분류와 그에 속하는 작물을 모두 옳게 짝지은 것은?

① 화곡류 – 보리 녹비작물 – 호밀 핵과류 – 복숭아
② 잡곡 – 옥수수 인과류 – 딸기 초본화훼류 – 국화
③ 맥류 – 메밀 약용작물 – 박하 섬유작물 – 삼
④ 전분작물 – 고구마 유료작물 – 아주까리 협채류 – 배추

6 유전자변형농산물인 황금쌀(Golden Rice)에 대한 설명으로 옳은 것은?

① 플레이버세이버(Flavr Savr)라고도 불린다.
② 곰팡이의 카로틴디새튜라아제(carotene desaturase) 유전자를 이용하였다.
③ 비타민 A의 전구물질인 β-카로틴(β-carotene)을 다량 함유한다.
④ 벼 종자의 저장단백질인 아이소플라빈(isoflavine) 유전자를 재조합하였다.

ANSWER 4.③ 5.① 6.③
- -

4 ③ 지베렐린 처리는 과일의 단위결과를 유도한다.

5 ② 딸기는 장과류이다.
③ 메밀은 잡곡류이다.
④ 배추는 경엽채류이다.

6 ① 플레이버세이버(Flavr Savr)는 유전자변형 토마토이다.
②④ 황금쌀과는 관련이 없는 유전자이다.

7 파종 양식에 대한 설명으로 옳지 않은 것은?

① 산파는 통기 및 투광이 나빠지며 도복하기 쉽고, 관리 작업이 불편하나 목초와 자운영 등에 적용한다.

② 조파는 개체가 차지하는 평면 공간이 넓지 않은 작물에 적용하는 것으로 수분과 양분의 공급이 좋다.

③ 점파는 종자량이 적게 들고, 통풍 및 투광이 좋고 건실하며 균일한 생육을 하게 된다.

④ 적파는 개체가 평면으로 넓게 퍼지는 작물 재배 시 적용하는 방식이다.

8 작물의 생육에 필요한 무기성분에 대한 설명으로 옳은 것은?

① 작물의 생육에서 탄소, 수소, 산소를 제외한 7개의 다량원소와 6개의 미량원소가 토양 중에서 이온 상태로 공급된다.

② 칼슘은 세포의 팽압을 유지하는 기능과 함께 알루미늄의 과잉 흡수를 조장한다.

③ 마그네슘은 엽록소의 구성 원소로 잎에 많이 축적되며, 체내 이동이 용이하지 않다.

④ 붕소는 식물 체내 이동성이 낮으므로 결핍증이 주로 식물체의 생장점이나 저장기관에서 나타나기 쉽다.

ANSWER 7.④ 8.④
....

7 ④ 적파는 적당한 간격으로 줄을 맞춰서 파종하는 방식으로 넓게 퍼지는 작물보다는 밀식재배가 가능한 작물에 적용된다.

8 ① 작물의 생육에 필요한 다량원소는 질소(N), 인(P), 칼륨(K), 칼슘(Ca), 마그네슘(Mg), 황(S)로 6개이다. 미량 원소는 철(Fe), 망간(Mn), 아연(Zn), 구리(Cu), 몰리브덴(Mo), 염소(Cl), 붕소(B)로 7개이다.

② 칼슘은 세포의 팽압을 유지하는 역할을 하지만, 알루미늄의 과잉 흡수를 조장하지 않는다.

③ 마그네슘은 엽록소의 중심 원소이다. 마그네슘은 체내 이동이 용이하여 결핍 시 잎의 가장자리부터 황화 현상이 나타난다.

9 내건성이 강한 작물의 특징에 대한 설명으로 옳은 것만을 모두 고르면?

> ㉠ 탈수되면 잎이 말려서 표면적이 축소되는 형태적 특성을 지닌다.
> ㉡ 세포 중 원형질이나 저장 양분이 차지하는 비율이 높다.
> ㉢ 원형질막의 수분, 요소, 글리세린 등에 대한 투과성이 작다.
> ㉣ 건조할 때 호흡이 낮아지는 정도가 작고 증산이 억제된다.

① ㉠, ㉡
② ㉠, ㉢
③ ㉡, ㉣
④ ㉢, ㉣

10 작물의 수분퍼텐셜에 대한 설명으로 옳지 않은 것은?

① 세포의 팽만상태는 수분퍼텐셜이 0이다.
② 수분퍼텐셜과 삼투퍼텐셜이 같으면 원형질 분리가 일어난다.
③ 수분퍼텐셜은 토양에서 가장 높고, 대기에서 가장 낮다.
④ 압력과 온도가 낮아지면 수분퍼텐셜이 증가한다.

11 수년간 다비연작한 시설 내 토양에 대한 설명으로 옳은 것은?

① 염류집적으로 인한 토양 산성화가 심해진다.
② 철, 아연, 구리, 망간 등의 결핍 장해가 발생하기 쉽다.
③ 연작의 피해는 작물의 종류에 따라 큰 차이가 없다.
④ 연작하지 않은 토양에 비해 토양전염 병해 발생이 적다.

ANSWER 9.① 10.④ 11.②

9 ㉢ 원형질막의 수분, 요소, 글리세린 등에 대한 투과성이 크다.
　　㉣ 건조할 때에는 호흡이 낮아지는 정도가 크다.

10 ④ 수분퍼텐셜은 압력에 비례하고 온도가 낮아지면 수분이동이 줄어들기 때문에 압력과 온도가 낮아지면 수분퍼텐셜이 감소한다.

11 ① 수년간 다비연작을 하면 염류가 토양에 축적되어 토양 염류 집적 문제가 발생한다. 토양 염분 농도가 증가하면서 pH가 변화할 수는 있지만 산성화가 심해지지는 않는다.
　　③ 연작은 작물의 종류에 따라 달라질 수 있다.
　　④ 연작을 하면 동일한 병원균이 지속적으로 축적되면서 토양전염 병해 발생이 증가한다.

12 다음 작물의 육종과정 순서에서 ㉠~㉣에 들어갈 내용으로 옳은 것은?

> 육종목표 설정→육종재료 및 육종방법 결정→(㉠)→(㉡)→(㉢)→(㉣)→신품종 결정 및 등록→종자증식→신품종 보급

	㉠	㉡	㉢	㉣
①	변이작성	우량계통육성	생산성검정	지역적응성검정
②	우량계통육성	변이작성	생산성검정	지역적응성검정
③	변이작성	우량계통육성	지역적응성검정	생산성검정
④	우량계통육성	변이작성	지역적응성검정	생산성검정

13 파종량에 대한 설명으로 옳은 것은?

① 파종 시기가 늦어질수록 파종량을 줄인다.
② 감자는 큰 씨감자를 쓸수록 파종량이 적어진다.
③ 토양이 척박하고 시비량이 적을 시 파종량을 다소 줄이는 것이 유리하다.
④ 경실이 많거나 발아력이 낮으면 파종량을 늘린다.

ANSWER 12.① 13.④

12 육종목표 설정→육종재료 및 육종방법 결정→(㉠ 변이작성)→(㉡ 우량계통육성)→(㉢ 생산성검정)→(㉣ 지역적응성검정)→신품종 결정 및 등록→종자증식→신품종 보급

13 ① 파종 시기가 늦어질수록 발아와 초기 생육이 어려워지기 때문에 파종량을 늘린다.
② 개체당 씨감자의 크기가 크기 때문에 더 많은 무게와 부피를 차지하면서 동일한 면적에 파종을 하ㄹ때에 크기가 커질수록 파종량은 증가하게 된다.
③ 토양이 척박하고 시비량이 적을 때는 작물의 발아율이 낮고 생육이 어렵기 때문에 파종량을 늘린다.

14 박과 채소류 접목육묘의 특성으로 옳은 것만을 모두 고르면?

> ㉠ 흡비력이 강해진다.
> ㉡ 기형과 발생이 감소한다.
> ㉢ 토양전염성 병 발생이 억제된다.
> ㉣ 과습에 약하다.

① ㉠, ㉡
② ㉠, ㉢
③ ㉡, ㉣
④ ㉢, ㉣

15 친환경농업, 유기농업, 친환경농산물에 대한 설명으로 옳지 않은 것은?

① 친환경농업이란 농업과 환경을 조화시켜 농업의 생산을 지속 가능하게 하는 농업형태이다.
② 유기농업은 화학비료와 유기합성농약을 사용하지 않아야 한다.
③ 친환경농산물은 농산물우수관리제도와 농산물이력추적관리제도를 통하여 소비자가 알 수 있도록 해야 한다.
④ 친환경농업의 기본 패러다임은 장기적인 이익추구, 개발과 환경의 조화, 단일작목 중심이다.

16 한 쌍의 대립유전자 A, a에 대한 유전적 평형집단이 있다. 이 집단의 유전자 A와 유전자 a의 빈도는 각각 p, q이고, 유전자 A의 빈도인 p는 0.2이다. 이에 대한 설명으로 옳지 않은 것은?

① 유전자형 AA의 빈도는 0.04이다.
② 유전자형 aa의 빈도는 0.64이다.
③ 유전자형 Aa의 빈도는 0.16이다.
④ 유전자 a의 빈도인 q는 0.8이다.

ANSWER 14.② 15.④ 16.③

14 ㉡ 접목 부위의 부적합이나 생리적 불균형 등으로 기형과 발생이 증가할 수 있다.
　　㉣ 접목을 통해 과습에 대한 저항성이 증가한다.

15 ④ 친환경농업은 다각적인 접근을 통해 다양한 작목을 재배하고, 생물 다양성을 유지하며, 환경을 보존하는 것이 중요하다. 단일작목은 관행농업에 해당한다.

16 ③ 유전자형 Aa의 빈도는 0.32이다.

17 광과 관련된 작물의 생리작용에 대한 설명으로 옳은 것은?

① 광포화점은 외견상광합성속도가 0이 되는 조사광량으로서, 유기물의 증감이 없다.
② 보상점이 낮은 나무는 내음성이 강해, 수림 내에서 생존경쟁에 유리하다.
③ 광호흡은 광합성 과정에서만 이산화탄소를 방출하는 현상으로서, 엽록소, 미토콘드리아, 글리옥시좀에서 일어난다.
④ 광포화점과 광합성속도는 온도 및 이산화탄소 농도와는 관련성이 없다.

18 잡초와 제초제에 대한 설명으로 옳은 것은?

① 경지잡초의 출현 반응은 산성보다 알칼리성 쪽에서 잘 나타난다.
② 대부분의 경지잡초는 혐광성으로서 광에 노출되면 발아가 불량해진다.
③ 나도겨풀, 너도방동사니, 올방개 등은 대표적인 다년생 논잡초이다.
④ 벤타존(bentazon), 글리포세이트(glyphosate) 등은 대표적인 접촉형 제초제이다.

19 종자 휴면에 대한 설명으로 옳은 것은?

① 배휴면은 배가 미숙한 상태이어서 수주일 혹은 수개월의 후숙의 과정을 거쳐야 하는 경우를 말한다.
② 귀리와 보리는 종피의 불투기성 때문에 발아하지 못하고 휴면하기도 한다.
③ 경실은 수분의 투과를 수월하게 돕기 때문에 발아하기 쉽고 휴면이 일어나지 않는다.
④ 발아억제물질로는 ABA, 시안화수소(HCN), 질산염이 있다.

ANSWER 17.② 18.③ 19.②

17 ① 외견상광합성속도가 0이 되는 조사광량은 보상점이다.
③ 광호흡은 엽록체, 미토콘드리아, 퍼옥시좀에서 나타난다.
④ 온도와 이산화탄소 농도는 광합성의 효율과 속도에 영향을 준다.

18 ① 중성에서 잘 나타난다.
② 대부분의 경지잡초는 호광성이다.
④ 벤타존은 접촉형 제초제가 맞지만, 글리포세이트는 전신형 제초제에 해당한다.

19 ① 배의 미숙에 대한 설명이다.
③ 경실은 종피가 단단하여 수분과 산소의 투과를 방해한다.
④ 질산염은 발아를 촉진한다.

20 다음 교배에 대한 설명으로 옳은 것은? (단, 각 유전자는 완전 독립유전하고, 서로 다른 유전자 A와 B는 각각의 대립유전자 a와 b에 대해 각각 완전 우성이며, 각 유전자형에 대한 표현형은 다음과 같다. AA : 녹색, aa : 노란색, BB : 장간, bb : 단간)

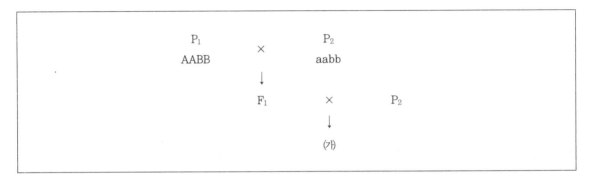

① $F_1 \times P_1$을 검정교배라고 하고, $F_1 \times P_2$를 여교배라고 한다.

② (가) 세대는 P_2를 두 번 여교배한 BC_2F_1이다.

③ (가) 세대의 녹색의 장간 개체출현 비율은 $\frac{1}{4}$ 이다.

④ (가) 세대의 노란색의 단간 개체출현 비율은 $\frac{1}{16}$ 이다.

20 ① $F_1 \times P_1$, $F_1 \times P_2$는 여교배 방식이다.
　② 여교배한 것은 BC_1F_1이다.
　④ (가) 세대의 노란색의 단간 개체출현 비율은 $\frac{1}{4}$ 이다.

1 다음 중 농업의 일반적 특징이 아닌 것은?

① 자연의 제약을 많이 받는다.　　② 자본의 회전이 늦다.
③ 생산조절이 쉽다.　　④ 노동의 수요가 연중 불균일하다.

2 토양 입단 형성과 발달을 도모하는 재배관리가 아닌 것은?

① 유기물과 석회 시용　　② 토양 경운
③ 콩과작물 재배　　④ 토양 피복

3 환경친화형 농업에 관한 설명으로 옳지 않은 것은?

① 농업과 환경을 조화시켜 농업생산을 지속 가능하게 하는 농업이다.
② 농업환경을 보전하기 위한 단기적이고 단일작목 중심의 농업이다.
③ 농업생산의 경제성을 확보하고 환경보존과 농산물의 안전성을 추구하는 농업이다.
④ 농업생태계의 물질순환시스템과 작부체계 등을 활용한 고도의 농업기술이다.

Aɴsᴡᴇʀ 1.③ 2.② 3.②

1 농업은 자연환경의 제약으로 인해 자본회전이 늦고, 생산조절의 어려움, 노동수요의 연중 불균형, 분업의 곤란 등의 특성을 갖는다.
③ 생산조절이 곤란하다.

2 토양 입단을 형성하는 효과가 있는 크릴륨(Krillium) 등 토양개량제를 사용하기도 한다.
② 토양을 갈거나 부수는 경운으로, 토양입자의 결합이 분해되어 입단이 파괴된다.

3 ② 단기적인 것이 아니라 장기적인 이익추구, 개발과 환경의 조화, 단일작목 중심이 아닌 순환적 종합농업체계, 생태계의 물질순환시스템을 활용한 고도의 농업기술을 의미한다.
　※ 친환경농업(환경친화적 농업)
　　㉠ 농업과 환경을 조화시켜 농업의 생산을 지속 가능하게 하며 농업생산의 경제성 확보, 환경보전 및 농산물의 안정성 등을 동시에 추구한다.
　　㉡ 유기합성 농약, 화학비료 등 화학자재의 사용을 최대한 줄이고 자원을 재활용하여, 지역자원과 환경을 보전하면서 안전한 농산물을 생산한다.
　　㉢ 유기농업(Organic Agriculture)만을 의미하는 것이 아닌 병해충종합방제(IPM), 작물양분종합관리(INM), 천적과 생물학적 기술의 통합이용, 윤작 등으로 흙의 생명력을 배양하는 농업환경을 지속적으로 보전하는 저투입농업을 포함한 환경친화적 농업이다.

4 다음 중 작부체계의 효과가 아닌 것은?

① 경지 이용도 제고
② 기지현상 증대
③ 농업노동 효율적 배분
④ 종합적인 수익성 향상

5 종자의 형태와 구조에 관한 설명 중 옳은 것은?

① 옥수수는 무배유 종자이다.
② 강낭콩은 배, 배유, 떡잎으로 구성되어 있다.
③ 배유에는 잎, 생장점, 줄기, 뿌리의 어린 조직이 구비되어 있다.
④ 콩은 저장양분이 떡잎에 있다.

6 작물의 생육은 생장과 발육으로 구별되는데 다음 중 발육에 해당되는 것은?

① 뿌리가 신장한다.　　　　　　　　② 잎이 커진다.
③ 화아가 형성된다.　　　　　　　　④ 줄기가 비대해진다.

ANSWER　4.②　5.④　6.③

4 작부체계…일정한 토지나 포장에서 이뤄지는 작물의 순차적인 재배 또는 조합·배열의 방식을 의미한다. 한정된 토지에서 생산성을 높이고 지력을 향상시키며, 노동의 효율적 배분을 위한 목적을 갖는다.
② 기지현상은 연작(이어짓기)을 할 때 작물의 생육이 뚜렷하게 나빠지는 현상이다.

5 ① 옥수수는 유배유종자이다.
② 강낭콩은 무배유종자로서, 배유(배젖)가 흡수당하여 영양분이 자엽(떡잎)에 저장된다.
③ 잎, 생장점, 줄기, 뿌리의 어린 조직은 배에 있다.
④ 콩은 무배유종자이다.

6 생장…여러 기관이 양적으로 증가하는 것을 말한다. 식물에서는 형성층이나 줄기 끝, 뿌리 끝의 분열조직만이 증식을 계속한다.
발육…작물이 발아, 분얼, 등숙 등의 과정을 거치면서 단순한 양적 증가뿐 아니라 질적인 재조정 작용이 생기는 것을 말한다.
③ 화아(꽃눈)가 형성되는 것은 발육이다.

7 다음 중 유전력에 대하여 잘못 설명한 것은?

① 유전력이 높은 형질은 환경의 영향을 많이 받는다.
② 유전력은 0 ~ 1까지의 값을 가진다.
③ 유전력이란 표현형의 전체분산 중 유전분산이 차지하는 비율이다.
④ 유전력이 높으면 선발효율이 높다.

8 다음 중 타식성작물에서 사용하기 어려운 육종 방법은?

① 일대잡종육종법   ② 여교배육종법
③ 돌연변이육종법   ④ 순계분리육종법

9 육종의 기본과정을 순서대로 바르게 나열한 것은?

① 육종목표 설정 → 육종재료 및 육종방법 결정 → 변이작성 → 우량계통 육성 → 생산성 검정 → 지역적응성 검정 → 신품종 결정 및 등록 → 종자증식 → 신품종 보급
② 육종재료 및 육종방법 결정 → 육종목표 설정 → 우량계통 육성 → 지역적응성 검정 → 신품종 결정 및 등록 → 생산성 검정 → 종자증식 → 신품종 보급
③ 육종목표 설정 → 변이작성 → 육종재료 및 육종방법 결정 → 우량계통 육성 → 생산성 검정 → 지역적응성 검정 → 신품종 결정 및 등록 → 종자증식 → 신품종 보급
④ 육종목표 설정 → 변이작성 → 육종재료 및 육종방법 결정 → 우량계통 육성 → 생산성 검정 → 지역적응성 검정 → 종자증식 → 신품종 보급 → 신품종 결정 및 등록

ANSWER   7.①   8.④   9.①

7 유전력 … 양적 형질이 나타나는 변이를 유전분산과 환경분산으로 나눠 표시하며, 표현형 분산에 대한 유전분산의 정도를 유전력(遺傳力)이라고 한다. 연속적으로 형질이 다른 개체가 태어나는 양적 형질의 어느 정도가 다음대에 유전되는지를 나타내는 양을 말한다. 유전율이라고도 하며, 육종에서 형질의 선택효과를 추정하는 데 쓰인다.
  ① 유전력이 낮은 형질에서는 환경에 의한 변이와 혼동되기 쉽다.

8 ① 일대잡종은 두 순계간 교잡에서 나온 잡종으로, 잡종 제1대 때 잡종강세효과가 가장 크게 나타나는 것을 이용하기 위해 1대에 한하여 사용하는 교잡종이다.
  ② 여교배육종은 양친의 제1대 잡종에 양친 중 한쪽의 유전자형을 가진 개체를 교잡하고 이것을 수세대 반복하여 우량개체를 선발하는 방법이다. 우량품종에 한두 가지 결점이 있을 때 이를 보완하는 데 효과적인 육종방법이다.
  ③ 돌연변이육종은 인위돌연변이에 의해 생기는 유용한 형질을 이용하는 육종법이다.
  ④ 순계분리육종법은 주로 자가수정에 의하여 번식하는 작물의 분리육종에 쓰인다.

9 육종 … 생물의 유전질(遺傳質)을 개선하거나 변경하여, 인류의 생활에 이로운 작물·가축의 새로운 품종을 육성하는 기술이다. 육종법에는 분리육종, 교잡육종, 돌연변이육종, 배수체육종, 분자육종 등이 있다.

10 형질전환육종 과정을 순서대로 바르게 나열한 것은?

① 유전자분리 · 증식 → 유전자도입 → 식물세포선발 → 세포배양 · 식물체분화

② 유전자도입 → 식물세포선발 → 세포배양 · 식물체분화 → 유전자분리 · 증식

③ 식물세포선발 → 세포배양 · 식물체분화 → 유전자분리 · 증식 → 유전자도입

④ 세포배양 · 식물체분화 → 유전자분리 · 증식 → 유전자도입 → 식물세포선발

11 저온저장에 CA(controlled atmosphere) 조건까지 추가할 경우 농산물의 저장성이 향상되는 이유는?

① 호흡속도 감소   ② 품온저하 촉진

③ 상대습도 증가   ④ 적정온도 유지

12 농약 사용 시 주의해야 할 사항으로 옳지 않은 것은?

① 처리시기의 온도, 습도, 토양, 바람 등 환경조건을 고려한다.

② 농약사용이 천적관계에 미치는 영향을 고려한다.

③ 새로운 종류의 농약사용에 따른 병해충의 면역 및 저항성 증대를 고려하여 가급적 같은 농약을 연용(連用)한다.

④ 약제의 처리부위, 처리시간, 유효성분, 처리농도에 따라 작물체에 나타나는 저항성이 달라지므로 충분한 지식을 가지고 처리한다.

ANSWER   10.①   11.①   12.③

10 형질전환육종 … 유전자전환은 다른 생물의 유전자(DNA)를 유전자운반체(vector) 또는 물리적 방법에 의해 직접 도입하여 형질전환식물을 육성하는 기술로, 이 기술을 이용하는 육종을 형질전환육종(transgenic breeding)이라 한다. 세포융합에 의한 체세포잡종은 양친의 게놈을 모두 가지므로 원하지 않는 유전자도 있다. 그러나 형질전환식물은 원하는 유전자만 가진다.

11 CA저장 … 공기 중의 가스 농도를 조절하여 청과물을 장기저장하는 방법이다. 통상 이산화탄소나 질소를 늘리고 산소를 줄임으로써 청과물의 호흡을 억제하여 장기저장할 수 있다.

12 ③ 같은 농약을 계속 사용하면 이에 대한 해충의 면역성이 생기므로 새로운 종류의 약으로 바꿔 사용해야 한다.

13 양적형질에 대한 설명으로 옳지 않은 것은?

① 분리세대에서 연속적인 변이를 나타낸다.
② 다수의 유전자에 의하여 지배를 받는다.
③ 환경 변화에 의해 형질이 크게 변하지 않는다.
④ 농업적으로 중요한 형질은 일반적으로 양적형질에 속한다.

14 식물이 이용 가능한 유효수분을 올바르게 나타낸 것은?

① 식물 생육에 가장 알맞은 최적 함수량은 대개 최대 용수량의 20 ~ 30%의 범위에 있다.
② 결합수는 유효수분 범위에 있다.
③ 유효수분은 토양입자가 작을수록 적어진다.
④ 식물이 이용할 수 있는 토양의 유효수분은 포장용수량 ~ 영구위조점 사이의 수분이다.

15 종자 퇴화현상에 대해 잘못 설명한 것은?

① 자연교잡에 의해 퇴화가 일어나기도 한다.
② 고온다습한 평야지 채종이 퇴화방지에 유리하다.
③ 바이러스병 등의 감염에 의해 퇴화가 일어나기도 한다.
④ 저장 중 종자퇴화의 주된 원인은 원형질단백의 응고이다.

ANSWER 13.③ 14.④ 15.②

13 양적 형질 … 길이, 넓이, 무게 등 수량으로 나타낼 수 있는 유전적 형질을 말하며, 수량형질이라고도 한다. 사람의 몸무게, 키, 피부색, 농작물의 수량 등이 있다.
③ 관여유전자가 많아 각 유전자의 작용이 환경의 영향을 크게 받으므로 연속변이가 일어난다.

14 유효수분 … 포장용수량 ~ 영구위조점 사이의 수분으로 작물이 이용할 수 있는 수분이다.
① 최적함수량은 작물에 따라 다르며, 일반적으로 최대용수량의 60 ~ 80%이다.
② 결합수는 토양구성성분을 이루는 수분으로, 작물이 이용할 수 없다.
③ 토양입자가 작을수록 물과 양분의 흡착성이 강해져 유효수분이 많아진다.

15 종자의 퇴화 … 생산력이 우수하던 종자가 재배연수를 경과하는 동안 생산력이 감퇴하는 것을 말한다. 유전적 퇴화, 생리적 퇴화, 병리적 퇴화를 들 수 있다.
② 채종포는 병충해와 재해가 없고 잡초 발생이 적은 곳에 설치한다. 감자는 고랭지에서, 옥수수·십자화과 작물은 격리포장에서 채종한다.

16 논토양의 일반특성으로 옳지 않은 것은?

① 누수가 심한 논은 암모니아태 질소를 논토양의 심부환원층에 주어서 비효 증진을 꾀한다.

② 담수 후 유기물 분해가 왕성할 때에는 미생물이 소비하는 산소의 양이 많아 전층이 환원상태가 된다.

③ 탈질현상에 의한 질소질 비료의 손실을 줄이기 위해서 암모니아태 질소를 환원층에 준다.

④ 담수 후 시간이 경과한 뒤 표층은 산화 제2철에 의해 적갈색을 띤 산화층이 되고 그 이하의 작토층은 청회색의 환원층이 되며, 심토는 다시 산화층이 되는 토층분화가 일어난다.

17 콩밭이 누렇게 보여 잘 살펴보니 상위 엽의 입맥 사이가 황화(chlorosis)되었고, 토양 조사를 하였더니 pH가 9이었다. 다음 중 어떤 원소의 결핍증으로 추정되는가?

① 질소   ② 인

③ 철   ④ 마그네슘

18 생육적온 범위에서 온도상승이 작물의 생리에 미치는 영향이 아닌 것은?

① 증산작용이 증가한다.

② 수분흡수가 증가한다.

③ 호흡이 증가한다.

④ 탄수화물의 소모가 감소한다.

ANSWER   16.①   17.③   18.④

16 ① 누수답은 비료의 유실이 크므로 비료를 분시한다. 유기물 증시와 녹비작물 재배로 토성을 개량하거나, 점토를 객토하기도 한다.

17 철(Fe)
    ㉠ 과다한 Ni, Cu, Co, Cr, Zn, Mo, Ca 등은 철의 흡수 및 이동을 저해한다.
    ㉡ 호흡효소의 구성성분이다.
    ㉢ 엽록체 안의 단백질과 결합하고 엽록소 형성에 관여한다.
    ㉣ 부족시에는 어린 잎부터 황백화하여 엽맥 사이가 퇴색한다.

18 ④ 고온이 지속되면 작물에서는 유기물 및 기타 영양성분이 많이 소모된다.

19 식물호르몬에 대한 설명으로 옳지 않은 것은?

① 지베렐린(gibberellin)은 주로 신장생장을 유도하며 체내 이동이 자유롭고, 농도가 높아도 생장 억제 효과가 없다.

② 옥신(auxin)은 주로 세포 신장촉진 작용을 하며 체내의 아래쪽으로 이동하는데, 한계이상으로 농도가 높으면 생장이 억제된다.

③ 시토키닌(cytokinin)은 세포 분열과 분화에 관계하며 뿌리에서 합성되어 물관을 통해 수송된다.

④ 에틸렌(ethylene)은 성숙호르몬 또는 스트레스호르몬이라고 하며 수분부족 시 기공을 폐쇄하는 역할을 한다.

20 지대가 낮은 중점토(中粘土) 토양에 콩을 파종한 다음날 호우가 내려 발아가 매우 불량하였다. 이 경우 발아 과정에 가장 크게 제한인자로 작용한 것은?

① 양분의 흡수   ② 산소의 흡수

③ 온도의 저하   ④ 빛의 부족

ANSWER 19.④ 20.②

- -

19 ④ 에틸렌은 성숙호르몬 또는 스트레스호르몬이라고 하며, 과실의 성숙과 촉진 등 식물생장 조절에 이용된다. 수분부족 시 기공을 폐쇄하는 역할을 하는 식물호르몬은 아브시스산(ABA)으로 낙엽을 촉진하고 휴면을 유도한다.

20 ② 점토는 물과 양분의 흡착성이 강해 투수성과 통기성이 낮다. 또한 호우로 토양 수분이 증가하면 이산화탄소 농도가 높아지고 발아에 필요한 산소는 부족하게 된다.

1 목초의 하고현상에 대한 설명으로 옳은 것은?

① 스프링플러시가 심할수록 하고현상도 심해진다.
② 월동목초는 대부분 단일식물로 여름철 단일조건에 놓이면 하고현상이 조장된다.
③ 여름철 잡초가 무성하면 하고현상이 완화된다.
④ 병충해 발생이 많으면 하고현상이 완화된다.

2 작물의 수광태세를 개선하는 방법으로 옳지 않은 것은?

① 벼는 분얼이 조금 개산형인 것이 좋다.
② 옥수수는 수이삭이 작고 잎혀가 없는 것이 좋다.
③ 벼나 콩에서 밀식 시에는 포기 사이를 넓히고, 줄 사이를 좁히는 것이 좋다.
④ 맥류는 광파재배보다 드릴파재배를 하는 것이 좋다.

ANSWER　1.①　2.③

1 ② 하고현상은 초여름 장일조건에 의한 생식생장의 촉진으로 조장된다.
　③④ 여름철 잡초의 번성과 병충해 발생은 하고현상을 촉진한다.
　※ 목초의 하고현상
　　㉠ 하고현상은 고온·건조한 여름철에 작물의 생장이 퇴화하거나 말라죽는 현상을 말한다.
　　㉡ 북방형 목초의 생산량이 봄철에 집중되는 스프링플러시가 심할수록 하고현상도 심해진다.
　　㉢ 고온건조기에 관개를 하여 수분을 공급하고, 하고현상이 덜한 품종이나 작물을 선택한다. 또한 이른봄부터 방목, 채초 등으로 스프링플러시를 완화시켜준다.

2 수고
　㉠ 벼는 키가 너무 크거나 작지 않고 상위엽이 직립한 것이 좋다.
　㉡ 옥수수는 암이삭이 1개인 것보다 2개인 것이 밀식에 좋다.
　㉢ 벼와 콩의 밀식에는 줄 사이를 넓히고 포기 사이를 좁히는 것이 수광과 통풍에 좋다.
　㉣ 맥류의 드릴파재배를 하면 수광태세가 좋아지고 지면증발량도 적어진다.

3 우량개체를 선발하고 그들 간에 상호교배를 함으로써 집단 내에 우량 유전자의 빈도를 높여 가는 육종방법은?

① 집단선발
② 순환선발
③ 파생계통육종
④ 집단육종

4 계통육종법과 집단육종법에 대한 비교 설명으로 옳은 것은?

① 계통육종법은 초기세대부터 선발하므로 육안관찰이 용이한 양적형질의 개량에 효과적이다.
② 집단육종법은 잡종 초기세대에 집단재배를 하기 때문에 유용 유전자를 상실할 경우가 많다.
③ 집단육종법은 육종재료의 관리와 선발에 많은 시간, 노력, 경비가 든다.
④ 계통육종법은 육종가의 정확한 선발에 의하여 육종규모를 줄이고 육종연한을 단축할 수 있다.

5 작물의 종자갱신에 대한 설명으로 옳지 않은 것은?

① 우리나라에서 벼·보리·콩 등 자식성 작물의 종자갱신 연한은 3년 1기이다.
② 종자갱신에 의한 증수효과는 벼보다 감자가 높다.
③ 옥수수와 채소류의 1대잡종품종은 매년 새로운 종자를 사용한다.
④ 품종퇴화를 방지하기 위해서는 일정 기간마다 우량종자로 바꾸어 재배하는 것이 좋다.

ANSWER 3.② 4.④ 5.①

3 ① 집단선발법은 타가수정작물에 이용되는 분리육종법으로, 집단 중에서 우량개체를 선발하여 그들의 종자를 혼합하여 다음 대의 집단을 만들고, 똑같은 조작을 몇 대 되풀이하여 새로운 품종을 만드는 방법이다.
② 순환선발법은 순환식 교배로 좋은 종자를 고르는 잡종강세육종의 한 방법으로, 잡종을 만드는 과정에서 선발된 좋은 종자에서 좋은 계통을 얻어 다시 계통끼리 서로 교배하는 방법이다.
③ 파생계통육종법은 계통육종법과 집단육종법을 절충한 방법이다. F_2나 F_3집단에서는 질적형질에 대해서만 선발하고 수량 등 양적형질에 대해서는 그 이후 세대를 계통으로 취급하여 선발하는 육종방법이다.
④ 집단육종법은 잡종의 초기세대에는 개체선발을 하지 않고 집단 그대로 육성하는 육종법이다. 수량 등 양적형질의 육성에 유효한 것으로 알려져 있다.

4 ① 계통육종법은 잡종분리세대인 제2대부터 개체선발과 계통재배를 계속하여 계통간을 비교하고 우열을 판별하면서 선발과 고정을 통해 순계를 만드는 방법이다.
② 집단육종법은 잡종 초기세대에는 개체선발을 하지 않고 집단 그대로 육성하는 육종법이다. 수량 등 양적형질의 육성에 유효한 것으로 알려져 있다.
③ 계통육종법은 육성 도중에 선발과 조사를 위해 비교적 많은 노력이 필요하다.

5 ① 벼·보리·콩의 종자갱신 연한은 4년 1기이다.
※ 작물의 종자갱신
　㉠ 종자갱신은 품종퇴화를 방지하기 위해 일정 기간마다 우량종자로 바꾸어 재배하는 것을 말한다.
　㉡ 종자갱신에 의한 증수효과는 벼 < 맥류 < 감자 < 옥수수 순으로 높다.

6 대기 중의 이산화탄소와 작물의 생리작용에 대한 설명으로 옳은 것은?

① 광선이 있을 때 1% 이상의 이산화탄소는 작물의 호흡을 증가시킨다.

② 이산화탄소의 농도가 높으면, 온도가 높을수록 동화량은 감소한다.

③ 빛이 약할 때에는 이산화탄소보상점이 높아지고, 이산화탄소포화점은 낮아진다.

④ 시설 내에서 탄산가스는 광합성 능력이 저하되는 오후에 시용한다.

7 암모니아태질소(NH_4^+-N)와 질산태질소(NO_3^--N)의 특성에 대한 설명으로 옳지 않은 것은?

① 논에 질산태질소를 시용하면 그 효과가 암모니아태질소보다 작다.

② 질산태질소는 물에 잘 녹고 속효성이다.

③ 암모니아태질소는 토양에 잘 흡착되지 않고 유실되기 쉽다.

④ 암모니아태질소는 논의 환원층에 주면 비효가 오래 지속된다.

8 C_3작물과 C_4작물의 광합성 특성에 대한 비교 설명으로 옳지 않은 것은?

① CO_2보상점은 C_3작물이 C_4작물보다 높다.

② 광포화점은 C_3작물이 C_4작물보다 낮다.

③ CO_2 첨가에 의한 건물생산 촉진효과는 대체로 C_3작물이 C_4작물보다 크다.

④ 광합성 적정온도는 대체로 C_3작물이 C_4작물보다 높은 편이다.

ANSWER   6.③   7.③   8.④

6 ① 대기 중의 이산화탄소 농도가 높아지면 작물의 호흡속도는 감소한다.
　　② 이산화탄소의 농도가 높아지면 광합성 속도도 증가한다.
　　④ 시설 내 탄산시비는 일출과 함께 광합성이 활발해질 때 하는 것이 좋다.

7 ③ 암모니아태질소는 양이온이기 때문에 토양에 잘 흡착되어 유실되지 않는다.

8 ④ 광합성 적정온도는 C_4작물이 C_3작물보다 높다.
　　※ C_3작물, C_4작물의 광합성 특성
　　　　㉠ C_4작물은 C_3작물에 비해 CO_2보상점이 낮고 CO_2포화점이 높아서 광합성 효율이 뛰어나다.
　　　　㉡ 탄산시비 효과는 C_3작물에서 더 크게 나타난다.

9 윤작하는 작물을 선택할 때 고려해야 할 사항으로 옳지 않은 것은?

① 지력유지를 위하여 콩과작물이나 다비작물을 반드시 포함한다.
② 토지이용도를 높이기 위해 식량작물과 채소작물을 결합한다.
③ 잡초의 경감을 위해서는 중경작물이나 피복작물을 포함하는 것이 좋다.
④ 용도의 균형을 위해서는 주작물이 특수하더라도 식량과 사료의 생산이 병행되는 것이 좋다.

10 결과습성과 과수가 바르게 연결된 것은?

① 1년생 가지에서 결실 – 감, 복숭아, 사과
② 2년생 가지에서 결실 – 자두, 양앵두, 매실
③ 3년생 가지에서 결실 – 밤, 포도, 감귤
④ 4년생 가지에서 결실 – 비파, 살구, 호두

11 토양의 입단에 관한 설명으로 옳지 않은 것은?

① 입단은 부식과 석회가 많고 토양입자가 비교적 미세할 때에 형성된다.
② 나트륨이온(Na^+)은 점토의 결합을 강하게 하여 입단형성을 촉진하고, 칼슘이온(Ca^{2+})은 토양입자의 결합을 느슨하게 하여 입단을 파괴한다.
③ 토양에 피복작물을 심으면 표토의 건조와 비바람의 타격을 줄이며, 토양 유실을 막아서 입단을 형성·유지하는 데 효과가 있다.
④ 입단이 발달한 토양에서는 토양미생물의 번식과 활동이 좋아지고, 유기물의 분해가 촉진된다.

ANSWER 9.② 10.② 11.②

9 윤작의 효과 … 지력 증강, 기지현상의 회피, 병충해 방제, 토양침식 방지, 작물 생산량 증대, 잡초의 경감, 토지이용도 향상, 경영 안정화 등이 있다.
　② 식량과 채소 작물을 결합해 윤작하면 지력이 떨어지므로 주작물에 콩과작물이나 피복작물, 다비작물을 결합해 경작하는 것이 좋다.

10 ① 1년생 가지에서 결실하는 과수는 감, 포도, 밤, 무화과, 비파, 호두 등이다.
　② 2년생 가지에서 결실하는 과수로는 매실, 복숭아, 자두, 양앵두, 살구가 있다.
　③ 3년생 가지에서 결실하는 과수는 사과, 배이다.

11 ② 나트륨이온(Na^+)은 점토의 결합을 느슨하게 하여 입단을 파괴하고, 칼슘이온(Ca^{2+})은 입단형성을 촉진한다.

12 상적 발육의 생리 현상을 농업 현장에 적용한 예로 적용원리가 다른 하나는?

① 딸기의 촉성재배

② 국화의 촉성재배

③ 맥류의 세대단축 육종

④ 추파맥류의 봄 대파

13 무수정생식에 대한 설명으로 옳은 것은?

① 웅성단위생식은 정세포가 단독으로 분열하여 배를 형성한다.

② 위수정생식은 수분의 자극으로 주심세포가 배로 발육한다.

③ 부정배형성은 수분의 자극으로 배낭세포가 배를 형성한다.

④ 단위생식은 수정하지 않은 조세포가 배로 발육한다.

14 시설 내의 환경 특이성에 대한 설명으로 옳은 것은?

① 온도는 일교차가 작고, 위치별 분포가 고르다.

② 광질이 다르고, 광량이 감소하지만, 광분포가 균일하다.

③ 탄산가스가 부족하고, 유해가스가 집적된다.

④ 토양물리성이 좋고 연작장해가 거의 없다.

ANSWER 12.② 13.① 14.③

12 상적 발육 … 작물의 아생·화성·개화·등숙 등의 단계적 생육양상을 발육상이라 하며, 순차적인 몇 개의 발육상을 거쳐서 작물의 발육이 완성되는 현상을 상적 발육이라 한다. 가장 중요한 전환점인 생식생장으로의 전환에는 일정한 온도와 일장이 관여한다.

①③④는 춘화처리를 재배에 적용한 경우이다.

② 국화는 단일처리를 하여 촉성재배하고, 장일처리로 억제재배를 하여 연중 꽃을 피울 수 있다.

13 무수정생식(아포믹시스) … 수정과정을 거치지 않고 배가 만들어져 종자를 형성하는 생식방법으로 부정배형성, 무포자생식, 복상포자생식, 위수정생식, 웅성단위생식 등이 있다.

② 위수정생식은 수분, 화분관의 신장 또는 정핵의 자극에 의해 난세포가 배로 발육한다.

③ 부정배형성은 체세포배 조직에서 배를 형성한다.

④ 단위생식(처녀생식)은 수정하지 않은 난세포가 홀로 발육하여 배를 형성하는 것이다.

14 ① 온도의 일교차가 크고, 위치별 분포가 다르며 지온이 높다.

② 광질이 다르고, 광량이 적으며, 광분포가 고르지 않다.

④ 토양물리성이 나쁘고 염류 농도가 높으며 연작장해가 발생한다.

15 여교배육종에 대한 설명으로 옳지 않은 것은?

① 연속적으로 교배하면서 이전하려는 반복친의 특성만 선발한다.
② 육종효과가 확실하고 재현성이 높다.
③ 목표형질 이외의 다른 형질의 개량을 기대하기는 어렵다.
④ '통일찰' 벼품종은 여교배육종에 의하여 육성되었다.

16 작물의 이식시기에 대한 설명으로 옳지 않은 것은?

① 수도의 도열병이 많이 발생하는 지대에는 만식을 하는 것이 좋다.
② 토마토, 가지는 첫꽃이 피었을 정도에 이식하는 것이 좋다.
③ 과수·수목 등은 싹이 움트기 이전의 이른 봄이나 가을에 낙엽이 진 뒤에 이식하는 것이 좋다.
④ 토양의 수분이 넉넉하고 바람이 없는 흐린 날에 이식하면 활착이 좋다.

17 작물의 한해(旱害)에 대한 재배기술적 대책으로 옳지 않은 것은?

① 토양입단 조성   ② 중경제초
③ 비닐피복   ④ 질소증시

18 작물별 안전저장 조건에 대한 설명으로 옳지 않은 것은?

① 쌀의 안전저장 조건은 온도 15℃, 상대습도 약 70%이다.
② 고구마의 안전저장 조건(단, 큐어링 후 저장)은 온도 13~15℃, 상대습도 약 85~90%이다.
③ 과실의 안전저장 조건은 온도 0~4℃, 상대습도 약 80~85%이다.
④ 바나나의 안전저장 조건은 온도 0~5℃, 상대습도 약 70~75%이다.

ANSWER   15.① 16.① 17.④ 18.④

15 여교배육종 … 양친의 제1대 잡종에 양친 중 한쪽의 유전자형을 가진 개체를 교잡하고 이것을 수세대 반복하여 우량개체를 선발하는 방법이다. 우량품종에 한두 가지 결점이 있을 때 이를 보완하는 데 효과적인 육종방법이다.
  ① 연속적으로 교배하면서 이전하려는 1회친의 특성만 선발한다.

16 ① 도열병 방제를 위해서는 저항성이 높은 품종을 재배하고, 지나친 다비와 만식(늦심기)을 피한다.

17 ④ 한해를 피하려면 질소를 많이 주지 않으며, 퇴비와 칼리를 충분히 시용한다.

18 ④ 바나나는 13℃ 이하에서는 냉해를 입으므로 13℃ 이상에서 저장한다.

19 1대잡종 종자를 채종하기 위해 웅성불임성을 이용하는 작물들로 옳은 것은?

① 당근, 양파, 옥수수, 벼
② 무, 양배추, 순무, 배추
③ 호박, 멜론, 피망, 브로콜리
④ 오이, 수박, 토마토, 가지

20 작물의 지하부 생장량에 대한 지상부 생장량의 비율에 대한 설명으로 옳지 않은 것은?

① 질소를 다량 시용하면 상대적으로 지상부보다 지하부의 생장이 억제된다.
② 토양함수량이 감소하면 지상부의 생장보다 지하부의 생장이 더욱 억제된다.
③ 일사가 적어지면 지상부의 생장보다 뿌리의 생장이 더욱 저하된다.
④ 고구마의 경우 파종기가 늦어질수록 지하부의 중량 감소가 지상부의 중량 감소보다 크다.

---

19 웅성불임성…화분, 꽃밥, 수술 등의 웅성기관에 이상이 생겨 불임이 생기는 현상이다. 웅성불임성을 교배모본에 도입하면 인공교배에서 제웅(除雄)을 할 필요가 없으므로 잡종강세육종법에서 1대잡종 종자를 채종할 때 이용한다.

20 ② 토양함수량이 감소하면 지하부의 생장보다 지상부의 생장이 억제된다.

1 일장형이 장일식물에 해당하는 것으로만 묶인 것은?

① 콩, 담배
② 양파, 시금치
③ 국화, 토마토
④ 벼, 고추

2 유전자 클로닝 과정에 대한 설명으로 옳지 않은 것은?

① DNA를 자르기 위하여 제한효소(restriction enzyme)를 사용한다.
② 제한효소는 DNA 이중가닥 중 한 가닥만을 자르는 특징을 가지고 있다.
③ 끊어진 DNA 가닥들을 이어주는 역할을 하는 것은 연결효소(ligase)이다.
④ 외래유전자를 숙주세포로 운반해지는 유전자운반체를 벡터(vector)라고 한다.

3 토양 내에서 황산염으로부터 유해한 물질을 생성하는 미생물은?

① Azotobacter − Bacillus megatherium
② Desulfovibrio − Desulfotomaculum
③ Clostridium − Azotobacter
④ Rhizobium − Bradyrhizobium

ANSWER 1.② 2.② 3.②

1 장일식물은 밤의 길이가 일정시간이상 짧아지면 개화하는 식물로서 양파, 감자, 시금치, 상추 등이다.
① 콩과 담배는 모두 단일식물이다.
③ 국화는 단일식물, 토마토는 중일식물이다.
④ 벼는 단일식물, 고추는 중일식물이다.

2 제한효소(restriction enzyme) … DNA 분자내의 특정한 염기서열을 인식하고, 인식한 서열 내, 혹은 근처의 특정한 부위에서 DNA의 이중가닥을 절단하여 점착성 말단을 생성한다.

3 황산 환원 작용 … 환원조건에서 황산이 환원되어 황화수소가 발생하는 작용이다. 황산 환원균인 Desulfovibrio, Desulfotomaculum 등은 황산 환원에 관여하는 대표적인 미생물로서 이들은 혐기성 박테리아로 SO_4를 환원하여 H_2S가 되게 한다.(추락현상 유발)

4 타식성 작물의 특성과 육종방법에 대한 설명으로 옳지 않은 것은?

① 근친교배나 자가수정을 계속하면 자식약세가 일어난다.
② 합성품종은 여러 개의 우량계통들을 다계교배시켜 육성한 품종이다.
③ 선발된 우량개체간 교배를 통해 집단의 우량유전자 빈도를 높여가는 순환선발도 한다.
④ 타식성 작물의 개량은 지속적인 자가수정과 개체선발을 하는 계통육종법이 효율적이다.

5 작물의 생육과 관련된 온도에 대한 설명으로 옳지 않은 것은?

① 담배의 적산온도는 3,200~3,600℃ 범위이다.
② 벼의 생육 최고온도는 36~38℃ 범위이다.
③ 옥수수의 생육 최고온도는 40~44℃ 범위이다.
④ 추파맥류의 적산온도는 1,300~1,600℃ 범위이다.

6 지리적 기원지가 아메리카 대륙인 작물로만 묶인 것은?

① 콩, 고구마, 감자   ② 옥수수, 고추, 수박
③ 감자, 옥수수, 고구마   ④ 수박, 콩, 고추

7 화본과 작물에서 깊게 파종하여도 출아가 잘되는 품종의 특성에 해당하는 것은?

① 하배축과 상배축 신장이 잘된다.   ② 중배축과 초엽 신장이 잘된다.
③ 지상발아를 한다.   ④ 부정근 신장이 잘된다.

ANSWER   4.④   5.④   6.③   7.②

- -

4 타식성 작물의 육종법
   ⊙ 집단선발법 : 타식성 작물의 품종은 타가수분에 의해 불량개체나 이형개체가 분리하므로 반복적으로 선발한다.
   ⓒ 순환선발법 : 일반조합능력을 개량하는데 효과적인 단순순환선발과 일반조합능력과 특정조합능력을 함께 개량하는 상호순환선발이 있다.
   ⓒ 합성품종법 : 여러 개의 우량계통을 격리포장에서 자연수분 또는 인공수분으로 다계교배시켜 육성한 품종이다.

5 ④ 추파맥류의 적산온도는 1,700~2,300℃ 범위이다.

6 ③ 고구마, 옥수수는 중앙아메리카, 감자는 남아메리카를 기원으로 한다.

7 ② 종자가 흙 속에 깊이 묻혔을 경우에는 종자로부터 줄기가 신장하고 그 부분에서 뿌리가 발생하는데, 그것을 중배축근이라 한다. 종자를 3cm 깊이에 파종하면 중배축이 신장하고 초엽 마디에서 관근이 발생한다.

8 1대잡종종자 채종 시 자가불화합성을 이용하기 어려운 작물은?

① 벼
② 브로콜리
③ 배추
④ 무

9 비대립유전자의 상호작용 중 우성상위를 나타내는 것은?

① 조건유전자
② 중복유전자
③ 보족유전자
④ 피복유전자

10 종자의 휴면타파법에 대한 설명으로 옳지 않은 것은?

① 목초종자 – 지베렐린 용액에 침지하였다가 파종한다.
② 경실종자 – 종피에 상처를 내어 파종한다.
③ 경실종자 – 농황산에 담갔다가 물로 씻어낸 다음 파종한다.
④ 경실종자 – 물에 침종한 후 근적외선을 조사하여 파종한다.

ANSWER 8.① 9.④ 10.④

8 ① 자가불화합성은 암술과 수술에는 전혀 이상이 없으나 자기화분을 받아들이지 않는 것으로 십자화과 채소에 나타나는 현상이다. 진화과정에서 타가수정에 의하여 경쟁력을 획득한 식물이 자가수정을 방지하기 위한 수단으로 생긴 것으로 보고 있다. 고추나 벼, 옥수수 같은 작물의 꽃에서는 수술이 꽃가루를 만들지 못하는 웅성불임현상이 일어나며 웅성불임 식물은 외부에서 정상 식물의 꽃가루가 들어와야 비로소 수정이 이뤄진다.

9 ④ 한 가지 형질이 나타나는데 2개 이상의 비대립유전자가 관여하는 것을 유전자의 상호작용이라 하며 비대립유전자간에 나타나는 유전자의 상호작용으로 한 유전자의 대립유전자 활동이 다른 유전자의 대립유전자 활동을 억제하는 현상을 상위라 한다.
① A유전자가 있어야 B유전자의 작용이 나타나는 것을 말한다.
② 비대립유전자가 같은 방향으로 작용하면서 누적효과가 나타나지 않을 때를 말한다.
③ 여러 유전자들이 함께 작용하여 한 가지 표현형이 나타나는 것을 말한다.

10 ④ 경실종자는 종피가 수분의 투과를 저해하여 수년 동안 발아하지 못하는 경우를 말한다. 경실종자의 휴면타파를 위하여 희석한 황산 또는 에탄올을 이용하거나 기계적으로 종피에 상처를 입히거나, 얼렸다 녹였다 하거나, 광선을 이용하거나, 비벼서 충격을 주거나 누르는 방법 등을 이용하고 있다.

11 맥작에서 답압(rolling)에 대한 설명으로 옳지 않은 것은?

① 답압은 생육이 좋지 않을 경우에 실시하며, 땅이 질거나 이슬이 맺혔을 때 효과가 크다.
② 월동 전 과도한 생장으로 동해가 우려될 때는 월동 전에 답압을 해준다.
③ 월동 중에 서릿발로 인해 떠오른 식물체에 답압을 하면 동해가 경감된다.
④ 생육이 왕성할 경우에는 유효분얼종지기에 토입을 하고 답압해주면 무효분얼이 억제된다.

12 재배포장에 파종된 종자의 발아기를 옳게 정의한 것은?

① 약 40%가 발아한 날   ② 발아한 것이 처음 나타난 날
③ 80% 이상이 발아한 날   ④ 100% 발아가 완료된 날

13 식량생산증대를 위한 벼 − 맥류의 2모작 작부체계에서 가장 중요한 것은?

① 벼의 내냉성   ② 벼의 내도복성
③ 맥류의 내건성   ④ 맥류의 조숙성

14 밭토양에 장기간 담수하여 토양전염성 병해충을 구제한 경우 이에 해당하는 방제법은?

① 법적 방제   ② 생물학적 방제
③ 물리적 방제   ④ 화학적 방제

ANSWER   11.①   12.①   13.④   14.③

11 ① 답압은 땅이 질거나 이슬이 맺혔을 경우에는 피해야 한다.

12 ② 발아시   ③ 발아종

13 ④ 생육기간이 짧다는 조숙성으로 인해 2모작이 도입될 수 있었다.

14 병충해 방제의 물리적 기계적 방법
  ㉠ 포란 및 채란 : 포충망으로 나방을 잡거나, 손으로 유충을 잡거나, 흙을 뒤지고 파서 유충을 잡음
  ㉡ 소각 : 낙엽 등에는 병원균이 많고, 또 해충도 숨어 있는 수가 많으므로, 이를 소각
  ㉢ 소토 : 상토 등을 소토하여 토양전염의 병충해를 구제
  ㉣ 담수 : 밭토양에 장기간 담수해 두면 토양전염의 병해충을 구제할 수 있음
  ㉤ 차단 : 어린 식물을 폴리에틸렌 등으로 차단하거나, 과실에 봉지를 하거나, 도랑을 파서 멸강충 등의 이동을 막음
  ㉥ 유살 : 유아등을 이용하여 이화명나방이나 그 밖의 나방을 유살하거나, 해충이 좋아하는 먹이로 해충을 유인하여 죽임
  ㉦ 온도처리 : 맥류의 깜부기병, 고구마의 검은 무늬병, 벼의 선충심고병 등은 종자의 온도처리로 방제

15 정상적인 개화와 결실을 위해 저온춘화가 필요한 작물은?

① 춘파밀   ② 수수

③ 유채   ④ 콩

16 자식성 작물 집단에서 대립유전자 2쌍이 모두 독립적인 이형접합체(F_1)를 3세대까지 자식(selfing)한 F_3 집단의 동형접합체 빈도는?

① $\dfrac{9}{16}$ ② $\dfrac{10}{16}$

③ $\dfrac{11}{16}$ ④ $\dfrac{12}{16}$

17 곡물의 저장 중 이화학적 · 생물학적 변화에 대한 설명으로 옳지 않은 것은?

① 생명력의 지표인 발아율이 저하된다.

② 지방의 자동산화에 의하여 산패가 일어나므로 유리지방산이 감소하고 묵은 냄새가 난다.

③ 전분이 α - 아밀라아제에 의하여 분해되어 환원당 함량이 증가한다.

④ 호흡소모와 수분증발 등으로 중량감소가 일어난다.

A NSWER   15.③   16.①   17.②

15 저온춘화 … 작물의 개화를 유도하기 위하여 생육기간 중의 일정시기에 온도처리하는 것을 말하며 월동하는 작물의 경우 대체로 1~10℃의 저온에 의해서 춘화가 되는데 이것을 바로 저온춘화라 한다. 일반적으로 춘화처리라 하면 보통은 저온춘화를 말한다.
① 춘화처리를 요하지 않음
②④ 고온춘화를 요함

16 대립유전자 n쌍이 모두 독립적이며 이형접합체인 경우 m세대까지 자식한 집단의 동형 접합체 빈도는

$$\left[1-\left(\frac{1}{2}\right)^{m-1}\right]^{n}$$

$$\left[1-\left(\frac{1}{2}\right)^{2}\right]^{2} = \left[1-\left(\frac{1}{4}\right)\right]^{2} = \left(\frac{3}{4}\right)^{2} \quad \therefore \frac{9}{16}$$

17 ② 지방의 자동산화에 의하여 산패가 일어나므로 유리지방산이 증가하고 묵은 냄새가 난다.

18 산성토양의 개량과 재배대책으로 옳지 않은 것은?

① 산성토양에 적응성이 높은 콩, 팥, 양파 등의 작물을 재배한다.
② 석회와 유기물을 충분히 시용하고 염화칼륨, 인분뇨, 녹비 등의 연용을 피한다.
③ 유효태인 구용성 인산을 함유하는 용성인비를 시용한다.
④ 붕소는 10a당 0.5~1.3kg의 붕사를 주어서 보급한다.

19 잡초에 대한 설명으로 옳지 않은 것은?

① 잡초로 인한 작물의 피해 양상으로는 양분과 수분의 수탈, 광의 차단 등이 있다.
② 잡초는 종자번식과 영양번식을 할 수 있으며 번식력이 높다.
③ 논 잡초 중 올방개와 너도방동사니는 일년생이며 올챙이고랭이와 알방동사니는 다년생이다.
④ 잡초는 많은 종류가 성숙 후 휴면성을 지닌다.

20 온도가 작물의 생리작용에 미치는 영향으로 옳지 않은 것은?

① 광합성의 온도계수는 고온보다 저온에서 크며, 온도가 적온보다 높으면 광합성은 둔화된다.
② 적온을 넘어 고온이 되면 체내의 효소계가 파괴되므로 호흡속도가 오히려 감소한다.
③ 동화물질이 잎에서 생장점 또는 곡실로 전류되는 속도는 적온까지는 온도가 올라갈수록 빨라진다.
④ 온도상승에 따라 세포 투과성과 호흡에너지 방출 및 증산작용은 감소하고 수분의 점성은 증대하므로 수분흡수가 증대한다.

ANSWER 18.① 19.③ 20.④

- -

18 ① 산성 토양에 강한 식물로는 벼, 귀리, 밀, 조, 옥수수, 감자, 고구마, 수박 등이 있으며 보리, 콩, 상추, 시금치, 팥, 양파 등은 산성 토양에 약한 식물이다.

19 ③ 논 잡초 중 올방개, 너도방동사니, 올챙이고랭이는 다년생, 알방동사니는 일년생이다.

20 ④ 온도상승에 따라 세포 투과성과 호흡에너지 방출 및 증산작용은 증가하고 수분의 점성은 감소하므로 수분흡수가 증대한다.

1 작물의 습해(濕害)에 대한 설명으로 옳은 것은?

① 토양 내 메탄가스, 질소가스 등이 생성되며 산소 발생이 많아진다.
② 습해 시 토양의 산화상태가 계속되므로 부식이 많이 축적된다.
③ 여름철 토양이 과습하면 환원성 유해물질이 생성되어 피해를 더욱 크게 한다.
④ 습해가 발생할 경우 토양전염성 병이 감소하는 이점이 있다.
⑤ 토양 중 산소 증가로 뿌리의 호흡이 촉진된다.

2 다음 중 식물학상 종자에 해당하는 것은?

① 토마토　　　　　　　　　　② 벼
③ 시금치　　　　　　　　　　④ 복숭아
⑤ 상추

3 다음 중 자식성 작물의 육종방법으로 부적합한 것은?

① 여교배육종　　　　　　　　② 집단육종
③ 계통육종　　　　　　　　　④ 순계선발
⑤ 집단선발

ANSWER　1.③　2.①　3.⑤

1 ①⑤ 토양 내 메탄가스, 질소가스, 이산화탄소의 생성이 많아져 토양산소를 더욱 적게 하여 호흡장해를 발생시킨다.
　　② 토양 중에서 산소가 많은 상태를 산화상태라 하며 산소결핍상태를 환원상태라 한다.
　　④ 습해가 발생할 경우 토양전염병해의 전파가 많아진다.

2 ②③④⑤ 식물학상 과실에 해당

3 ⑤ 집단선발법은 타식성 작물에서 합성품종을 만드는 데 유용한 육종법이다.

4 부추나 파에서 배낭을 만들지만 배낭의 조직세포가 배(embryo)를 형성하는 아포믹시스(apomixis)는?

① 부정배형성   ② 복상포자생식
③ 웅성단위생식   ④ 위수정생식
⑤ 무포자생식

5 작물의 건물 1g을 생산하는데 소비된 수분량을 무엇이라 하는가?

① 요수량   ② 증산량
③ 건물량   ④ 증산능률
⑤ 수분소비량

4 아포믹시스(Apomixis) 종류
㉠ 부정배형성: 배낭을 만들지 않고 포자체의 조직세포가 직접 배를 형성하며, 밀감의 주심 배가 대표적이다.
㉡ 무포자생식 : 배낭을 만들지만 배낭의 조직세포가 배를 형성하며, 부추, 파 등에서 발견되었다.
㉢ 복상포자생식 : 배낭모세포가 감수분열을 못하거나 비정상적인 분열을 하여 배를 만들며, 볏과, 국화과에서 나타난다.
㉣ 위수정생식 : 수분의 자극을 받아 난세포가 배로 발달하는 것으로, 담배, 목화, 벼, 밀, 보리 등에서 나타난다.
㉤ 웅성단위생식 : 정세포 단독으로 분열하여 배를 만들며 달맞이꽃, 진달래 등에서 발견되었다.

5 작물의 요수량(Water requirement)
㉠ 요수량(수분경제의 지표)
• 작물이 건물 1g을 생산하는데 소비된 수분량(g)
• 건물 1g을 생산하는데 소비된 증산량을 증산계수라고 함
㉡ 요수량의 지배요인
• 작물의 종류 : 명아주 > 호박 > 감자 > 수수
• 생육단계 : 생육초기가 큼
• 환경 : 불량환경이 큼

6 집단유전에서 유전적 평형을 유지하는 조건으로 옳지 않은 것은?

① 식물집단에서 무작위교배가 이루어지는 것
② 자연선택 및 개체이주가 일어나지 않는 것
③ 돌연변이가 일어나지 않는 것
④ 각 개체의 생존율와 번식률이 동등하게 일어나는 것
⑤ 대립유전자의 빈도가 무작위적으로 변동하는 것

7 발아에 대한 설명으로 틀린 것은?

① 발아율은 파종된 총종자수에 대한 발아종자수의 비율이다.
② 발아전은 파종된 종자의 약 40%가 발아한 날이다.
③ 발아시는 발아한 것이 처음 나타난 날이다.
④ 발아일수는 파종부터 발아기(또는 발아전)까지의 일수이다.
⑤ 발아속도는 전체 종자에 대한 그날그날의 발아속도의 합이다.

8 최초의 화학적 제초제로 미국의 Pokorny가 합성한 것은?

① 시토키닌   ② 에스렐
③ 2,4-D   ④ ABA(abscisic acid)
⑤ 지베렐린

ANSWER 6.⑤ 7.② 8.③

6 집단유전에서 유전적 평형 유지 조건
  ㉠ 집단의 크기가 매우 크다.
  ㉡ 집단 내에서 교배는 자유롭게 무작위적으로 일어난다.(특정 개체가 가진 유전자가 자손에게 전달될 확률은 모두 같아야 함)
  ㉢ 다른 집단과의 유전자 이동이 없다.
  ㉣ 집단 내에서 돌연변이가 일어나지 않는다.
  ㉤ 모든 개체의 생존 능력과 번식 능력이 동일하여 자연선택이 일어나지 않는다.

7 ② 파종된 종자의 약 40%가 발아한 날은 발아기라 한다.

8 ③ 2,4-D는 최초의 화학적 제초제로서 인력에 의존하던 잡초제거 기술이 화학약제 이용으로 발전하게 되었다.

9 온도에 대한 설명으로 틀린 것은?

① 작물의 생육이 가능한 범위의 온도를 유효온도라 한다.

② 최저, 최적, 최고의 세 온도를 주요온도라 한다.

③ 작물의 발아로부터 성숙에 이르기까지의 0℃ 이상의 일평균기온을 합산한 것을 적산온도라 한다.

④ 유효온도를 작물의 발아 이후 일정한 생육단계까지 적산한 것을 유효적산온도라 한다.

⑤ 온도가 10℃ 상승하는 데 따르는 이화학적 반응이나 생리작용의 증가배수를 유효온도계수라 한다.

10 열해(heat injury)에 대한 설명으로 틀린 내용은?

① 고온 때문에 철분이 침전되면 황백화현상이 일어난다.

② 내건성이 큰 것은 내열성도 크다.

③ 작물체의 연령이 높아지면 내열성은 감소한다.

④ 열해대책으로 밀식과 질소과잉을 피한다.

⑤ 고온에서는 단백질의 합성이 저해되고 암모니아의 축적이 많아진다.

11 감수분열 과정에서 반수체인 딸세포가 형성되는 시기는?

① 간기

② 제1감수분열 전기

③ 제1감수분열 중기

④ 제1감수분열 후기

⑤ 제1감수분열 말기

ANSWER 9.⑤ 10.③ 11.⑤

9 ⑤ 온도가 10℃ 상승하는 데 따르는 이화학적 반응이나 생리작용의 증가배수를 온도계수 또는 Q_{10}이라고 한다.

10 ③ 작물체의 연령이 높아지면 내열성은 증가한다.

11 감수 분열 과정

㉠ 제1분열(이형 분열) : 염색체의 수가 반으로 감소(2n → n)

• 간기 : DNA의 복제

• 전기 : 2가 염색체(4분 염색체) 형성

• 중기 : 4분 염색체가 적도면에 배열, 방추사 부착

• 후기 : 4분 염색체가 2분되어 양극으로 이동

• 말기 : 2개의 딸세포(n) 형성

㉡ 제2분열(동형 분열) : 간기가 없이 곧바로 분열기로 들어가며, 체세포 분열과 같다. 4개의 딸세포(n)를 형성한다(n → n).

12 차광으로 인해 벼의 이삭 당 영화수(潁花數)가 가장 크게 감소되고 영(潁)의 크기도 작아지는 생육 시기는?

① 유수분화기　　　　　　　　　② 최고분얼기

③ 무효분얼기　　　　　　　　　④ 감수분열기

⑤ 유효분얼기

13 신품종이 보호품종으로 보호받으려면 갖추어야할 요건으로 가장 거리가 먼 것은?

① 신규성　　　　　　　　　　　② 우수성

③ 안정성　　　　　　　　　　　④ 균일성

⑤ 구별성

14 다음 중 연작장해가 가장 적은 작물들로 짝지어진 것은?

① 강낭콩, 땅콩　　　　　　　　② 감자, 오이

③ 옥수수, 고구마　　　　　　　④ 참외, 토란

⑤ 수박, 가지

ANSWER 12.④　13.②　14.③

12 ④ 벼의 감수분열기는 출수 전 15일부터 시작하여 출수 전 5일에 끝나는데, 이 시기에는 유수의 신장이 완료되고 내영과 외영의 크기가 완성되며, 영화수도 완전히 결정된다. 이 시기는 냉해, 한해, 침관수해, 영양부족, 일사량 부족 등 외계환경에 가장 민감히 반응하는 시기로서 재배관리상 매우 중요한 생육시기이다.

13 새로 육성된 품종이 신품종으로 보호받기 받기 위해서는 신규성, 구별성, 균일성, 안전성 및 1개의 고유한 품종명 칭이라는 기본 요건을 갖추어야 한다.

14 ③ 연작 장해란 같은 작물을 같은 장소에서 계속 재배할 경우 재배관리가 충분함에도 불구하고 작물의 생육불량, 수량저하 및 품질이 현저히 나빠지는 것을 말하며 벼과, 호박과, 옥수수, 수박, 딸기, 고구마 등은 연작에 의한 선충의 증식도가 낮거나 오히려 선충이 감소하는 작물들이다.

15 내건성이 강한 작물에 대한 특성으로 틀린 설명은?

① 표면적/체적의 비가 작으며, 왜소하고 잎이 작다.
② 원형질막의 수분, 요소, 글리세린 등에 대한 투과성이 낮다.
③ 세포가 작아서 수분이 감소해도 원형질의 변형이 적다.
④ 뿌리가 깊고, 지상부보다 근군의 발달이 좋다.
⑤ 건조할 때 단백질·당분의 소실이 늦다.

16 단일성의 국화 품종을 늦게 개화시키기 위해 야간조파(night break)를 LED광으로 실시하려 한다. 이때 가장 적당한 광원으로 활용될 수 있는 광원은?

① 자외선광원   ② 청색광원
③ 녹색광원   ④ 적색광원
⑤ 근적색광원

17 경실(hard seed)의 휴면타파법이 아닌 것은?

① 테트라졸륨법   ② 건열과 습열처리법
③ 종피파상법   ④ 질산염처리법
⑤ 진한 황산처리법

ANSWER 15.② 16.④ 17.①

15 ② 내건성이 강한 작물은 원형질막의 수분, 요소, 글리세린 등에 대한 투과성이 크다.

16 ④ 국화는 단일성 식물로서 특정 일장보다 짧아지면 개화하는 성질을 갖고 있어 고품질의 꽃을 생산하기 위해서는 낮의 길이를 연장해야 하기 때문에 암기(밤)의 중간에 4시간 이상 조명하여 꽃눈분화를 억제한다. LED 광원 연구결과 LED 청색에서 개화촉진효과가, LED 적색은 개화억제효과, LED 적/청색은 생육을 촉진시키며 개화억제 효과가 있다.

17 ① 종자 발아력의 간이 검정법으로 절단한 종자에 TTC용액을 주가할 때 배, 유아의 단면이 전면 적색으로 염색되는 것이 발아력이 강하다.

18 다음 중 광발아성 종자는?

① 토마토   ② 양파

③ 수박   ④ 상추

⑤ 가지

19 논토양과 밭토양의 차이점에 대한 설명으로 틀린 것은?

① 논토양은 회색계열이나 밭토양은 갈색계열을 띤다.

② 논토양은 비료의 유실이 많고, 밭토양은 유실이 적다.

③ 논토양은 환원물이 존재하나 밭토양은 산화물이 존재한다.

④ 논토양은 혐기성 균의 활동이 좋고, 밭토양은 호기성 균의 활동이 좋다.

⑤ 논의 pH는 담수상태에 따라 낮과 밤의 차이가 있고, 밭 토양은 그렇지 않다.

20 식물의 필수원소에 대한 설명으로 가장 옳은 것은?

① 토마토의 배꼽썩음병과 상추의 팁번은 인산의 부족 때문이다.

② 황은 체내이동성이 높아 결핍증세는 오래된 조직에서 나타난다.

③ 철은 2가 이온이므로 토양 중에서 칼륨과 상조작용을 나타낸다.

④ 규소는 화본과 작물에서는 필수원소로 병충해방제와 초형형성에 유리하다.

⑤ 붕소결핍은 개간지에서 잘 나타나는데 뿌리혹형성과 질소고정이 잘 안 된다.

18 ④ 광발아성 종자는 발아에 빛을 필요로 하는 종자(잎담배, 상추, 소엽, 벌레잡이제비꽃, 무화과나무, 개구리자리, 겨우살이 등)를 말한다.

19 ② 밭토양은 비료의 유실이 많고, 논토양은 유실이 적다.

20 ① 토마토의 배꼽썩음병과 상추의 팁번은 칼슘의 부족 때문이다.
 ② 황은 체내이동성이 체내에서의 이동성이 낮으므로, 결핍 증세는 어린 조직에서 나타난다.
 ③ 철은 2가 이온이므로 토양 중에서 칼륨과 길항작용을 나타낸다.
 ④ 규소는 화본과 작물에서 필수원소는 아니지만 작물에 조직기관을 튼튼히 하고 병충해 저항을 높인다.

1 작물의 분류에 대한 설명으로 옳지 않은 것은?

① 산성토양에 강한 작물을 내산성 작물이라고 한다.
② 농가에서 소비하기보다는 판매하기 위하여 재배하는 작물을 환금작물이라고 한다.
③ 벼, 맥류 등과 같이 식물체가 포기(株)를 형성하는 작물을 주형작물이라고 한다.
④ 휴한하는 대신 클로버와 같은 두과식물을 재배하면 지력이 좋아지는 효과를 볼 수 있는데, 이러한 작물을 대파작물이라고 한다.

2 식물영양과 재배의 발달에 대한 설명으로 옳지 않은 것은?

① Liebig는 무기영양설과 최소율법칙을 제창하였다.
② Morgan은 비료 3요소 개념을 명확히 하고 N, P, K가 중요한 원소임을 밝혔다.
③ Kurosawa는 벼의 키다리병을 일으키는 원인 물질을 지베렐린이라고 명명하였다.
④ Pokorny가 최초의 화학적 제초제로 2,4-D를 합성하였다.

3 춘화처리에 대한 설명으로 옳지 않은 것은?

① 완두와 같은 종자춘화형식물과 양배추와 같은 녹체춘화형식물로 구분한다.
② 종자춘화를 할 때에는 종자근의 시원체인 백체가 나타나기 시작할 무렵까지 최아하여 처리한다.
③ 춘화처리 기간 중에는 산소를 충분히 공급해야 한다.
④ 춘화처리 기간과 종료 후에는 종자를 건조한 상태로 유지해야 한다.

ANSWER　1.④　2.②　3.④

1　④ 대파작물은 주작물을 수확할 수 없게 되었을 경우에 주작물 대신 파종하여 재배하는 작물이다. 휴한하는 대신 클로버와 같은 두과식물을 재배하여 질소 고정에 의한 지력 증진을 꾀할 수 있는데, 이러한 작물을 사료작물이라고 한다.

2　② Lawes는 비료 3요소 개념을 명확히 하고, N, P, K가 중요한 원소임을 밝혔다.

3　④ 춘화처리 도중뿐만 아니라 처리 후에도 고온과 건조는 저온처리의 효과를 경감 또는 소멸시키므로 처리기간 중에는 물론 처리 후에도 고온과 건조를 피해야 한다.

4 작물의 개화 생리에 대한 설명으로 옳지 않은 것은?

① 체내 C/N율이 높을 때 화아분화가 촉진된다.
② 정일(중간)식물은 좁은 범위의 특정 일장에서만 개화한다.
③ 광주기성에 관계하는 개화호르몬은 피토크롬이다.
④ 광주기성에서 개화는 낮의 길이보다 밤의 길이에 더 크게 영향을 받는다.

5 1대잡종육종에 대한 설명으로 옳지 않은 것은?

① 1대잡종품종은 수량이 높고 균일도도 우수하며 우성유전자 이용의 장점이 있다.
② 조합능력 검정은 계통간 잡종강세 발현정도를 평가하는 과정이다.
③ 1대잡종육종에서는 주로 여교잡을 여러 차례 실시하여 잡종강세를 높인다.
④ 1대잡종 종자 채종을 위해서는 자가불화합성이나 웅성불임성을 많이 이용한다.

6 양성잡종(AaBb)에서 비대립유전자 A/a와 B/b가 독립적이고 비대립유전자 간 억제유전자로 작용하였을 때, F_2의 표현형으로 옳은 것은? (단, '_' 표시는 우성대립유전자, 열성대립유전자 모두를 뜻한다)

① $(9\ A\_B\_) : (3\ A\_bb + 3\ aaB\_ + 1\ aabb) = 9 : 7$
② $(3\ aaB\_) : (9\ A\_B\_ + 3\ A\_bb + 1\ aabb) = 3 : 13$
③ $(9\ A\_B\_ + 3\ A\_bb) : (3\ aaB\_) : (1\ aabb) = 12 : 3 : 1$
④ $(9\ A\_B\_) : (3\ A\_bb + 3\ aaB\_) : (1\ aabb) = 9 : 6 : 1$

ANSWER 4.③ 5.③ 6.②

4 ③ 주로 개화는 밤의 길이에 영향을 받는데, 이는 피토크롬이라는 광색소에 의해 조절된다. 피토크롬이 플로리겐이라는 '개화호르몬'의 생성을 유도하게 되어 개화를 일으키게 된다.

5 ③ 여교잡은 어떤 품종이 소수의 유전자가 관여하는 우량형질(특히, 내병성)을 가졌을 때 이것을 다른 우량품종에 도입하려고 할 때 많이 이용한다.

6 ② 억제유전자는 두 쌍의 비대립유전자간에 자신은 아무런 형질도 발현하지 못하고 다른 우성유전자의 작용을 억제시키기만 하는 유전자를 말한다(F_2의 분리비는 13 : 3).

7 육종방법에 대한 설명으로 옳은 것은?

① 집단육종은 잡종 초기세대에서 순계를 만든 후 후기세대에서 집단선발하는 것으로 타식성작물에서 주로 실시한다.

② 계통육종은 인공교배 후 후기세대에서 계통단위로 선발하므로 양적형질의 개량에 유리하다.

③ 순환선발은 우량개체 선발과 그들 간의 교배를 통해 좋은 형질을 갖추어주는 것으로 타식성작물에서 실시한다.

④ 분리육종은 타식성작물에서 개체선발을 통해 이루어지는 육종방법으로 영양번식 작물의 경우에는 이용되지 않는다.

8 유전체에 대한 설명으로 옳지 않은 것은?

① 2배체인 벼의 체세포 염색체수는 24개이고, 염색체 기본수는 12개이다.

② 위치효과는 염색체 단편이 $180°$ 회전하여 다시 그 염색체에 결합하여 유전자의 배열이 달라지는 것을 말한다.

③ 상동염색체의 두 염색체는 각 형질에 대한 유전자좌가 일치한다.

④ 유전체(genome)는 유전자(gene)와 염색체(chromosome)가 합쳐진 용어이다.

9 식물의 필수원소에 대한 설명으로 옳지 않은 것은?

① 질소화합물은 늙은 조직에서 젊은 생장점으로 전류되므로 결핍증세는 어린 조직에서 먼저 나타난다.

② 칼륨은 이온화되기 쉬운 형태로 잎·생장점·뿌리의 선단에 많이 함유되어 있다.

③ 붕소는 촉매 또는 반응조절물질로 작용하며, 석회결핍의 영향을 덜 받게 한다.

④ 철은 호흡효소의 구성성분으로 엽록소의 형성에 관여하고, 결핍하면 어린 잎부터 황백화하여 엽맥 사이가 퇴색한다.

ANSWER 7.③ 8.② 9.①

7 ① 잡종 초기세대에는 선발하지 않고, 혼합채종과 집단재배를 반복한 다음, 집단의 동형접합성이 높아진 후기세대에 가서 개체선발을 하여 고정계통을 육성하는 방법이다.
② 계통육종은 질적형질 개량에 유리하다.
④ 영양번식 작물의 경우에도 이용된다.

8 ② 역위란 한 염색체의 적당한 두 위치에서 절단이 생기고 절단된 염색체 단편이 $180°$ 회전하여 다시 그 염색체에 결합하여 유전자의 배열이 달라지는 것을 말한다.

9 ① 질소는 늙은 조직에서 젊은 생장점으로 전류되므로 결핍증세는 늙은 부분에서 먼저 나타난다. 과잉되면 도장하거나 염색이 짙어지며 한발, 저온, 기계적 상해, 병충해 등에 대해 약하게 된다.

10 작물의 품종 식별에 사용하는 분자표지 SSR에 이용되는 것은?

① DNA 염기 서열

② RNA 염기 서열

③ 단백질의 아미노산 서열

④ 염색체의 수 차이

11 수발아의 대책에 대한 설명으로 옳지 않은 것은?

① 보리가 밀보다 성숙기가 빠르므로 성숙기에 비를 맞는 일이 적어 수발아의 위험이 적다.

② 맥류는 조숙종이 만숙종보다 수확기가 빠르므로 수발아의 위험이 많다.

③ 맥류는 출수 후 발아억제제를 살포하면 수발아가 억제된다.

④ 맥류가 도복되면 수발아가 조장되므로 도복 방지에 노력해야 한다.

12 옥신의 재배적 이용에 대한 설명으로 옳지 않은 것은?

① 식물에 따라서는 상편생장(上偏生長)을 유도하므로 선택형 제초제로 쓰기도 한다.

② 사과나무에 처리하여 적과와 적화효과를 볼 수 있다.

③ 삽목이나 취목 등 영양번식을 할 때 발근촉진에 효과가 있다.

④ 토마토 · 무화과 등의 개화기에 살포하면 단위결과(單為結果)가 억제된다.

13 솔라리제이션(solarization)에 대한 설명으로 옳은 것은?

① 온도가 생육적온보다 높아서 작물이 받는 피해를 말한다.

② 일장이 식물의 화성 및 그 밖의 여러 면에 영향을 끼치는 현상을 말한다.

③ 식물이 광조사의 방향에 반응하여 굴곡반응을 나타내는 것을 말한다.

④ 갑자기 강한 광을 받았을 때 엽록소가 광산화로 인해 파괴되는 장해를 말한다.

ANSWER 10.① 11.② 12.④ 13.④

10 ① 염기 서열은 DNA의 기본단위 뉴클레오티드의 구성성분 중 하나인 염기들을 순서대로 나열해 놓은 것을 말한다.

11 ② 밀에서 수발아란 연속된 강우로 수확하기 전에 이삭에서 싹트는 현상을 말한다. 종자의 휴면과 관계가 있고, 일장이나 온도 등 환경조건의 영향을 받는다. 우리나라에서는 2~3년마다 한 번씩 등숙기가 장마철과 겹칠 때가 있어 성숙기가 늦은 품종이나 비가 많이 오는 지역에서는 등숙후기에 수발아의 위험이 크다. 따라서 만숙종의 수발아 위험이 더 많다.

12 ④ 옥신을 토마토 · 무화과 등의 개화기에 살포하면 단위결과가 유도된다.

13 ① 열해 ② 일장효과 ③ 굴광현상

14 멀칭의 이용과 효과에 대한 설명으로 옳지 않은 것은?

① 지온을 상승시키는 데는 흑색필름보다는 투명필름이 효과적이다.

② 작물을 멀칭한 필름 속에서 상당 기간 재배할 때는 광합성효율을 위해 투명필름보다 녹색필름을 사용하는 것이 좋다.

③ 밭 전면을 비닐멀칭하였을 때에는 빗물을 이용하기 곤란하다.

④ 앞작물 그루터기를 남겨둔 채 재배하여 토양 유실을 막는 스터블멀치농법도 있다.

15 간척지에서 간척 당시의 토양 특징에 대한 설명으로 옳은 것은?

① 지하수위가 낮아서 쉽게 심한 환원상태가 되어 유해한 황화수소 등이 생성된다.

② 황화물은 간척하면 환원과정을 거쳐 황산이 되는데, 이 황산이 토양을 강산성으로 만든다.

③ 염분농도가 높아도 벼의 생육에는 영향을 주지 않는다.

④ 점토가 과다하고 나트륨이온이 많아서 토양의 투수성과 통기성이 나쁘다.

16 품종의 생태형에 대한 설명으로 옳지 않은 것은?

① 조생종 벼는 감광성이 약하고 감온성이 크므로 일장보다는 고온에 의하여 출수가 촉진된다.

② 만생종 벼는 단일에 의해 유수분화가 촉진되지만 온도의 영향은 적다.

③ 고위도 지방에서는 감광성이 큰 품종은 적합하지 않다.

④ 저위도 지방에서는 기본영양생장성이 크고 감온성이 큰 품종을 선택하는 것이 좋다.

NSWER 14.② 15.④ 16.④

14 ② 작물이 멀칭한 필름 속에서 상당한 기간 자랄 때에는 흑색이나 녹색 필름은 큰 피해를 주며, 투명필름이어야 안전하다.

15 ① 지하수위가 높아서 쉽게 심한 환원상태가 되어 유해한 황화수소 등이 생성된다.
② 황화물은 간척하면 산화과정을 거쳐 황산이 되는데, 이 황산이 토양을 강산성으로 만든다.
③ 염분농도가 0.3%를 초과하면 벼의 생육이 어렵다.

16 ④ 저위도 지방에서는 기본영양생장성이 크고, 감온성과 감광성이 작은 것을 선택하는 것이 좋다.

17 맥류의 기계화재배 적응품종에 대한 설명으로 옳지 않은 것은?

① 다비밀식재배를 하므로 줄기가 충실하고 뿌리의 발달이 좋아서 내도복성은 문제되지 않는다.

② 골과 골사이가 같은 높이로 편평하게 되므로 한랭지에서는 특히 내한성이 강한 품종을 선택해야 한다.

③ 다비밀식의 경우는 병해 발생도 조장되므로 내병성이 강한 품종이어야 한다.

④ 다비밀식재배로 인하여 수광이 나빠질 수 있으므로 초형은 잎이 짧고 빳빳하여 일어서는 직립형이 알맞다.

18 A와 B 유전자가 동일 염색체상에 존재할 경우 이들 유전자에 hetero인 개체를 검정교배했을 때, 표현형의 분리비는? (단, A, B 유전자는 완전 연관이다)

① 1 AaBb : 1 Aabb : 1 aaBb : 1 aabb

② 9 AaBb : 3 Aabb : 3 aaBb : 1 aabb

③ 3 AB/ab : 1 ab/ab

④ 1 AB/ab : 1 ab/ab

19 배합비료를 혼합할 때 주의해야 할 점으로 옳지 않은 것은?

① 암모니아태질소를 함유하고 있는 비료에 석회와 같은 알칼리성 비료를 혼합하면 암모니아가 기체로 변하여 비료성분이 소실된다.

② 질산태질소를 유기질비료와 혼합하면 저장 중 또는 시용 후에 질산이 환원되어 소실된다.

③ 과인산석회와 같은 수용성 인산이 주성분인 비료에 Ca, Al, Fe 등이 함유된 알칼리성 비료를 혼합하면 인산이 물에 용해되어 불용성이 되지 않는다.

④ 과인산석회와 같은 석회염을 함유하고 있는 비료에 염화칼륨과 같은 염화물을 배합하면 흡습성이 높아져 액체가 된다.

ANSWER 17.① 18.④ 19.③

17 ① 기계화 재배에서는 수량확보를 위하여 다비밀식재배를 하게 되므로 도복의 우려가 많아지게 된다.

18 ④ hetero이므로 AaBb의 유전자를 가지고 A와 B가 완전 연관이니 생식세포는 AB, ab가 1:1로 나온다. 검정교배는 aabb인 개체와 교배하는 것이므로 A_B_ : 1:1이 된다.

19 ③ 알루미늄, 철, 칼슘, 점토 등과 결합하여 쉽게 불용화 되고 축적된다.

20 신품종의 등록과 특성유지에 대한 설명으로 옳지 않은 것은?

① 신품종이 보호품종으로 등록되기 위해서는 신규성, 우수성, 균일성, 안정성 및 고유한 품종명칭의 5가지 요건을 구비해야 한다.

② 국제식물신품종보호연맹(UPOV)의 회원국은 국제적으로 육성자의 권리를 보호받으며, 우리나라는 2002년에 가입하였다.

③ 품종의 퇴화를 방지하고 특성을 유지하는 방법으로는 개체집단선발, 계통집단선발, 주보존, 격리재배 등이 있다.

④ 신품종에 대한 품종보호권을 설정등록하면 「식물신품종보호법」에 의하여 육성자의 권리를 20년(과수와 임목의 경우 25년)간 보장받는다.

ANSWER 20.①

20 ① 신품종이 보호품종으로 등록되기 위해서는 신규성, 구별성, 균일성, 안정성, 품종명칭의 5가지 요건을 구비해야 한다. 〈식물신품종보호법 제16조(품종보호 요건)〉

1 바빌로프(Vavilov)의 분류에 따른 작물의 기원중심지가 다른 하나는?

① 옥수수   ② 콩
③ 고구마   ④ 호박

2 피자식물의 자가수정이 정상적으로 이루어질 때 배유의 염색체 조성은 어떻게 이루어지는가?

① 2n (♂n + ♀n)   ② 2n (♂n + ♂n)
③ 3n (♂n + ♂n + ♀n)   ④ 3n (♂n + ♀n + ♀n)

3 다음 식물의 붕소 결핍증상이 아닌 것은?

① 사탕무 – 속썩음병   ② 담배 – 끝마름병
③ 사과 – 적진병   ④ 꽃양배추 – 갈색병

4 온도의 변화가 결실에 미치는 영향에 대한 설명으로 옳은 것은?

① 변온조건에서 결실이 좋아지는 작물이 많지만, 가을에 결실하는 작물은 대체로 변온에 의하여 결실이 촉진되지 않는다.
② 콩은 밤의 기온이 15℃일 때 결협률이 최대가 된다.
③ 벼는 평야지보다 산간지에서 등숙기간은 길어지지만, 등숙이 양호해져서 입중(粒重)이 증대한다.
④ 우리나라에서 자포니카벼에 알맞은 등숙기간(출수 후 40일 동안)의 일평균 기온은 17~19℃이다.

ANSWER 1.② 2.④ 3.③ 4.③

1 ② 콩은 중국 중심지이며, 옥수수, 호박, 고구마는 남부 멕시코 및 중부 아메리카 중심지이다.

2 ④ 피자식물의 경우 웅핵(♂n)과 극핵(♀2n)의 결합으로 3n이 형성된다.

3 ③ 사과에 망간이 과잉되면 적진병이 발생한다. 사과의 붕소 결핍증상은 축과병, 신초고사현상이다.

4 ① 변온은 작물의 결실을 조장하는데, 특히 가을에 결실하는 작물은 변온에 의해 결실이 조장된다.
② 밤의 기온이 20 ~ 25℃가 알맞다.
④ 우리나라에서 자포니카벼에 알맞은 등숙기간의 일평균 기온은 21 ~ 23℃이다.

5 다음 중 생리적 산성 비료는?

① 질산암모늄　　　　　　　　　　　② 과인산석회
③ 요소　　　　　　　　　　　　　　④ 염화칼륨

6 작물의 광합성에 대한 설명으로 옳은 것은?

① 이산화탄소 농도가 높아지면 이산화탄소 포화점까지는 광합성속도가 증가하나 광포화점은 낮아진다.
② 이산화탄소 보상점은 대기중의 1/10~1/3이고, 포화점은 3~4배이다.
③ 광합성은 적색광이 녹색광보다 효율이 높다.
④ 외견상 광합성과 호흡에 의한 이산화탄소의 소모량이 같아지는 점을 광포화점이라고 한다.

7 C_3식물과 비교하여 C_4식물에 대한 설명으로 옳은 것은?

① 내건성이 약하다.　　　　　　　　② 광호흡량이 크다.
③ 광포화점이 높다.　　　　　　　　④ 벼, 보리, 밀 등이 해당한다.

ANSWER 5.④ 6.③ 7.③

5 ① 생리적 중성 비료
② 화학적 산성 비료
③ 화학적 중성 비료

6 ① 이산화탄소가 높아질수록 광합성속도와 광포화점이 높아진다.
② 이산화탄소 보상점은 대기중의 1/10 ~ 1/3배이고, 포화점은 7 ~ 10배이다.
④ 외견상 광합성과 호흡에 의한 이산화탄소의 소모량이 같아지는 점을 광보상점이라고 한다.

7 ①, ②, ④ C_3 식물에 대한 설명이다.
　※ C_3 식물과 C_4 식물의 비교

구분	C_3 식물	C_4 식물
CO_2 흡수	낮	낮
CO_2 저장	CO_2저장 없음	CO_2 저장세포와 분리
CO_2 이용	기공을 통해 흡수와 동시 광합성에 이용	CO_2를 체내에 저장하였다가 광합성에 이용
광호흡 여부	있음	없음
최초 CO_2 고정	인글리세르산	옥살아세트산, 말산, 아스파르트산
사용 회로	칼빈 회로	C_4 회로+칼빈 회로
칼빈 회로	엽육 세포에서	유관속초 세포에서
최대 광합성 능력	15~24	35~80
해당 식물	온대 식물(콩)	덥고 건조한 지역 식물(옥수수, 사탕수수)

8 다음 작물 중 고립상태에서 광포화점이 가장 낮은 것은?

① 사과나무

② 콩

③ 밀

④ 고구마

9 국화과 및 십자화과 작물을 장일조건에서 화성을 유도하기 위하여 이용할 수 있는 생장조절물질은 무엇인가?

① 지베렐린

② NAA

③ IAA

④ 에틸렌

10 시설재배 시 사용되는 이산화탄소시비에 대한 설명이 옳지 않은 것은?

① 양배추에서는 이산화탄소 2% 농도에서 광합성속도가 10배로 증가된다.

② 토마토에서 이산화탄소시용으로 총수량은 20~40% 증수하며 특히 조기수량이 크게 증가한다.

③ 멜론에서는 이산화탄소시용으로 당도가 높아진다.

④ 콩에서 이산화탄소 농도를 0.3~1.0%로 증가시킬 경우 떡잎에서 엽록소 함량이 증가된다.

ANSWER 8.② 9.① 10.②

8 고립상태일 때의 광포화점

구분	광포화점	구분	광포화점
음생식물	10 정도	벼, 목화	40~50
구약나물	25 정도	밀, 앨팰퍼	50 정도
콩	20~23	고구마, 사탕무, 무, 사과나무	40~60
감자, 담배, 강낭콩, 보리, 귀리	30 정도	옥수수	80~100

9 ① 지베렐린은 저온, 장일이 화성에 필요한 작물에서는 저온이나 장일을 대신하는 효과가 탁월하다.

10 ② 토마토에서 이산화탄소시용으로 생육 증가, 착과 향상, 수량 증대(15 ~ 30%)가 발생하며, 조기 수량 증대와 공동과 발생의 감소에 커다란 효과가 있다.

11 일장효과에 대한 설명이 옳은 것은?

① 감자의 덩이줄기는 장일조건에서 발육이 촉진된다.
② 콩의 결협(結莢), 등숙(登熟)은 장일에서 촉진된다.
③ 양파의 비늘줄기는 10시간 이하의 단일에서 발육이 촉진된다.
④ 양배추는 단일조건에 두면 추대(抽薹)가 되지 않는다.

12 기지현상을 경감하거나 방지할 수 있는 대책으로 옳지 않은 것은?

① 윤작   ② 토양피복
③ 담수처리   ④ 객토 및 환토

13 식량과 가축의 사료를 생산하면서 지력을 유지하고 중경효과까지 얻기 위하여 사용되는 윤작방식은 무엇인가?

① 순3포식 농법   ② 개량3포식 농법
③ 노포크식 윤작법   ④ 답전윤환

ANSWER 11.④ 12.② 13.③

11 ① 감자의 덩이줄기는 단일조건에서 발육이 촉진된다.
② 콩의 결협, 등숙은 단일에서 촉진된다.
③ 양파의 비늘줄기는 장일에서 발육이 촉진된다.

12 기지현상의 대책
㉠ 윤작
㉡ 담수
㉢ 토양소독
㉣ 유독물질의 유거
㉤ 객토 및 환토

13 ③ 노포크식 윤작법은 화본과의 식용작물과 두과인 클로버, 근채류인 순무가 조합된 윤작으로 무→보리→클로버 →밀, 밀→콩→보리→순무의 순서로 짓는 윤작을 말한다.

14 다음은 용어에 해당되는 식물의 예를 든 것이다. 옳지 않은 것은?

① 괴근(tuber root) : 달리아, 고구마, 마
② 구경(corm) : 글라디올러스, 프리지아
③ 지하경(rhizome) : 생강, 감자, 토란
④ 인경(bulb) : 나리, 마늘, 양파

15 작물을 강산성토양에서 재배할 때 과잉 피해가 우려되는 무기성분은?

① Al, Zn, Mn
② P, Mn, K
③ Mg, Mo, Al
④ Ca, P, Mo

16 종자의 발아 과정을 바르게 나열한 것은?

① 수분흡수→저장양분의 분해, 전류 및 재합성→저장양분 분해효소 생성과 활성화→종피의 파열→배의 생장개시→유묘 출현
② 수분흡수→저장양분 분해효소 생성과 활성화→저장양분의 분해, 전류 및 재합성→배의 생장개시→종피의 파열→유묘 출현
③ 수분흡수→저장양분의 분해, 전류 및 재합성→저장양분분해효소 생성과 활성화→배의 생장개시→종피의 파열→유묘 출현
④ 수분흡수→저장양분 분해효소 생성과 활성화→저장양분의 분해, 전류 및 재합성→종피의 파열→배의 생장개시→유묘 출현

ANSWER 14.③ 15.① 16.②

14 ③ 생강은 근경, 감자는 괴경, 토란은 구경에 해당한다. 지하경은 땅속에 있는 식물의 줄기로 연의 뿌리줄기, 감자의 덩이줄기, 토란의 알줄기, 백합의 비늘줄기 따위가 속한다.

15 ① 강산성인 토양은 용탈이 심하게 진행된 토양으로 염기의 함량이 낮고 카올리나이트 또는 수산화물 점토광물이 주가 되는 토양이며 미생물의 활동이 적다. 금속이온의 용해도가 높아 Al, Mn의 독성을 나타낼 정도가 된다.

16 종자의 발아 과정 … 수분의 흡수→효소의 활성화→저장양분의 분해, 전류 및 재합성→배의 생장개시→과피(종피)의 파열→유묘의 출현→유묘의 성장

17 제초제에 대한 설명으로 옳지 않은 것은?

① 2,4-D는 비선택성 제초제이다.
② Bentazon은 이행성 제초제이다.
③ Paraquat는 접촉형 제초제이다.
④ Paraquat는 비선택성 제초제이다.

18 토마토와 감자 작물 간 포마토(pomato)라는 새로운 작물이 만들어졌다. 이러한 포마토 작물은 어떤 방법으로 만들어진 것인가?

① 배배양   ② 배주배양
③ 약배양   ④ 세포융합

ANSWER | 17.① 18.④

17 ① 2,4-D는 선택성 제초제이다. 화본과식물에는 독성이 적지만 광엽식물에는 독성이 크다.

18 ④ 세포융합은 두 종류의 세포를 융합시켜 두 세포의 특징을 갖는 잡종 세포를 만드는 기술이다. 포마토는 이러한 기술을 통해 만들어졌다.

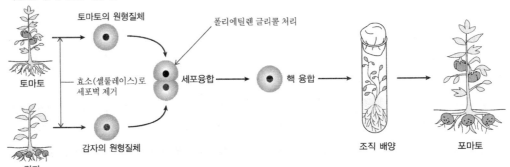

19 식물호르몬인 에틸렌에 대한 설명으로 옳지 않은 것은?

① ABA와 함께 발아를 억제하는 작용을 한다.
② 환경적인 스트레스는 에틸렌 발생을 촉진한다.
③ 오이에서 에세폰을 처리하면 암꽃의 착생 수가 증대한다.
④ 토마토 등에서는 성숙과 함께 착색을 촉진한다.

20 엽면시비에 대한 설명으로 옳은 것은?

① 토양시비에 비해 흡수가 어렵고 효과도 늦은 편이다.
② 과수원 등에서 초생재배할 때는 적당하지 않다.
③ 요소비료의 부족에 이용되며 미량요소 결핍에는 적당하지 않다.
④ 일시에 다량을 시비할 수 없어 토양시비를 완전 대체하기 어렵다.

ANSWER   19.① 20.④

19 ① ABA와 에틸렌은 생장을 억제하는 작용은 한다.

20 ① 엽면시비는 직접 엽면으로부터 흡수되기 때문에 즉각적으로 효과가 나타난다.
② 과수원에서 초생재배를 할 때에 토양시비를 하면 피복작물에 다량의 비료가 흡수되지만 엽면살포를 하면 이러한 결점이 없다.
③ 작물에 미량요소의 결핍증이 나타났을 경우 그 요소를 토양에 주는 것보다 엽면살포하는 것이 효과가 빠르고 사용량도 적게 들기 때문에 경제적이다.

1 웅성불임성에 대한 설명으로 옳은 것은?

① 암술과 화분은 정상이나 종자를 형성하지 못하는 현상이다.
② 암술머리에서 생성되는 특정 단백질과 화분의 특정 단백질 사이의 인식작용 결과이다.
③ S 유전자좌의 복대립유전자가 지배한다.
④ 유전자 작용에 의하여 화분이 형성되지 않거나, 제대로 발육하지 못하여 종자를 만들지 못한다.

2 작물의 내습성에 관여하는 요인에 대한 설명으로 옳지 않은 것은?

① 뿌리 조직의 목화(木化)는 환원성 유해물질의 침입을 막아 내습성을 증대시킨다.
② 뿌리의 황화수소 및 아산화철에 대한 높은 저항성은 내습성을 증대시킨다.
③ 습해를 받았을 때 부정근의 발달은 내습성을 약화시킨다.
④ 뿌리의 피층세포 배열 형태는 세포 간극의 크기 및 내습성 정도에 영향을 미친다.

3 토양미생물의 작물에 대한 유익한 활동으로 옳은 것은?

① 토양미생물은 암모니아를 질산으로 변하게 하는 환원과정을 도와 밭작물을 이롭게 한다.
② 토양미생물은 유기태 질소화합물을 무기태로 변환하는 질소의 무기화 작용을 돕는다.
③ 미생물간의 길항작용은 물질의 유해작용을 촉진한다.
④ 뿌리에서 유기물질의 분비에 의한 근권(rhizosphere)이 형성되면 양분 흡수를 억제하여 뿌리의 신장 생장을 촉진한다.

ANSWER 1.④ 2.③ 3.②

1 웅성불임성 … 화분·꽃밥·수술 등의 웅성기관에 이상이 생겨 불임이 생기는 현상

2 ③ 습해를 받았을 때 부정근의 발생력이 큰 것은 내습성이 강하다.

3 ② 유기태는 작물이 흡수하여 이용할 수 없다. 토양미생물은 유기태 질소화합물을 무기태로 변환하는 질소의 무기화 작용을 도와 작물이 흡수하여 이용할 수 있도록 한다.
　① 토양미생물은 암모니아를 산화해 아질산으로, 아질산을 산화하여 질산으로 만드는 과정을 도와 작물을 이롭게 한다.
　③ 미생물 간의 길항작용은 물질의 유해작용을 억제한다.
　④ 근권 미생물은 양분 흡수를 촉진한다.

4 작물의 생식에 대한 설명으로 옳지 않은 것은?

① 아포믹시스는 무수정종자형성이라고 하며, 부정배형성, 복상포자생식, 위수정생식 등이 이에 속한다.

② 속씨식물 수술의 화분은 발아하여 1개의 화분관세포와 2개의 정세포를 가지며, 암술의 배낭에는 난세포 1개, 조세포 1개, 반족세포 3개, 극핵 3개가 있다.

③ 무성생식에는 영양생식도 포함되는데, 고구마와 거베라는 뿌리로 영양번식을 하는 작물이다.

④ 벼, 콩, 담배는 자식성 작물이고, 시금치, 딸기, 양파는 타식성 작물이다.

5 1개체 1계통육종(single seed descent method)의 이점으로 옳은 것은?

① 우량품종에 한두 가지 결점이 있을 때 이를 보완하는 데 효과적이다.

② F_2 세대부터 선발을 시작하므로 특성검정이 용이한 질적 형질의 개량에 효율적이다.

③ 유용유전자를 잘 유지할 수 있고, 육종연한을 단축할 수 있다.

④ 균일한 생산물을 얻을 수 있으며, 우성유전자를 이용하기 유리하다.

6 식물생장조절물질이 작물에 미치는 생리적 영향에 대한 설명으로 옳지 않은 것은?

① Amo-1618은 경엽의 신장촉진, 개화촉진 및 휴면타파에 효과가 있다.

② Cytokinin은 세포분열촉진, 신선도 유지 및 내동성증대에 효과가 있다.

③ B-Nine은 신장억제, 도복방지 및 착화증대에 효과가 있다.

④ Auxin은 발근촉진, 개화촉진 및 단위결과에 효과가 있다.

ANSWER 4.② 5.③ 6.①

4 ② 속씨식물의 화분은 매우 작으며 화분관세포와 생식세포로 구성된다. 꽃가루가 암술머리에 부착되면 꽃가루는 발아하여 화분관세포는 화분관을 만들고 암술대를 타고 배낭 쪽으로 내려간다. 생식세포는 나누어져 운동성이 없는 2개의 정세포를 형성한다. 정세포는 화분관을 따라 이동하고 배낭에 들어가 수정에 직접 참여한다. 배낭으로 들어간 2개의 정세포 중 하나는 난핵을 가진 난세포와 결합하여 접합자(2n)를 형성하고, 세포분열에 의해 성장하여 종자 내에서 다세포성 배로 발달한다. 다른 하나의 정세포는 2개의 극핵(n)과 결합하여 3배체(3n)인 배젖을 형성한다. 이를 중복수정이라고 하며 속씨식물에만 존재하는 특징이다.

5 1개체 1계통육종 … 잡종집단의 1개체에서 1립씩 채종하여 다음 세대를 진전시키는 육종방법으로 유용유전자를 잘 유지할 수 있고, 육종연한을 단축할 수 있다는 이점이 있다.

6 ① 2-isopropyl-4-dimethylamino-5-methylphenyl-1-piperidine-carboxylate methyl chloride(AMO 1618)은 식물생장억제제이다.

7 작물의 생육에 필요한 무기원소에 대한 설명으로 옳지 않은 것은?

① 칼륨은 식물세포의 1차대사산물(단백질, 탄수화물 등)의 구성성분으로 이용되고, 작물이 다량으로 필요로 하는 필수원소이다.

② 질소는 NO_3^-와 NH_4^+ 형태로 흡수되며, 흡수된 질소는 세포막의 구성성분으로도 이용된다.

③ 몰리브덴은 근류균의 질소고정과 질소대사에 필요하며, 콩과작물이 많이 함유하고 있는 원소이다.

④ 규소는 화본과식물의 경우 다량으로 흡수하나, 필수원소는 아니다.

8 대기 중의 이산화탄소와 작물의 생리작용에 대한 설명으로 옳지 않은 것은?

① 대기 중의 이산화탄소 농도가 높아지면 일반적으로 호흡속도는 감소한다.

② 광합성에 의한 유기물의 생성속도와 호흡에 의한 유기물의 소모속도가 같아지는 이산화탄소 농도를 이산화탄소 보상점이라 한다.

③ 작물의 이산화탄소 보상점은 대기 중 농도의 약 7~10배(0.21~0.3%)가 된다.

④ 과실·채소를 이산화탄소 중에 저장하면 대사기능이 억제되어 장기간의 저장이 가능하다.

9 종자·과실의 부위 중 유전적 조성이 다른 것은?

① 종피   ② 배
③ 과육   ④ 과피

ANSWER 7.① 8.③ 9.②

7 ① 단백질, 탄수화물 등의 구성성분으로 이용되고, 작물이 다량으로 필요로 하는 필수원소로은 탄소, 수소, 산소가 있다. 칼륨은 광합성 양의 촉진, 탄수화물 및 단백질 대사의 활성, 세포 내 수분 공급, 증산에 의한 수분 상실 억제 등의 역할을 한다.

8 ③ 대체로 작물의 이산화탄소 보상점은 대기 중의 농도의 1/10~1/3(0.003~0.01%) 정도이다.

9 유전적 요소 … 종자는 3가지 유전적으로 다른 조직으로 구성된다.
　㉠ 2배체인 배는 자방의 수정에 의하여 만들어 진다.
　㉡ 3배체인 배유는 1개의 부계 유전자와 2개의 모계 유전자를 가진다.
　㉢ 2배체인 종피, 과피 및 외영과 내영 등이 모계의 유전적 조성들이다.
　※ 휴면은 배 내에서 유전되고, 그 밖에 주위의 조직에 의해서도 일어나기 때문에 휴면의 유전은 Mendel의 간단한 유전법칙으로는 충분히 설명하기 어렵다.

10 작물의 육종방법에 대한 설명으로 옳지 않은 것은?

① 교배육종(cross breeding)은 인공교배로 새로운 유전변이를 만들어 품종을 육성하는 것이다.

② 배수성육종(polyploidy breeding)은 콜히친 등의 처리로 염색체를 배가시켜 품종을 육성하는 것이다.

③ 1대잡종육종(hybrid breeding)은 잡종강세가 큰 교배조합의 1대잡종(F_1)을 품종으로 육성하는 것이다.

④ 여교배육종(backcross breeding)은 연속적으로 교배하면서 이전하려는 반복친의 특성만 선발하므로 육종효과가 확실하고 재현성이 높다.

11 내건성이 강한 작물의 특성에 대한 설명으로 옳지 않은 것은?

① 건조할 때에는 호흡이 낮아지는 정도가 크고, 광합성이 감퇴하는 정도가 낮다.

② 기공의 크기가 커서 건조 시 증산이 잘 이루어진다.

③ 저수능력이 크고, 다육화의 경향이 있다.

④ 삼투압이 높아서 수분 보류력이 강하다.

12 작물에 대한 설명으로 옳지 않은 것은?

① 야생식물보다 재해에 대한 저항력이 강하다.

② 특수부분이 발달한 일종의 기형식물이다.

③ 의식주에 필요한 경제성이 높은 식물이다.

④ 재배환경에 순화되어 야생종과는 차이가 있다.

ANSWER 10.④ 11.② 12.①

10 ④ 실용적이 아닌 품종의 단순유전을 하는 유용형질을 실용품종에 옮겨 넣을 목적으로 비실용 품종을 1회친으로 하고 실용품종을 반복친으로 하여 연속적으로 또는 순환적으로 교배하는 것을 여교배라 하고, 여교배를 통해 얻어진 유용형질이 도입된 우량개체를 선발해서 새 품종으로 고종해가는 육종법을 여교잡육종법이라고 한다. 여교배를 여러 번 할 때 처음 한 번만 사용하는 교배친을 1회친이라 하고, 반복해서 사용하는 교배친은 반복친이라고 한다.

11 ② 내건성이 강한 작물은 잎조직이 치밀하며, 엽맥과 울타리조직이 발달하고, 표피에는 각피가 잘 발달되어 있으며, 기공이 작거나 적다.

12 ① 작물은 야생식물보다 재해에 대한 저항력이 약하다.

13 작물의 파종 작업에 대한 설명으로 옳지 않은 것은?

① 파종기가 늦을수록 대체로 파종량을 늘린다.

② 맥류는 조파보다 산파 시 파종량을 줄이고, 콩은 단작보다 맥후작에서 파종량을 줄인다.

③ 파종량이 많으면 과번무해서 수광태세가 나빠지고, 수량·품질을 저하시킨다.

④ 토양이 척박하고 시비량이 적을 때에는 일반적으로 파종량을 다소 늘리는 것이 유리하다.

14 작물의 수확 후 생리작용 및 손실요인에 대한 설명으로 옳지 않은 것은?

① 증산에 의한 수분손실은 호흡에 의한 손실보다 10배나 큰데, 이중 90%가 표피증산, 8~10%는 기공 증산을 통하여 손실된다.

② 사과, 배, 수박, 바나나 등은 수확 후 호흡급등현상이 나타나기도 한다.

③ 과실은 성숙함에 따라 에틸렌이 다량 생합성되어 후숙이 진행된다.

④ 엽채류와 근채류의 영양조직은 과일류에 비하여 에틸렌 생성량이 적다.

15 간척지 토양에 작물을 재배하고자 할 때 내염성이 강한 작물로만 묶인 것은?

① 토마토 - 벼 - 고추   ② 고추 - 벼 - 목화

③ 고구마 - 가지 - 감자   ④ 유채 - 양배추 - 목화

16 논에 벼를 이앙하기 전에 기비로 $N-P_2O_5-K_2O=10-5-7.5kg/10a$을 처리하고자 한다. $N-P_2O_5-K_2O=20-20-10(\%)$인 복합비료를 25kg/10a을 시비하였을 때, 부족한 기비의 성분에 대해 단비할 시비량(kg/10a)은?

① $N-P_2O_5-K_2O=5-0-5kg/10a$ ② $N-P_2O_5-K_2O=5-0-2.5kg/10a$

③ $N-P_2O_5-K_2O=5-5-0kg/10a$ ④ $N-P_2O_5-K_2O=0-5-2.5kg/10a$

ANSWER   13.② 14.① 15.④ 16.①

13 ② 맥류는 산파할 경우 조파보다는 파종량을 약간 늘려주고, 콩은 단작보다 맥후작에서 파종량을 늘인다.

14 ① 식물체내에서 물이 수증기의 형태로 소실되는 현상을 증산작용이라고 한다. 대부분의 물은 기공을 통한 기공 증산에 의해 소실되고, 1~3%는 표피의 큐티클층을 통하여 일어나는 표피증산 또는 큐티클증산에 의해 소실된다.

15 내염성 작물… 간척지와 같은 염분이 많은 토양에 강한 작물로, 보리, 사탕무, 목화, 유채, 홍화, 양배추, 수수 등 이 특히 내염성이 강하다.

16 $N-P_2O_5-K_2O=20-20-10(\%)$인 복합비료 25kg에는 N 5kg, P_2O_5 5kg, K_2O 2.5kg이 들어있다. 따라서 $N-P_2O_5-K_2O=10-5-7.5kg/10a$을 처리하고자 한다면, 부족한 기비의 성분에 대해 단비할 시비량은 $N-P_2O_5-K_2O=5-0-5kg/10a$이다.

17 작물의 수확 후 저장에 대한 설명 중 옳지 않은 것은?

① 저장 농산물의 양적 · 질적 손실의 요인은 수분손실, 호흡 · 대사작용, 부패 미생물과 해충의 활동 등이 있다.

② 고구마와 감자 등은 안전저장을 위해 큐어링(curing)을 실시하며, 청과물은 수확 후 신속히 예냉(precooling)처리를 하는 것이 저장성을 높인다.

③ 저장고의 상대습도는 근채류 > 과실 > 마늘 > 고구마 > 고춧가루 순으로 높다.

④ 세포호흡에 필수적인 산소를 제거하거나 그 농도를 낮추면 호흡소모나 변질이 감소한다.

ANSWER 17.③

17 ③ 저장고의 상대습도는 과실>근채류>고구마>마늘>고춧가루 순으로 높다.

※ 과일 · 채소 적정 저장 조건(농촌진흥청 국립원예특작과학원)

구분	품목	온도(℃)	상대습도(%)	어는점(℃)	에틸렌생성	에틸렌 민감성
과일	사과	0	90~95	-1.5	매우 많음	높음
	배	0	90~95	-1.6	적음	낮음
	포도	-1~0	90~95	-1.4	매우 적음	낮음
	감귤	3~5	85	-1.1	매우 적음	중간
	단감	0	90~95	-2.2	적음	높음
	천도복숭아	5~8	90~95	-1.9	중간	중간
	백도복숭아	8~10	90~95	-2.1	중간	중간
	대추	0	90~95	-1.6	적음	중간
	참다래	0	90~95	-0.9	적음	높음
열매 채소	딸기	0~4	90~95	-0.8	적음	낮음
	네트멜론	2~5	95	-1.2	많음	중간
	파프리카	7~10	95~98	-0.7	적음	낮음
뿌리 채소	무	0~2	95~100	-0.7	매우 적음	낮음
	마늘	-2~0	70	-2.7	매우 적음	낮음
	양파	0	65~70	-0.8	매우 적음	낮음
	당근	0	90~95	-1.4	매우 적음	높음
	고구마	13~15	85~95	-1.3	매우 적음	낮음
잎 채소	시금치	0	95~100	-0.3	매우 적음	높음
	상추	0~5	95	-0.2	매우 적음	높음
	양상추	0~2	90~95	-0.2	매우 적음	높음
	겨울배추	-0.5~0	90~95	-1~-2	매우 적음	중간~높음

(에틸렌에 민감한 품목은 에틸렌을 많이 생성하는 품목과 함께 저장하면 안 됨)

18 광(光)과 착색에 대한 설명으로 옳지 않은 것은?

① 엽록소 형성에는 청색광역과 적색광역이 효과적이다.
② 광량이 부족하면 엽록소 형성이 저하된다.
③ 안토시안의 형성은 적외선이나 적색광에서 촉진된다.
④ 사과와 포도는 볕을 잘 쬘 때 안토시안의 생성이 촉진되어 착색이 좋아진다.

19 논토양과 밭토양의 차이점에 대한 설명으로 옳지 않은 것은?

① 논토양에서는 환원물(N_2, H_2S, S)이 존재하나, 밭토양에서는 산화물(NO_3, SO_4)이 존재한다.
② 논에서는 관개수를 통해 양분이 공급되나, 밭에서는 빗물에 의해 양분의 유실이 많다.
③ 논토양에서는 혐기성균의 활동으로 질산이 질소가스가 되고, 밭토양에서는 호기성균의 활동으로 암모니아가 질산이 된다.
④ 논토양에서는 pH 변화가 거의 없으나, 밭에서는 논토양에 비해 상대적으로 pH의 변화가 큰 편이다.

20 제초제에 대한 설명으로 옳지 않은 것은?

① 2,4-D는 선택성 제초제로 수도본답과 잔디밭에 이용된다.
② Diquat는 접촉형 제초제로 처리된 부위에서 제초효과가 일어난다.
③ Propanil은 담수직파, 건답직파에 주로 이용되는 경엽처리 제초제이다.
④ Glyphosate는 이행성 제초제이며, 화본과잡초에 선택성인 제초제이다.

ANSWER 18.③ 19.④ 20.④
....

18 ③ 안토시안은 자외선을 잘 흡수하는 성질이 있다.

19 ④ 밭에서는 pH 변화가 거의 없으나, 논토양에서는 담수의 유입 등으로 밭에 비해 상대적으로 pH의 변화가 큰 편이다.

20 ④ 글리포세이트(glyphosate)는 선택성이 없는 제초제로 주로 비농경지 등에 사용한다.

1 잡초를 방제하기 위해 이루어지는 중경의 해로운 점은?

① 작물의 발아 촉진　　　　　　② 토양수분의 증발 경감
③ 토양통기의 조장　　　　　　　④ 풍식의 조장

2 토양의 입단형성과 발달에 불리한 것은?

① 토양개량제 사용　　　　　　　② 나트륨이온 첨가
③ 석회 사용　　　　　　　　　　④ 콩과작물 재배

3 작물의 분류에 대한 설명으로 옳은 것은?

① 감자는 전분작물이며 고온작물이다.
② 메밀은 잡곡이며 맥류에 속한다.
③ 아마는 유료작물과 섬유작물에 모두 속한다.
④ 호프는 월년생이며 약용작물에 속한다.

ANSWER　1.④　2.②　3.③

1 중경 … 작물의 생육 도중에 작물 사이의 토양을 가볍게 긁어주는 작업이다.
　①②③ 중경의 장점
　④ 중경의 단점

2 토양입단(Soil aggregate)은 토양입자가 뭉쳐 조그만 덩어리가 되는 것을 말한다. 토양의 입단이 형성되면 모세
　공극이 많아져서 수분의 저장력이 커지고 공기의 유통이 좋아진다.
　② 나트륨이온 첨가는 토양의 입단형성과 발달에 불리하다.

3 ① 감자는 전분작물이며 저온작물이다.
　② 잡곡은 곡식작물 중 벼와 맥류를 제외한 모든 작물의 총칭이다. 맥류로는 보리·쌀보리·밀·호밀·귀리·라
　　이밀 등이 있다.
　④ 호프는 다년생이며 기호작물에 속한다.

4 수정과 종자발달에 대한 설명으로 옳은 것은?

① 침엽수와 같은 나자식물은 중복수정이 이루어지지 않는다.
② 수정은 약에 있는 화분이 주두에 옮겨지는 것을 말한다.
③ 완두는 배유조직과 배가 일체화되어 있는 배유종자이다.
④ 중복수정은 정핵이 난핵과 조세포에 결합되는 것을 말한다.

5 벼 기계이앙용 상자육묘에 대한 설명으로 옳은 것은?

① 상토는 적당한 부식과 보수력을 가져야 하며 pH는 6.0~6.5 정도가 알맞다.
② 파종량은 어린모로 육묘할 경우 건조종자로 상자당 100~130g, 중묘로 육묘할 경우 200~220g 정도가 적당하다.
③ 출아기의 온도가 지나치게 높으면 모가 도장하게 되므로 20℃ 정도로 유지한다.
④ 녹화는 어린 싹이 1cm 정도 자랐을 때 시작하며, 낮에는 25℃, 밤에는 20℃ 정도로 유지한다.

6 우리나라 식량작물의 기상생태형에 대한 설명으로 옳지 않은 것은?

① 여름메밀은 감온형 품종이다.
② 그루콩은 감광형 품종이다.
③ 북부지역에서는 감온형 품종이 알맞다.
④ 만파만식시 출수지연 정도는 감광형 품종이 크다.

ANSWER 4.① 5.④ 6.④

4 ② 수정은 암술머리에 묻은 꽃가루 속의 핵과 씨방 속의 밑씨가 합쳐지는 것을 말한다.
　③ 콩과 종자는 무배유종자이다.
　④ 중복수정은 속씨식물의 난세포와 극핵이 동시에 두 개의 정핵에 의해서 수정되는 현상이다.

5 ① 모판 흙은 산도(pH) 4.5~5.8을 유지토록 하는 것이 좋다.
　② 싹을 틔운 후에는 모 기르는 방법에 따라 알맞은 양을 파종하는 데 어린모의 경우 한상자당 200~220 g, 중묘의 경우 130 g 정도 파종하는 것이 적당하다.
　③ 출아기의 적정 온도는 30~32℃이다.

6 ④ 만파만식시 출수지연 정도는 감광형 품종이 작고 기본영양생장형과 감온형 품종이 크다.

72 | 재배학(개론)

7 작물의 유전현상에 대한 설명으로 옳지 않은 것은?

① 멘델은 이형접합체와 열성동형접합체를 교배하여 같은 형질에 대해 대립유전자가 존재한다는 사실을 입증하였다.

② 연관된 두 유전자의 재조합빈도는 연관정도에 따라 다르며 연관군에 있는 유전자라도 독립적 유전을 할 수 있다.

③ 유전자지도에서 1cm 떨어져 있는 두 유전자에 대해 기대되는 재조합형의 빈도는 100개의 배우자 중 1개이다.

④ 핵외유전은 멘델의 유전법칙이 적용되지 않으나 정역교배에서 두 교배의 유전결과가 일치한다.

8 배수성 육종에 대한 설명으로 옳지 않은 것은?

① 동질배수체는 주로 3배체와 4배체를 육성한다.

② 동질배수체는 사료작물과 화훼류에 많이 이용된다.

③ 일반적으로 화분배양은 약배양보다 배양이 간단하고 식물체 재분화율이 높다.

④ 3배체 이상의 배수체는 2배체에 비하여 세포와 기관이 크고, 함유성분이 증가하는 등 형질변화가 일어난다.

9 돌연변이 육종에 대한 설명으로 옳지 않은 것은?

① 종래에 없었던 새로운 형질이 나타난 변이체를 골라 신품종으로 육성한다.

② 열성돌연변이보다 우성돌연변이가 많이 발생하고 돌연변이 유발장소를 제어할 수 없다.

③ 볏과작물은 M_1 식물체의 이삭단위로 채종하여 M_2 계통으로 재배하고 선발한다.

④ 돌연변이 육종은 교배육종이 어려운 영양번식작물에 유리하다.

ANSWER 7.④ 8.③ 9.②

7 ④ 핵외유전은 멘델의 법칙이 적용되지 않으므로 비멘델식 유전이라 부른다. 핵외유전은 정역교배의 결과가 일치하지 않는다.

8 ③ 약배양은 화분배양보다 배양이 간단하고 식물체 재분화율이 높다.

9 돌연변이 육종 … 기존 품종의 종자 또는 식물체에 돌연변이 유발원을 처리하여 변이를 일으킨 후, 특정한 형질만 변화하거나 또는 새로운 형질이 나타난 변이체를 골라 신품종으로 육성하는 것이다.
② 돌연변이 육종은 돌연변이율이 낮고 열성돌연변이가 많으며, 돌연변이 유발 장소를 제어할 수 없는 특징이 있다.

10 식물체의 수분퍼텐셜(water potential)에 대한 설명으로 옳은 것은?

① 수분퍼텐셜은 토양에서 가장 낮고, 대기에서 가장 높으며, 식물체 내에서는 중간의 값을 나타내므로 토양 → 식물체 → 대기로 수분의 이동이 가능하게 된다.
② 수분퍼텐셜과 삼투퍼텐셜이 같으면 압력퍼텐셜이 100이 되므로 원형질분리가 일어난다.
③ 압력퍼텐셜과 삼투퍼텐셜이 같으면 세포의 수분퍼텐셜이 0이 되므로 팽만상태가 된다.
④ 식물체 내의 수분퍼텐셜에는 매트릭퍼텐셜이 많은 영향을 미친다.

11 토양 수분의 형태로 점토질 광물에 결합되어 있어 분리시킬 수 없는 수분은?

① 결합수　　　　　　　　　　　② 모관수
③ 흡습수　　　　　　　　　　　④ 중력수

12 논토양 10a에 요소비료를 20kg 시비할 때 질소의 함량(kg)은?

① 7.2　　　　　　　　　　　　② 8.2
③ 9.2　　　　　　　　　　　　④ 10.2

13 벼에서 A 유전자는 유수분화기를 빠르게 하는 동시에 주간엽수를 적게 하고 유수분화 이후의 기관형성에도 영향을 미친다. 이와 같이 한 개의 유전자가 여러 가지 형질에 관여하는 것은?

① 연관(linkage)　　　　　　　　② 상위성(epistasis)
③ 다면발현(pleiotropy)　　　　　④ 공우성(codominance)

ANSWER　10.③　11.①　12.③　13.③
....

10 ③ 압력퍼텐셜은 수분퍼텐셜에서 삼투퍼텐셜을 뺀 값으로 압력퍼텐셜과 삼투퍼텐셜이 같으면 세포의 수분퍼텐셜이 0이 되므로 팽만상태가 된다.

11 토양수 … 토양수는 토양입자와의 결합력의 종류에 따라 구분된다. 식물이 이용하는 물은 모관수이다.
　㉠ 결합수 : 입자의 내부구조 중에 함유하고 있는 토양수
　㉡ 흡습수 : 입자표면에 강하게 흡인되어 있는 토양수
　㉢ 모관수 : 입자와 입자 사이의 공극 간 모관력에 의해 보존되어 있는 토양수
　㉣ 중력수 : 중력에 의해 이동하는 토양수

12 요소의 분자량은 60이고 이 중의 질소원자량은 28(14×2)이므로 요소의 질소함량은 $\frac{28}{60} \times 100 = 46\%$이다. 따라서 요소비료 20kg을 시비할 때 질소의 함량은 $20 \times 0.46 = 9.2$이다.

13 다면발현 … 1개의 유전자가 2개 이상의 유전 현상에 관여하여 형질에 영향을 미치는 일을 말한다. 다형질발현 또는 다면현상이라고도 한다.

14 작물의 일장반응에 대한 설명으로 옳은 것은?

① 모시풀은 8시간 이하의 단일조건에서 완전 웅성이 된다.
② 콩의 결협(꼬투리 맺힘)은 단일조건에서 촉진된다.
③ 고구마의 덩이뿌리는 장일조건에서 발육이 촉진된다.
④ 대마는 장일조건에서 성전환이 조장된다.

15 시설재배지에서 발생하는 염류집적에 따른 대책으로 옳지 않은 것은?

① 토양피복
② 유기물 시용
③ 관수처리
④ 흡비작물 재배

16 품종에 대한 설명으로 옳지 않은 것은?

① 식물학적 종은 개체 간에 교배가 자유롭게 이루어지는 자연집단이다.
② 품종은 작물의 기본단위이면서 재배적 단위로서 특성이 균일한 농산물을 생산하는 집단이다.
③ 생태종 내에서 재배유형이 다른 것을 생태형으로 구분하는데, 생태형끼리는 교잡친화성이 낮아 유전자 교환이 잘 일어나지 않는다.
④ 영양계는 유전적으로 잡종상태라도 영양번식에 의하여 그 특성이 유지되기 때문에 우량한 영양계는 그대로 신품종이 된다.

ANSWER 14.② 15.① 16.③

14 ① 모시풀은 8시간 이하의 단일조건에서 완전 자성이 된다.
③ 고구마의 덩이뿌리는 단일조건에서 비대가 촉진된다.
④ 대마는 단일조건에서 성전환이 조장된다.

15 염류집적은 지표수, 지하수 및 모재 중에 함유된 염분이 강한 증발 작용 하에서 토양 모세관수의 수직과 수평 이동을 통하여 점차적으로 지표에 집적되는 과정을 말한다.
② 유기물 시용 시 입단형성이 촉진되어 토양의 물리성을 개선, 투수성과 투기성을 좋게 한다.
③ 염류집적이 발생한 토양에 관수처리하여 염류를 씻어낸다.
④ 호밀 등 흡비작물을 재배하여 집적된 염류를 제거한다.

16 ③ 생태종 내에서 재배유형이 다른 것을 생태형으로 구분하는데, 생태형끼리는 교잡친화성이 높아 유전자 교환이 잘 일어난다.

17 종자에 대한 설명으로 옳은 것은?

① 대부분의 화곡류 및 콩과작물의 종자는 호광성이다.

② 테트라졸륨(tetrazolium)법으로 종자활력 검사 시 활력이 있는 종자는 청색을 띄게 된다.

③ 프라이밍(priming)은 종자 수명을 연장시키기 위한 처리법의 하나이다.

④ 경화는 파종 전 종자에 흡수·건조의 과정을 반복적으로 처리하는 것이다.

18 연작피해에 대한 설명으로 옳지 않은 것은?

① 특정 비료성분의 소모가 많아져 결핍현상이 일어난다.

② 토양 과습이나 겨울철 동해를 유발하기 쉬워 정상적인 성숙이 어렵다.

③ 토양 전염병의 발병 가능성이 커진다.

④ 하우스재배에서 다비 연작을 하면 염류과잉 피해가 나타날 수 있다.

ANSWER 17.④ 18.②

17 ① 대부분의 화곡류 및 콩과작물의 종자는 광무관계성이다.
② 테트라졸륨법으로 종자활력 검사 시 활력이 있는 종자는 적색을 띄게 된다.
③ 프라이밍은 종자를 일시적으로 수분을 흡수하게 하여 내부에서 조금 발아되도록 하여 발아를 촉진하는 처리법의 하나이다.

18 연작피해 … 땅의 지력을 높이는 조치 없이 같은 장소에 같은 작물을 계속 심어 발생한 피해를 말한다. 토양의 물리·화학적 조성과 비옥도가 나빠지고 미량 영양소가 결핍되어 토양 전염병 발병 가능성이 커진다.

19 작물의 온도 반응에 대한 설명으로 옳지 않은 것은?

① 세포 내에 결합수가 많고 유리수가 적으면 내열성이 커진다.
② 한지형 목초는 난지형 목초보다 하고현상이 더 크게 나타난다.
③ 맥류 품종 중 추파성이 낮은 품종은 내동성이 강하다.
④ 원형질에 친수성 콜로이드가 많으면 원형질의 탈수저항성과 내동성이 커진다.

20 변온의 효과에 대한 설명으로 옳은 것은?

① 비교적 낮의 온도가 높고 밤의 온도가 낮으면 동화물질의 축적이 적다.
② 밤의 기온이 어느 정도 낮아 변온이 클 때 생장이 빠르다.
③ 맥류의 경우 밤의 기온이 낮아서 변온이 크면 출수·개화를 촉진한다.
④ 벼를 산간지에서 재배할 경우 변온에 의해 평야지보다 등숙이 더 좋다.

ANSWER 19.③ 20.④

19 ③ 내동성은 추위를 잘 견디어내는 식물의 성질로 추파성 정도가 높은 품종이 내동성도 강한 경향이 있다.

20 ① 비교적 낮의 온도가 높고 밤의 온도가 낮으면 동화물질의 축적이 많다.
② 밤의 기온이 어느 정도 높아 변온이 작을 때 생장이 빠르다.
③ 맥류의 경우 밤의 기온이 높아서 변온이 작아야 출수·개화가 촉진된다.

1 식물의 진화와 작물의 특징에 대한 설명으로 옳지 않은 것은?

① 지리적으로 떨어져 상호간 유전적 교섭이 방지되는 것을 생리적 격리라고 한다.
② 식물은 자연교잡과 돌연변이에 의해 자연적으로 유전적 변이가 발생한다.
③ 식물종은 고정되어 있지 않고 다른 종으로 끊임없이 변화되어 간다.
④ 작물의 개화기는 일시에 집중하는 방향으로 발달하였다.

2 집단육종과 계통육종에 대한 설명으로 옳지 않은 것은?

① 집단육종에서는 자연선택을 유리하게 이용할 수 있다.
② 집단육종에서는 초기세대에 유용유전자를 상실할 염려가 크다.
③ 계통육종에서는 육종재료의 관리와 선발에 많은 시간과 노력이 든다.
④ 계통육종에서는 잡종 초기세대부터 계통단위로 선발하므로 육종효과가 빨리 나타난다.

3 벼의 장해형 냉해에 해당되는 것은?

① 유수형성기에 냉온을 만나면 출수가 지연된다.
② 저온조건에서 규산흡수가 적어지고, 도열병 병균침입이 용이하게 된다.
③ 질소동화가 저해되어 암모니아의 축적이 많아진다.
④ 융단조직(tapete)이 비대하고 화분이 불충실하여 불임이 발생한다.

ANSWER 1.① 2.② 3.④

1 ① 지리적으로 떨어져 상호간 유전적 교섭이 방지되는 것을 지리적 격리라고 한다. 생리적 격리란, 개화기의 차이, 교잡불임 등 생리적 원인에 의해 같은 장소에 있어도 유전적 교섭이 방지되는 것을 말한다.

2 ② 집단육종에서는 잡종 초기 세대에 집단재배를 하기 때문에 유용유전자를 상실할 염려가 적다. 유용유전자를 상실할 염려가 큰 것은 F_2 세대부터 선발을 시작하는 계통육종이다(선발을 잘못할 경우).

3 장해형 냉해는 유수형성기부터 출수·개화기에 이르는 기간에 냉온의 영향을 받아 생식기관이 정상적으로 형성되지 못하거나, 화분의 방출 및 수정에 장애를 일으켜 불임현상을 초래하는 냉해를 말한다.
①③ 지연형 냉해 ② 병해형 냉해

4 토양의 양이온치환용량(CEC)에 대한 설명으로 옳지 않은 것은?

① CEC가 커지면 토양의 완충능이 커지게 된다.
② CEC가 커지면 비료성분의 용탈이 적어 비효가 늦게까지 지속된다.
③ 토양 중 점토와 부식이 늘어나면 CEC도 커진다.
④ 토양 중 교질입자가 많으면 치환성 양이온을 흡착하는 힘이 약해진다.

5 광처리 효과에 대한 설명으로 옳지 않은 것은?

① 겨울철 잎들깨 재배 시 적색광 야간조파는 개화를 억제한다.
② 양상추 발아 시 근적외광 조사는 발아를 촉진한다.
③ 플러그묘 생산 시 자외선과 같은 단파장의 광은 신장을 억제한다.
④ 굴광현상에는 400~500 nm, 특히 440~480 nm의 광이 가장 유효하다.

6 잡종강세를 설명하는 이론이 아닌 것은?

① 복대립유전자설   ② 초우성설
③ 초월분리설   ④ 우성유전자연관설

ANSWER 4.④ 5.② 6.③

4 ④ 토양 중에 교질입자가 많으면 치환성 양이온을 흡착하는 힘이 강해진다.

5 ② 양상추 발아 시 근적외광 조사는 발아를 억제한다. 적색광(600~700nm) 조사가 양상추의 발아를 촉진한다.

6 초월육종은 잡종의 분리 세대에서 어떤 형질에 관하여 양친을 초월하는 개체가 출현하는 것을 말하며, 숙기가 빠른 두 조생종을 교배한 후대에서 양친보다 숙기가 더 빠른 개체가 나타나는 것을 초월분리라고 한다.
　① 복대립유전자설 : 우성이나 열성관계가 인정되지 않고 누적적 효과를 나타내는 복대립유전자가 이형일 때에는 각자는 독립적인 기능을 나타내는데, 이들 특정한 기능의 상승적 결과로 인하여 잡종강세가 발현한다.
　② 초우성설 : 잡종강세유전자가 이형접합체(F_1)로 되면 공우성이나 유전자 연관 등에 의하여 잡종강세가 발현한다.
　④ 우성유전자연관설 : 대립관계가 없는 우성유전자가 F_1에 모여 그들의 상호작용에 의하여 잡종강세가 발현한다.
　※ 잡종강세를 설명하는 이론
　　㉠ 우성유전자연관설
　　㉡ 유전자작용의 상승효과
　　㉢ 이형접합성설
　　㉣ 복대립유전자설
　　㉤ 초우성설
　　㉥ 세포질효과설

7 3쌍의 독립된 대립유전자에 대하여 F_1의 유전자형이 AaBbCc일 때 F_2에서 유전자형의 개수는? (단, 돌연변이는 없음)

① 9개   ② 18개

③ 27개   ④ 36개

8 작물별 수량구성요소에 대한 설명으로 옳지 않은 것은?

① 화곡류의 수량구성요소는 단위면적당 수수, 1수 영화수, 등숙률, 1립중으로 구성되어 있다.

② 과실의 수량구성요소는 나무당 과실수, 과실의 무게(크기)로 구성되어 있다.

③ 뿌리작물의 수량구성요소는 단위면적당 식물체수, 식물체당 덩이뿌리(덩이줄기)수, 덩이뿌리(덩이줄기)의 무게로 구성되어 있다.

④ 성분을 채취하는 작물의 수량구성요소는 단위면적당 식물체수, 성분 채취부위의 무게, 성분 채취부위의 수로 구성되어 있다.

9 식물체 내 수분퍼텐셜에 대한 설명으로 옳지 않은 것은?

① 매트릭퍼텐셜은 식물체 내 수분퍼텐셜에 거의 영향을 미치지 않는다.

② 세포의 수분퍼텐셜이 0이면 원형질분리가 일어난다.

③ 삼투퍼텐셜은 항상 음(−)의 값을 가진다.

④ 세포의 부피와 압력퍼텐셜이 변화함에 따라 삼투퍼텐셜과 수분퍼텐셜이 변화한다.

ANSWER   7.③   8.④   9.②

7 독립된 n쌍의 대립유전자는 2^n가지의 배우자를 형성하여 4^n개의 배우자 조합을 만듦으로써 3^n가지의 유전자형이 생겨 2^n가지 표현형이 나타난다. 따라서 3쌍의 독립된 대립유전자에 대하여 F_1의 유전자형이 AaBbCc일 때 F_2에서 유전자형의 개수는 $3^3 = 27$개다.

8 ④ 성분을 채취하는 작물의 수량구성요소는 단위면적당 식물체수, 성분 채취부위의 무게, 성분 채취부위의 함량으로 구성되어 있다.

9 ② 세포의 수분퍼텐셜이 0이면(압력퍼텐셜 = 삼투퍼텐셜) 팽만상태가 되고, 세포의 압력퍼텐셜이 0이면(수분퍼텐셜 = 삼투퍼텐셜) 원형질분리가 일어난다.

10 춘화처리에 대한 설명으로 옳지 않은 것은?

① 호흡을 저해하는 조건은 춘화처리도 저해한다.
② 최아종자 고온 춘화처리 시 광의 유무가 춘화처리에 관계하지 않는다.
③ 밀에서 생장점 이외의 기관에 저온처리하면 춘화처리 효과가 발생하지 않는다.
④ 밀은 한번 춘화되면 새로이 발생하는 분얼도 직접 저온을 만나지 않아도 춘화된 상태를 유지한다.

11 한 포장내에서 위치에 따라 종자, 비료, 농약 등을 달리함으로써 환경문제를 최소화하면서 생산성을 최대로 하려는 농업은?

① 생태농업   ② 정밀농업
③ 자연농업   ④ 유기농업

12 같은 해에 여러 작물을 동일 포장에서 조합 · 배열하여 함께 재배하는 작부체계가 아닌 것은?

① 윤작   ② 혼작
③ 간작   ④ 교호작

13 벼 조식재배에 의해 수량이 높아지는 이유가 아닌 것은?

① 단위면적당 수수의 증가   ② 단위면적당 영화수의 증가
③ 등숙률의 증가   ④ 병해충의 감소

ANSWER 10.② 11.② 12.① 13.④

10 ② 최아종자 고온 춘화처리 시 광의 유무가 춘화처리에 관계한다(암조건 필요). 저온 춘화처리 시에는 광의 유무가 춘화처리에 관계하지 않는다.

11 한 포장내에서 위치에 따라 종자, 비료, 농약 등을 달리함으로써 환경문제를 최소화하면서 생산성을 최대로 하려는 농업은 정밀농업이다.
① 생태농업 : 지역폐쇄시스템에서 작물양분과 병해충종합관리기술을 활용하여 생태계의 균형 유지에 중점을 두는 농업 유형
③ 자연농업 : 지력을 토대로 자연의 물질순환 원리에 따르려는 농업 유형
④ 유기농업 : 농약 및 화학비료 등을 사용하지 않고 본래의 흙을 중시하여 안전한 농산물을 얻는 것에 중점을 두는 농업 유형

12 ① 윤작은 한 경작지에 여러 가지의 다른 농작물을 해마다 돌려가며 재배하는 경작법이다.

13 조식재배는 한랭지에서 중만생종을 조기에 육묘하여 조기에 이앙하는 방식으로 영양생장량이 많아져 식물체가 과번무 되기 쉽고, 병충해도 증가한다.

14 발아를 촉진시키기 위한 방법으로 옳지 않은 것은?

① 맥류와 가지에서는 최아하여 파종한다.

② 감자, 양파에서는 MH(Maleic Hydrazide)를 처리한다.

③ 파종 전에 수분을 가하여 종자가 발아에 필요한 생리적인 준비를 갖추게 하는 프라이밍 처리를 한다.

④ 파종 전 종자에 흡수건조의 과정을 반복적으로 처리한다.

15 토양반응과 작물의 생육에 대한 설명으로 옳지 않은 것은?

① 토양유기물을 분해하거나 공기질소를 고정하는 활성박테리아는 중성 부근의 토양반응을 좋아한다.

② 토양 중 작물 양분의 가급도는 토양 pH에 따라 크게 다르며, 중성~약산성에서 가장 높다.

③ 강산성이 되면 P, Ca, Mg, B, Mo 등의 가급도가 감소되어 생육이 감소한다.

④ 벼, 양파, 시금치는 산성토양에 대한 적응성이 높다.

16 비료성분의 배합 방법 중 가장 효과적인 것은?

① 과인산석회 + 질산태질소비료

② 암모니아태질소비료 + 석회

③ 유기질 비료 + 질산태질소비료

④ 과인산석회 + 용성인비

ANSWER 14.② 15.④ 16.④

14 ② 감자, 양파에서는 MH(Maleic Hydrazide)를 처리하면 발아를 억제한다.

15 ④ 양파, 시금치는 산성토양에 대한 적응성이 낮다.

※ 산성토양에 대한 적응성 정도

적응성 정도	작물 종류
매우 강함	벼, 귀리, 루핀, 아마, 기장, 땅콩, 감자, 호밀, 수박 등
강함	밀, 메밀, 수수, 조, 당근, 오이, 옥수수, 목화, 포도, 딸기, 토마토, 고구마, 담배 등
보통	유채, 피, 무 등
약함	보리, 클로버, 양배추, 삼, 고추, 완두, 상추 등
매우 약함	알팔파, 콩, 팥, 시금치, 사탕무, 셀러리, 부추, 양파 등

16 ④ 용성인비는 구용성 인산을 함유하며, 작물에 빠르게 흡수되지 못하므로 과인산석회 등과 배합하여 사용하는 것이 좋다.

17 작물의 재배 환경 중 광과 관련된 설명으로 옳지 않은 것은?

① 군락 최적엽면적지수는 군락의 수광태세가 좋을 때 커진다.
② 식물의 건물생산은 진정광합성량과 호흡량의 차이, 즉 외견상광합성량이 결정한다.
③ 군락의 형성도가 높을수록 군락의 광포화점이 낮아진다.
④ 보상점이 낮은 식물은 그늘에 견딜 수 있어 내음성이 강하다.

18 유전자지도 작성에 대한 설명으로 옳지 않은 것은?

① 연관된 유전자간 재조합빈도(RF)를 이용하여 유전자들의 상대적 위치를 표현한 것이 유전자지도이다.
② F_1 배우자(gamete) 유전자형의 분리비를 이용하여 RF 값을 구할 수 있다.
③ 유전자 A와 C 사이에 B가 위치하고, A-C 사이에 이중교차가 일어나는 경우, A-B 간 RF = r, B-C 간 RF = s, A-C 간 RF = t 일 때 r + s<t 이다.
④ 유전자지도는 교배 결과를 예측하여 잡종 후대에서 유전자형과 표현형의 분리를 예측할 수 있으므로 새로 발견된 유전자의 연관분석에 이용될 수 있다.

19 대립유전자 상호작용 및 비대립유전자 상호작용에 대한 설명으로 옳지 않은 것은?

① 중복유전자에서는 같은 형질에 관여하는 여러 유전자들이 누적효과를 나타낸다.
② 보족유전자에서는 여러 유전자들이 함께 작용하여 한 가지 표현형을 나타낸다.
③ 억제유전자는 다른 유전자 작용을 억제하기만 한다.
④ 불완전우성, 공우성은 대립유전자 상호작용이다.

ANSWER 17.③ 18.③ 19.①

17 ③ 군락의 형성도가 높을수록 군락의 광포화점이 높아진다.

18 ③ 유전자 A와 C 사이에 B가 위치하고, A-C 사이에 이중교차가 일어난 경우, A-B 간 RF = r, B-C 간 RF = s, A-C 간 RF = t일 때 r + s > t이다.

19 ① 중복유전자에서는 같은 형질에 관여하는 여러 유전자들이 독립적이다. 같은 형질에 관여하는 여러 유전자들이 누적효과를 나타내는 것은 복수유전자에서이다.

20 작물의 수확 및 수확 후 관리에 대한 설명으로 옳은 것은?

① 벼의 열풍건조 온도를 55℃로 하면 45℃로 했을 때보다 건조시간이 단축되고 동할미와 싸라기 비율이 감소된다.

② 비호흡급등형 과실은 수확 후 부적절한 저장 조건에서도 에틸렌의 생성이 급증하지 않는다.

③ 수분함량이 높은 감자의 수확작업 중에 발생한 상처는 고온·건조한 조건에서 유상조직이 형성되어 치유가 촉진된다.

④ 현미에서는 지방산도가 20 mg KOH/100 g 이하를 안전저장 상태로 간주하고 있다.

20 ① 벼의 열풍건조 온도를 45℃로 하면 55℃로 했을 때보다 건조시간이 단축되고 동할미와 싸라기 비율이 감소된다.

② 비호흡급등형 과실은 수확 후 부적절한 저장 조건에서는 스트레스에 의하여 에틸렌의 생성이 급증할 수 있다.

③ 수분함량이 높은 감자의 수확작업 중에 발생한 상처는 고온(10~15℃)·다습(90~95%)한 조건에서 유상조직이 형성되어 치유가 촉진된다.

제1회 지방직 9급 시행

1 체세포 분열의 세포주기에 대한 설명으로 옳지 않은 것은?

① G$_1$기는 딸세포가 성장하는 시기이다.
② S기에는 DNA 합성으로 염색체가 복제되어 자매염색분체를 만든다.
③ G$_2$기의 세포 중 일부가 세포분화를 하여 조직으로 발달한다.
④ M기에는 체세포 분열에 의하여 딸세포가 형성된다.

2 유전적 평형이 유지되고 있는 식물 집단에서 한 쌍의 대립유전자 A와 a의 빈도를 각각 p, q라 하고 p = 0.6 이고, q = 0.4일 때, 집단 내 대립유전자빈도와 유전자형빈도에 대한 설명으로 옳지 않은 것은?

① 유전자형 AA의 빈도는 0.36이다.
② 유전자형 Aa의 빈도는 0.24이다.
③ 유전자형 aa의 빈도는 0.16이다.
④ 이 집단이 5세대가 지난 후 예상되는 대립유전자 A의 빈도는 0.6이다.

3 작물의 수확 후 변화에 대한 설명으로 옳지 않은 것은?

① 백미는 현미에 비해 온습도 변화에 민감하고 해충의 피해를 받기 쉽다.
② 곡물은 저장 중 α-아밀라아제의 분해 작용으로 환원당 함량이 감소한다.
③ 호흡급등형 과실은 성숙함에 따라 에틸렌이 다량 생합성되어 후숙이 진행된다.
④ 수분함량이 높은 채소와 과일은 수확 후 수분증발에 의해 품질이 저하된다.

ANSWER 1.③ 2.② 3.②
....

1 ③ G$_1$기의 세포 중 일부가 세포분화를 하여 조직으로 발달한다.

2 ② 유전자형 Aa의 빈도 = 2pq = 2 · 0.6 · 0.4 = 0.48이다.

3 ② 곡물은 저장 중 α-아밀라이제의 분해 작용으로 환원당 함량이 증가한다.

4 벼 품종의 기상생태형에 대한 설명으로 옳지 않은 것은?

① 저위도지대인 적도 부근에서 기본영양생장성이 큰 품종은 생육기간이 길어서 다수성이 된다.
② 중위도지대에서 감온형 품종은 조생종으로 사용된다.
③ 고위도지대에서는 감온형 품종을 심어야 일찍 출수하여 안전하게 수확할 수 있다.
④ 우리나라 남부에서는 감온형 품종이 주로 재배되고 있다.

5 배수성 육종에 대한 설명으로 옳지 않은 것은?

① 배수체를 작성하기 위해 세포분열이 왕성한 생장점에 콜히친을 처리한다.
② 복2배체의 육성방법은 이종게놈의 양친을 교배한 F₁의 염색체를 배가시키거나 체세포를 융합시키는 것이다.
③ 반수체는 염색체를 배가하면 동형접합체를 얻을 수 있으나 열성형질을 선발하기 어렵다.
④ 인위적으로 반수체를 만드는 방법으로 약배양, 화분배양, 종속간 교배 등이 있다.

6 우량품종에 한두 가지 결점이 있을때 이를 보완하기 위해 반복친과 1회친을 사용하는 육종방법으로 옳은 것은?

① 순환선발법
② 집단선발법
③ 여교배육종법
④ 배수성육종법

ANSWER 4.④ 5.③ 6.③

4 ④ 감온형 품종은 기본영양생장성이 감광성이 작고 감온성만이 커서 생육기간이 감온성에 지배되는 형태의 품종으로 고위도 지대에서 주로 재배한다. 우리나라 남부에서는 감광형 품종이 주로 재배되고 있다.

5 ③ 반수체는 염색체를 배가하면 바로 동형접합체를 얻을 수 있어 육종연한을 줄일 수 있고, 상동게놈이 1개로 열성형질을 선발하기 쉽다.

6 우량품종에 한두 가지 결점이 있을 때 이를 보완하기 위해 반복친(반복해서 사용하는 교배친)과 1회친(여러 번 할 때 처음 한 번만 사용하는 교배친)을 사용하는 육종방법은 여교배육종법이다.

7 돌연변이육종에 대한 설명으로 옳지 않은 것은?

① 인위돌연변이체는 대부분 수량이 낮으나, 수량이 낮은 돌연변이체는 원품종과 교배하면 생산성을 회복시킬 수 있다.

② 돌연변이유발원으로 sodium azide, ethyl methane sulfonate 등이 사용된다.

③ 이형접합성이 높은 영양번식작물에 돌연변이유발원을 처리하면 체세포돌연변이를 쉽게 얻을 수 있다.

④ 타식성 작물은 자식성 작물에 비해 돌연변이유발원을 종자처리하면 후대에 포장에서 돌연변이체의 확인이 용이하다.

8 일반 포장에서 작물의 광포화점에 대한 설명으로 옳지 않은 것은?

① 벼 포장에서 군락의 형성도가 높아지면 광포화점은 높아진다.

② 벼잎의 광포화점은 온도에 따라 달라진다.

③ 콩이 옥수수보다 생육 초기 고립상태의 광포화점이 높다.

④ 출수기 전후 군락상태의 벼는 전광(全光)에 가까운 높은 조도에서도 광포화에 도달하지 못한다.

9 고온장해가 발생한 작물에 대한 설명으로 옳지 않은 것은?

① 호흡이 광합성보다 우세해진다.

② 단백질의 합성이 저해된다.

③ 수분흡수보다 증산이 과다해져 위조가 나타난다.

④ 작물의 내열성은 미성엽(未成葉)이 완성엽(完成葉)보다 크다.

Answer 7.④ 8.③ 9.④

7 ④ 타식성 작물은 자식성 작물에 비해 이형접합체가 많으므로 돌연변이유발원을 종자처리하면 후대에 포장에서 돌연변이체의 확인이 어렵다.

8 ③ 콩의 고립상태일 때 광포화점은 20~23으로 80~100인 옥수수보다 낮다.

9 ④ 작물의 내열성은 연령이 높아지면 증가한다. 따라서 완성엽이 미성엽보다 크다.

10 작물 품종의 재배, 이용상 중요한 형질과 특성에 대한 설명으로 옳지 않은 것은?

① 작물의 수분함량과 저장성은 유통 특성으로 품질 형질에 해당한다.
② 화성벼는 줄무늬잎마름병에 대한 저항성을 향상시킨 품종이다.
③ 단간직립 초형으로 내도복성이 있는 통일벼는 작물의 생산성을 향상시킨 품종이다.
④ 직파적응성 벼품종은 저온발아성이 낮고 후기생장이 좋아야 한다.

11 육묘해서 이식재배할 때 나타나는 현상으로 옳지 않은 것은?

① 벼는 육묘 시 생육이 조장되어 증수할 수 있다.
② 봄 결구배추를 보온육묘해서 이식하면 추대를 유도할 수 있다.
③ 과채류는 조기에 육묘해서 이식하면 수확기를 앞당길 수 있다.
④ 벼를 육묘이식하면 답리작이 가능하여 경지이용률을 높일 수 있다.

12 작물의 생태적 분류에 대한 설명으로 옳지 않은 것은?

① 아스파라거스는 다년생 작물이다.
② 티머시는 난지형 목초이다.
③ 고구마는 포복형 작물이다.
④ 식물체가 포기를 형성하는 작물을 주형(株型)작물이라고 한다.

13 우리나라 일반포장에서 작물의 주요온도 중 최고온도가 가장 높은 작물은?

① 귀리   ② 보리
③ 담배   ④ 옥수수

ANSWER 10.④ 11.② 12.② 13.④

10 ④ 직파적응성 벼품종은 저온발아성이 높고 초기생장이 좋아야 한다.

11 ② 봄 결구배추를 보온육묘해서 이식하면 직파할 때 포장해서 냉온의 시기에 저온에 감응하여 추대하고 결구하지 못하는 현상을 방지할 수 있다.

12 ② 티머시는 한지형 목초이다.

13 ④ 옥수수 : 40~44℃
　　① 귀리 : 30℃
　　② 보리 : 28~30℃
　　③ 담배 : 35℃

14 우리나라 중부지방에서 혼작에 적합한 작물조합으로 옳지 않은 것은?

① 조와 기장

② 콩과 보리

③ 콩과 수수

④ 팥과 메밀

15 작물종자의 파종에 대한 설명으로 옳지 않은 것은?

① 추파하는 경우 만파에 대한 적응성은 호밀이 쌀보리보다 높다.

② 상추 종자는 무 종자보다 더 깊이 복토해야 한다.

③ 우리나라 북부지역에서는 감온형인 올콩(하대두형)을 조파(早播)한다.

④ 맥류 종자를 적파(摘播)하면 산파(散播)보다 생육이 건실하고 양호해진다.

16 감자와 고구마의 안전 저장 방법으로 옳은 것은?

① 식용감자는 10~15℃에서 큐어링 후 3~4℃에서 저장하고, 고구마는 30~33℃에서 큐어링 후 13~15℃에서 저장한다.

② 식용감자는 30~33℃에서 큐어링 후 3~4℃에서 저장하고, 고구마는 10~15℃에서 큐어링 후 13~15℃에서 저장한다.

③ 가공용 감자는 당함량 증가 억제를 위해 10℃에서 저장하고, 고구마는 30~33℃에서 큐어링 후 3~5℃에서 저장한다.

④ 가공용 감자는 당함량 증가 억제를 위해 3~4℃에서 저장하고, 식용감자는 10~15℃에서 큐어링 후 3~4℃에서 저장한다.

ANSWER   14.②   15.②   16.①

14 혼작이란 생육기간이 거의 같은 두 종류 이상의 작물을 동시에 같은 포장에 섞어서 재배하는 방식이다.
② 콩과 보리는 생육의 일부 기간만 함께 자라 혼작에 적합하지 않다.

15 ② 상추 종자는 종자가 보이지 않을 정도로만 복토한다. 반면 무 종자는 1.5~2.0cm 정도의 깊이로 상추 종자보다 더 깊이 복토해야 한다.

16 • 식용감자 : 10~15℃에서 큐어링 후 3~4℃에서 저장
• 고구마 : 30~33℃에서 큐어링 후 13~15℃에서 저장

17 종자 발아에 대한 설명으로 옳지 않은 것은?

① 종자의 발아는 수분흡수, 배의 생장개시, 저장양분 분해와 재합성, 유묘 출현의 순서로 진행된다.
② 저장양분이 분해되면서 생산된 ATP는 발아에 필요한 물질 합성에 이용된다.
③ 유식물이 배유나 떡잎의 저장양분을 이용하여 생육하다가 독립영양으로 전환되는 시기를 이유기라고 한다.
④ 지베렐린과 시토키닌은 종자발아를 촉진하는 효과가 있다.

18 논토양과 시비에 대한 설명으로 옳지 않은 것은?

① 담수 상태의 논에서는 조류(藻類)의 대기질소고정작용이 나타난다.
② 암모니아태질소가 산화층에 들어가면 질화균이 질화작용을 일으켜 질산으로 된다.
③ 한여름 논토양의 지온이 높아지면 유기태질소의 무기화가 저해된다.
④ 답전윤환재배에서 논토양이 담수 후 환원상태가 되면 밭상태에서는 난용성인 인산알루미늄, 인산철 등이 유효화 된다.

19 채소류의 접목육묘에 대한 설명으로 옳지 않은 것은?

① 오이를 시설에서 연작할 경우 박이나 호박을 대목으로 이용하면 흰가루병을 방제할 수 있다.
② 핀접과 합접은 가지과 채소의 접목육묘에 이용된다.
③ 박과 채소는 접목육묘를 통해 저온, 고온 등 불량환경에 대한 내성이 증대된다.
④ 접목육묘한 박과 채소는 흡비력이 강해질 수 있다.

20 종자의 수분(受粉) 및 종자형성에 대한 설명으로 옳지 않은 것은?

① 담배와 참깨는 수술이 먼저 성숙하며 자식으로 종자를 형성할 수 없다.
② 포도는 종자형성 없이 열매를 맺는 단위결과가 나타나기도 한다.
③ 웅성불임성은 양파처럼 영양기관을 이용하는 작물에서 1대잡종을 생산하는 데 이용된다.
④ 1개의 웅핵이 배유형성에 관여하여 배유에서 우성유전자의 표현형이 나타나는 현상을 크세니아 (xenia)라고 한다.

ANSWER 17.① 18.③ 19.① 20.①

17 ① 종자의 발아는 수분흡수 → 저장양분 분해와 재합성 → 배의 생장개시 → 유묘 출현의 순서로 진행된다.

18 ③ 한여름 논토양의 지온이 높아지면 유기태질소의 무기화가 촉진되어 암모니아가 생성된다. → 지온상승효과

19 ① 박과 채소류와 접목할 경우 흰가루병에 약해진다는 단점이 있다. 덩굴쪼김병 등을 방제할 수 있다.

20 ① 담배와 참깨는 자식성 작물이다.

1 작물의 분류에 대한 설명으로 옳지 않은 것은?

① 자운영, 아마, 베치 등의 작물을 녹비작물이라고 한다.
② 맥류, 감자와 같이 저온에서 생육이 양호한 작물을 저온작물이라고 한다.
③ 티머시, 엘팰퍼와 같이 하고현상을 보이는 목초를 한지형목초라고 한다.
④ 사료작물 중에서 풋베기하여 생초로 이용하는 작물을 청예작물이라고 한다.

2 작물의 생육에 필요한 필수원소에 대한 설명으로 옳지 않은 것은?

① 질소, 인, 칼륨을 비료의 3요소라 한다.
② 철, 망간, 황은 미량원소이다.
③ 칼슘, 마그네슘은 다량원소이다.
④ 탄소, 수소, 산소는 이산화탄소와 물에서 공급된다.

3 자식성 작물의 유전적 특성과 육종에 대한 설명으로 옳지 않은 것은?

① 자식을 거듭한 m세대 집단의 이형접합체의 빈도는 $1-(1/2)^{m-1}$ 이다.
② 자식을 거듭하면 세대가 진전됨에 따라 동형접합체가 증가한다.
③ 자식성 작물의 분리육종은 개체선발을 통해 순계를 육성 한다.
④ 자식에 의한 집단 내 이형접합체는 1/2씩 감소한다.

ANSWER   1.① 2.② 3.①

1 ① 아마는 공예작물 중 섬유료작물에 속한다.

2 ② 철, 망간은 미량원소, 황은 다량원소이다.

3 ① 자식을 거듭한 m세대 집단의 이형접합체의 빈도는 $(1/2)^{m-1}$이다. $1-(1/2)^{m-1}$은 동형접합체의 빈도이다.

4 시설 피복자재 중에서 경질판에 해당하는 것은?

① FRA ② PE

③ PVC ④ EVA

5 작물에 식물호르몬을 처리한 효과로 옳지 않은 것은?

① 파인애플에 NAA를 처리하여 화아분화를 촉진한다.
② 토마토에 BNOA를 처리하여 단위결과를 유도한다.
③ 감자에 지베렐린을 처리하여 휴면을 타파한다.
④ 수박에 에세폰을 처리하여 생육속도를 촉진한다.

6 시설재배 시 환경특이성에 대한 설명으로 옳지 않은 것은?

① 온도 – 일교차가 크고, 위치별 분포가 다르며, 지온이 높음
② 광선 – 광질이 다르고, 광량이 감소하며, 광분포가 균일함
③ 공기 – 탄산가스가 부족하고, 유해가스가 집적되며, 바람이 없음
④ 수분 – 토양이 건조해지기 쉽고, 인공관수를 함

ANSWER 4.① 5.④ 6.②

4 주요 피복자재의 종류
 ㉠ 기초 피복자재
  • 유리
  • 연질필름 : PE, EVA, PVC 등
  • 경질필름 : PET 등
  • 경질판 : FRP, FRA, MMA, PC 등
 ㉡ 추가 피복자재 : 부직포, 반사필름, 발포 폴리에틸렌시트, 한랭사, 네트 등

5 ④ 수박에 에세폰을 처리하여 생육속도를 억제한다.

6 ② 광선 – 광질이 다르고, 광량이 감소하며, 광분포가 불균일함

7 작물의 일장효과에 대한 설명으로 옳은 것은?

① 오이는 단일 하에서 C/N율이 높아지고 수꽃이 많아진다.
② 양배추는 단일조건에서 추대하여 개화가 촉진된다.
③ 스위트콘(sweet corn)은 일장에 따라 성의 표현이 달라진다.
④ 고구마는 단일조건에서 덩이뿌리의 발육이 억제된다.

8 결과습성으로 1년생 가지에 결실하는 과수를 나열한 것은?

① 감, 매실, 사과
② 포도, 배, 살구
③ 복숭아, 밤, 자두
④ 감귤, 무화과, 호두

9 작물의 재배환경 중 수분에 관한 설명으로 옳지 않은 것은?

① 순수한 물의 수분퍼텐셜(water potential)이 가장 낮다.
② 요수량이 작은 작물일수록 가뭄에 대한 저항성이 크다.
③ 세포에서 물은 삼투압이 낮은 곳에서 높은 곳으로 이동한다.
④ 옥수수, 수수 등은 증산계수가 작은 작물이다.

ANSWER 7.③ 8.④ 9.①

7 ① 오이는 단일 하에서 C/N율이 높아지고 암꽃이 많아진다.
② 양배추는 장일식물로 단일조건에서 추대가 되지 않는다.
④ 고구마는 단일조건에서 덩이뿌리 발육이 촉진된다.

8 • 1년생 가지에 결실하는 과수 : 감귤, 무화과, 호두, 감, 밤, 포도 등
• 2년생 가지에 결실하는 과수 : 복숭아, 자두, 매실, 살구 등
• 3년생 가지에 결실하는 과수 : 사과, 배 등

9 ① 용액의 용질분자에 의해 생기는 삼투퍼텐셜은 용질의 농도가 높아지면 그 값이 낮아진다. 순수한 물의 수분퍼텐셜이 0이기 때문에 항상 음(-)의 값을 갖는다.

10 윤작하는 작물을 선택할 때 고려해야 하는 사항으로 옳지 않은 것은?

① 기지현상을 회피하도록 작물을 배치한다.
② 지력유지를 위하여 콩과작물이나 다비작물을 반드시 포함 한다.
③ 토양보호를 위하여 중경작물이 포함되도록 한다.
④ 토지의 이용도를 높이기 위하여 여름작물과 겨울작물을 결합한다.

11 내건성이 강한 작물의 특성으로 옳지 않은 것은?

① 잎조직이 치밀하며, 엽맥과 울타리 조직이 발달하였다.
② 원형질의 점성이 높고, 세포액의 삼투압이 낮다.
③ 탈수될 때 원형질의 응집이 덜하다.
④ 세포 중에서 원형질이나 저장양분이 차지하는 비율이 높다.

12 광합성에 관한 설명으로 옳지 않은 것은?

① 고온다습한 지역의 C4 식물은 유관속초세포와 엽육세포에서 탄소환원이 일어난다.
② 광포화점은 온도와 이산화탄소 농도에 따라 변화한다.
③ 광합성의 결과 틸라코이드(thylakoid)에서 산소가 발생한다.
④ CAM 식물은 탄소고정과 탄소환원이 공간적으로 분리되어 있다.

13 작물의 유전현상에 대한 설명으로 옳은 것은?

① 핵외유전인 세포질 유전은 멘델의 법칙이 적용되지 않는다.
② 유전형질의 변이양상이 불연속인 경우 양적 형질이라고 한다.
③ 양적 형질은 소수의 주동유전자가 지배하고, 질적 형질은 폴리진(polygene)이 지배한다.
④ 핵외유전자는 핵 게놈의 유전자지도에 포함된다.

ANSWER 10.③ 11.② 12.④ 13.①

10 ③ 토양보호를 위하여 피복작물이 포함되도록 한다.

11 ② 원형질의 점성이 높고, 세포액의 삼투압이 높다.

12 ④ CAM 식물은 동일한 세포에서 탄소고정과 탄소환원이 이루어진다. 단 그 시간이 달라 밤에 탄소고정이, 낮에 탄소환원이 이루어진다.

13 ② 유전형질의 변이양상이 불연속인 경우 질적 형질이라고 한다. 양적 형질은 변이양상이 연속이다.
   ③ 질적 형질은 소수의 주동유전자가 지배하고, 양적 형질은 폴리진(polygene)이 지배한다.
   ④ 핵외유전자는 핵 게놈의 유전자지도에 포함되지 않는다.

14 토양반응과 작물생육에 대한 설명으로 옳지 않은 것은?

① 공기질소를 고정하여 유효태양분을 생성하는 대다수의 활성박테리아는 중성 부근의 토양반응을 좋아한다.

② 강산성 토양에서 과다한 수소이온(H^+)은 그 자체가 작물의 양분흡수와 생리작용을 방해한다.

③ 강산성이 되면 Al, Cu, Zn, Mn 등은 용해도가 증가하여 그 독성 때문에 작물생육이 저해된다.

④ 강알칼리성이 되면 B, Fe, N 등의 용해도가 증가하여 작물 생육에 불리하다.

15 배유가 있는 종자를 나열한 것은?

① 벼, 콩   ② 보리, 옥수수

③ 밀, 상추   ④ 오이, 팥

16 유성생식을 하는 작물의 세포분열에 관한 설명으로 옳지 않은 것은?

① 체세포분열을 통해 개체로 성장한다.

② 생식세포의 감수분열에 의해 반수체 딸세포가 생기고 배우자가 형성된다.

③ 체세포분열 전기에 방추사가 염색체의 동원체에 부착한다.

④ 제1감수분열 전기에 염색사가 응축되어 염색체를 형성 한다.

17 토양의 입단 형성 방법으로 옳지 않은 것은?

① 콩과작물의 재배   ② 나트륨이온(Na^+)의 첨가

③ 유기물의 시용   ④ 토양개량제의 시용

ANSWER 14.④ 15.② 16.③ 17.②

14 ④ 강알칼리성이 되면 B, Fe, N 등의 용해도가 감소하여 작물생육에 불리하다.

15 • 배유종자 : 벼, 말, 보리, 옥수수, 피마자, 양파 등
    • 무배유종자 : 콩, 팥, 완두, 상추, 오이 등

16 ③ 체세포분열 중기에 방추사가 염색체의 동원체에 부착한다.

17 ② 나트륨이온은 토양의 입단 형성을 저해한다. 칼슘이온이 도움이 된다.

18 1대잡종품종의 육성에 대한 설명으로 옳지 않은 것은?

① 자식계통으로 1대잡종품종을 육성하는 방법에는 단교배, 3원교배, 복교배 등이 있다.

② 단교배 1대잡종품종은 잡종강세가 가장 크지만, 채종량이 적고 종자가격이 비싸다는 단점이 있다.

③ 사료작물에는 3원교배 및 복교배 1대잡종품종이 많이 이용된다.

④ 자연수분품종끼리 교배한 1대잡종품종은 자식계통을 사용하였을 때보다 생산성이 낮고, F_1 종자의 채종이 불리하다.

19 습해의 대책과 작물의 내습성에 대한 설명으로 옳지 않은 것은?

① 습해를 받았을 때 부정근의 발생력이 큰 것은 내습성을 강하게 한다.

② 미숙유기물과 황산근 비료의 사용을 피하고, 전층시비를 한다.

③ 과산화석회를 종자에 분의하여 파종하거나 토양에 혼입한다.

④ 작물의 내습성은 대체로 옥수수＞고구마＞보리＞감자＞토마토 순이다.

20 종자의 품질과 종자검사법에 대한 설명으로 옳지 않은 것은?

① 순도가 높을수록 종자의 품질이 향상된다.

② 벼, 밀 등은 페놀에 의한 이삭의 착색반응으로 품종을 비교할 수 있다.

③ 종자의 천립중검사는 종자검사의 항목에 포함되지 않는다.

④ 발아가 균일하고 발아율이 높을 때 우량한 종자라 한다.

ANSWER 18.④ 19.② 20.③

18 ④ 자연수분품종끼리 교배한 1대잡종품종은 자식계통을 사용하였을 때보다 생산성이 낮고, F_1 종자의 채종이 유리하다.

19 ② 미숙유기물과 황산근 비료의 사용을 피하고, 표층시비를 한다.

20 ③ 종자의 천립중검사는 종자검사의 항목에 포함된다.

1 식물생장조절제에 대한 설명으로 옳지 않은 것은?

① 옥신류는 제초제로도 이용된다.

② 지베렐린 처리는 화아형성과 개화를 촉진할 수 있다.

③ ABA는 생장촉진물질로 경엽의 신장촉진에 효과가 있다.

④ 시토키닌은 2차 휴면에 들어간 종자의 발아증진 효과가 있다.

2 멘델의 유전법칙에 대한 설명으로 옳지 않은 것은?

① 세포질에 있는 엽록체와 미토콘드리아 유전자의 유전양식이다.

② 쌍으로 존재하는 대립유전자는 배우자형성 과정에서 분리된다.

③ 한 개체에 서로 다른 대립유전자가 함께 있을 때 한 가지 형질만 나타난다.

④ 특정 유전자의 대립유전자들은 다른 유전자의 대립유전자들에 대해 독립적으로 분리된다.

3 작물의 분류에 대한 설명으로 옳지 않은 것은?

① 용도에 따른 분류에서 토마토는 과수작물이다.

② 작부방식에 따른 분류에서 메밀은 구황작물이다.

③ 생육적온에 따라 분류하면 감자는 저온작물에 해당한다.

④ 생존연한에 따라 분류하면 가을밀은 월년생 작물에 해당한다.

ANSWER 1.③ 2.① 3.①

1 ③ ABA(abscisic acid)는 대표적인 생장억제물질로 잎의 노화 및 낙엽을 촉진하고 휴면을 유도한다.

2 ① 세포질에 있는 엽록체와 미토콘드리아 유전자의 유전양식은 세포질유전으로 유전자형이 아닌 세포질의 차이로 나타나는 유전현상이다. 핵외유전 또는 염색체외유전이라고도 하며 멘델의 유전법칙에 따르지 않는다.

3 ① 용도에 따른 분류에서 토마토는 가지, 고추, 수박, 호박, 오이, 딸기 등과 함께 과채작물로 분류된다.

4 식물조직배양에 대한 설명으로 옳지 않은 것은?

① 영양번식 작물에서 바이러스 무병 개체를 육성할 수 있다.
② 분화한 식물세포가 정상적인 식물체로 재분화를 할 수 있는 능력을 전체형성능이라 한다.
③ 번식이 힘든 관상식물을 단시일에 대량으로 번식시킬 수 있다.
④ 조직배양의 재료로 영양기관을 사용한 경우는 많으나 예민한 생식기관을 사용한 사례는 없다.

5 토양 수분에 대한 설명으로 옳지 않은 것은?

① 비가 온 후 하루 정도 지난 상태인 포장용수량은 작물이 이용하기 좋은 수분 상태를 나타낸다.
② 작물이 주로 이용하는 모관수는 표면장력에 의해 토양공극 내에서 중력에 저항하여 유지된다.
③ 흡습수는 토양입자표면에 피막상으로 흡착된 수분이므로 작물이 이용할 수 있는 유효수분이다.
④ 위조한 식물을 포화습도의 공기 중에 24시간 방치해도 회복하지 못하는 위조를 영구위조라고 한다.

6 버널리제이션의 농업적 이용에 대한 설명으로 옳지 않은 것은?

① 맥류의 육종에서 세대단축에 이용된다.
② 월동채소를 춘파하여 채종할 때 이용된다.
③ 개나리의 개화유도를 위해 온욕법을 사용한다.
④ 딸기를 촉성재배하기 위해 여름철에 묘를 냉장처리한다.

ANSWER) 4.④ 5.③ 6.③

4 ④ 조직배양의 재료로는 영양기관뿐만 아니라 생식기관도 사용한다.

5 ③ 흡습수는 토양입자표면에 피막상으로 흡착된 수분이므로 작물이 이용할 수 없는 무효수분이다.

6 버널리제이션(vernalization), 춘화처리는 작물의 개화를 유도하기 위하여 생육기간 중의 일정시기에 온도처리(저온처리)를 하는 것이다.
③ 온욕법은 개나리를 잘라서 약 30℃의 더운 물에 9~12시간 동안 담가 휴면 중인 싹의 성장을 촉진시켜 개화를 유도하는 것으로 버널리제이션이라고 볼 수 없다.

7 C₃ 와 C₄ 그리고 CAM 작물의 생리적 특성에 대한 설명으로 옳은 것은?

① C_4 작물은 C_3 작물보다 이산화탄소 보상점이 낮다.
② C_3 작물은 광호흡이 없고 이산화탄소시비 효과가 작다.
③ C_4 작물은 C_3 작물보다 증산율과 수분이용효율이 높다.
④ CAM 작물은 밤에 기공을 열며 3탄소화합물을 고정한다.

8 1대잡종의 품종과 채종에 대한 설명으로 옳지 않은 것은?

① 사료작물에서는 3원교배나 복교배에 의한 1대잡종품종이 많이 이용된다.
② 일반적으로 1대잡종품종은 수량이 높고 균일한 생산물을 얻을 수 있다.
③ F_1 종자의 경제적 채종을 위해 주로 자가불화합성과 웅성불임성을 이용한다.
④ 자식계통 간 교배로 만든 품종의 생산성은 자연방임품종보다 낮다.

9 종자코팅에 대한 설명으로 옳지 않은 것은?

① 펠릿종자는 토양전염성 병을 방제할 수 있다.
② 펠릿종자는 종자대는 절감되나 솎음노력비는 증가한다.
③ 필름코팅은 종자의 품위를 높이고 식별을 쉽게 한다.
④ 필름코팅은 종자에 처리한 농약이 인체에 묻는 것을 방지할 수 있다.

Ａnswer 7.① 8.④ 9.②

7 ② C_4 작물은 광호흡이 없고 이산화탄소시비 효과가 작다.
  ③ C_4 작물은 C_3 작물보다 증산율이 낮아 수분이용효율이 높다.
  ④ CAM작물은 밤에 기공을 열며 4탄소화합물을 고정한다.

8 ④ 자식계통 간 교배로 만든 품종의 생산성은 자연방임품종보다 높다.

9 ② 펠릿종자는 소립종자 또는 부정형의 종자를 점토 등으로 피복하여 둥근 알약 같은 형태로 만들어 기계 파종에 편리하게 한 것으로 종자대와 솎음노력비가 절감된다.

10 농산물을 저장할 때 일어나는 변화에 대한 설명으로 옳지 않은 것은?

① 호흡급등형 과실은 에틸렌에 의해 후숙이 촉진된다.
② 감자와 마늘은 저장 중 맹아에 의해 품질저하가 발생한다.
③ 곡물은 저장 중에 전분이 분해되어 환원당 함량이 증가한다.
④ 신선농산물은 수확 후 호흡에 의한 수분손실이 증산에 의한 손실보다 크다.

11 비료에 대한 설명으로 옳지 않은 것은?

① 질산태 질소는 지효성으로 논과 밭에 모두 알맞은 비료이다.
② 요소는 질소 결핍증이 발생하였을 때 토양시비가 곤란한 경우 엽면시비에도 이용할 수 있다.
③ 화본과 목초와 두과 목초를 혼파하였을 때, 인과 칼륨을 충분히 공급하면 두과 목초가 우세해진다.
④ 유기태 질소는 토양에서 미생물의 작용에 의하여 암모니아태나 질산태 질소로 변환된 후 작물에 이용된다.

12 우리나라 작물 재배의 특색으로 옳지 않은 것은?

① 작부체계와 초지농업이 모두 발달되어 있다.
② 모암과 강우로 인해 토양이 산성화되기 쉽다.
③ 사계절이 비교적 뚜렷하고 기상재해가 높은 편이다.
④ 쌀을 제외한 곡물과 사료를 포함한 전체 식량자급률이 낮다.

ANSWER 10.④ 11.① 12.①

10 ④ 신선농산물은 수확 후 호흡에 의한 수분손실보다 증산에 의한 수분손실이 크다. 작물이 수확되면 뿌리로부터 수분공급이 중단되지만 증산작용은 계속되므로 수분손실이 커진다.

11 ① 질산태 질소는 속효성으로 배수가 잘 되는 밭토양은 산화조건에 있기 때문에 토양유기물이나 토양에 가해준 퇴·구비의 분해에 의해서 생기는 암모늄 이온이나 시비에 의한 암모늄 이온이 질산화 작용에 의하여 질산태 질소로 산화된다. 그러나 논토양의 표층은 물에 의하여 산소가 공급되기 때문에 산화층을 형성하며 여기서 암모늄 태가 질산태로 산화된다. 산화된 질산태 질소는 환원층으로 용탈되고 질산환원균에 의하여 아산화질소(N_2O) 또는 질소가스(N_2)가 되어 대기 중으로 방출(탈질작용)되므로 논토양에는 알맞지 않다.

12 ① 우리나라 작물 재배의 특징은 농가 소득 증대를 위한 고부가가치 작물의 집약적 재배 형태를 들 수 있다. 따라서 연작과 윤작, 혼작 등을 시행하는 작부체계가 발달하지 못하였으며, 경제성이 없는 초지농업 역시 발달하지 못했다.

13 작물의 내동성에 대한 설명으로 옳은 것은?

① 생식기관은 영양기관보다 내동성이 강하다.
② 포복성 작물은 직립성인 것보다 내동성이 강하다.
③ 원형질에 전분함량이 많으면 기계적 견인력에 의해 내동성이 증가한다.
④ 세포 내에 수분함량이 많으면 생리적 활성이 증가하므로 내동성이 증가한다.

14 생물적 방제에 대한 설명으로 옳지 않은 것은?

① 오리를 이용하여 논의 잡초를 방제한다.
② 칠레이리응애로 점박이응애를 방제한다.
③ 벼의 줄무늬잎마름병을 저항성 품종으로 방제한다.
④ 기생성 곤충인 콜레마니진디벌로 진딧물을 방제한다.

15 타식성 작물의 특성에 대한 설명으로 옳지 않은 것은?

① 자식성 작물에 비해서 타가수분을 많이 하기 때문에 대부분 이형접합체이다.
② 인위적으로 자식시키거나 근친교배를 하면 생육이 불량해지고 생산성이 떨어지는데 이를 근교약세라고 한다.
③ 동형접합체 비율이 높아지면 순계분리에 의한 우수한 형질들이 발현되어 적응도가 증가되고 생산량이 높아진다.
④ 근친교배로 약세화한 작물체끼리 교배한 F_1이 양친보다 왕성한 생육을 나타낼 때 이를 잡종강세라고 한다.

ANSWER 13.② 14.③ 15.③

13 ① 생식기관은 영양기관보다 내동성이 약하다.
③ 원형질에 전분함량이 많으면 기계적 견인력에 의해 내동성이 감소한다.
④ 세포 내에 수분함량이 많으면 세포 결빙을 초래하여 내동성이 감소한다.

14 ③ 벼의 줄무늬잎마름병은 애멸구가 병원균을 옮겨 생기는 바이러스성 병해로, 저항성 품종으로 방제하는 것은 경종적 방제에 해당한다.
※ 방제의 유형
  ㉠ 생물적 방제 : 미생물, 곤충, 식물 그 밖의 생물 사이의 길항작용이나 기생관계를 이용하여 방제하려는 방법
  ㉡ 화학적 방제 : 화학물질을 사용하여 병해충이나 잡초를 방제하는 방법
  ㉢ 경종적 방제 : 병해충, 잡초의 생태적 특징을 이용하여 작물의 재배조건을 변경시키고 내충, 내병성 품종의 이용, 토양관리의 개선 등에 의하여 병충해, 잡초의 발생을 억제하여 피해를 경감시키는 방법

15 ③ 동형접합체 비율이 높아지면 작물의 생육이 불량해지고 생산량이 적어지는 약세현상이 나타난다.

16 채소류에서 재래식 육묘와 비교한 공정육묘의 이점으로 옳은 것은?

① 묘 소질이 향상되므로 육묘기간은 길어진다.
② 대량생산은 가능하나 연중 생산 횟수는 줄어든다.
③ 규모화는 가능하나 운반 및 취급은 불편하다.
④ 정식묘의 크기가 작아지므로 기계정식이 용이하다.

17 작물의 작부체계에 대한 설명으로 옳은 것은?

① 유럽에서 발달한 노포크식과 개량삼포식은 휴한농업의 대표적 작부방식이다.
② 답전윤환 시 밭기간 동안에는 입단화가 줄어들고 미량요소 용탈이 증가한다.
③ 인삼과 고추는 기지현상이 거의 없기 때문에 동일 포장에서 다년간 연작을 한다.
④ 콩은 간작, 혼작, 교호작, 주위작 등의 작부체계에 적합한 대표적인 작물이다.

18 여교배 육종의 성공 조건으로 옳지 않은 것은?

① 만족할 만한 반복친이 있어야 한다.
② 육성품종은 도입형질 이외에 다른 형질이 1회친과 같아야 한다.
③ 여교배 중에 이전하려는 형질의 특성이 변하지 않아야 한다.
④ 여러 번 여교배한 후에도 반복친의 특성을 충분히 회복해야 한다.

ANSWER 16.④ 17.④ 18.②

16 ① 묘 소질이 향상되므로 육묘기간은 짧아진다.
② 대량생산이 가능하고 연중 생산이 가능하여 생산 횟수가 늘어난다.
③ 규모화가 가능하고 운반 및 취급이 편리하다.

17 ① 유럽에서 발달한 삼포식과 개량삼포식은 휴한농업의 대표적 작부방식이다.
② 답전윤환 시 밭기간 동안에는 입단화가 늘어나고 미량요소 용탈이 감소한다.
③ 인삼과 고추는 동일한 포장에서 다년간 연작할 경우 현저한 생육장해가 나타나는 기지현상이 심하다.

18 ② 육성품종은 도입형질 이외에 다른 형질이 반복친과 같아야 한다.

19 잡초방제에 대한 설명으로 옳지 않은 것은?

① 윤작과 피복작물 재배는 경종적 방제법에 속한다.
② 제초제는 제형이 달라도 성분이 같을 경우 제초 효과는 동일하다.
③ 동일한 계통의 제초제를 연용하면 제초제저항성 잡초가 발생할 수 있다.
④ 잡초는 광발아 종자가 많으므로 지표면을 검정비닐로 피복하면 발생이 줄어든다.

20 작물의 내적 균형에 대한 설명으로 옳지 않은 것은?

① 작물체 내 탄수화물과 질소가 풍부하고 C/N율이 높아지면 개화 결실은 촉진된다.
② 토양통기가 불량해지면 지상부보다 지하부의 생장이 더욱 억제되므로 T/R율이 높아진다.
③ 근채류는 근의 비대에 앞서 지상부의 생장이 활발하기 때문에 생육의 전반기에는 T/R율이 높다.
④ 고구마 순을 나팔꽃 대목에 접목하면 덩이뿌리 형성을 위한 탄수화물의 전류가 촉진되어 경엽의 C/N율이 낮아진다.

ANSWER 19.② 20.④

19 ② 제초제는 성분이 같아도 제형이 다를 경우 제초 효과에 차이가 날 수 있다.

20 ④ 고구마 순을 나팔꽃 대목에 접목하면 덩이뿌리 형성을 위한 탄수화물의 전류가 촉진되어 경엽의 C/N율이 높아진다.

1 작물의 개량에 기여한 사람과 그의 학설을 바르게 연결한 것은?

① C.R. Darwin − 용불용설
② T.H. Morgan − 순계설
③ G.J. Mendel − 유전법칙
④ W.L. Johannsen − 돌연변이설

2 토양이 산성화되었을 때 양분 가급도가 감소되어 작물생육에 불이익을 주는 것으로만 짝지은 것은?

① B, Fe, Mn
② B, Ca, P
③ Al, Cu, Zn
④ Ca, Cu, P

3 작물의 종류에 따른 수확 방법으로 옳지 않은 것은?

① 화곡류는 예취한다.
② 고구마는 굴취한다.
③ 무는 발취한다.
④ 목초는 적취한다.

ANSWER 1.③ 2.② 3.④
....

1 ① Darwin − 진화론, Lamarck − 용불용설
② Morgan − 반성유전
④ Johannsen − 순계설, de Vries − 돌연변이설

2 토양이 산성화되면 필수 원소들은 크게 두 가지 유형으로 작물생육에 불이익을 준다. B, Ca, P, Mg, Mo 등은 양분 가급도가 감소되어 작물생육에 불이익을 주며, Al, Fe, Cu, Zn, Mn 등은 용해도가 증가하면서 원소 자체가 갖는 독성이 작물생육에 불이익을 주게 된다.

3 ④ 목초는 예취(곡식이나 풀을 베는 것)한다.

4 저장고 내부의 산소 농도를 낮추기 위해 이산화탄소 농도를 높여 농산물의 저장성을 향상시키는 방법은?

① 큐어링저장   ② 예냉저장

③ 건조저장   ④ CA저장

5 유효적산온도(GDD)를 계산하기 위한 식은?

① $GDD(℃) = \sum\{(일최고기온 + 일최저기온) \div 2 + 기본온도\}$

② $GDD(℃) = \sum\{(일최고기온 + 일최저기온) \times 2 - 기본온도\}$

③ $GDD(℃) = \sum\{(일최고기온 + 일최저기온) \div 2 - 기본온도\}$

④ $GDD(℃) = \sum\{(일최고기온 + 일최저기온) \times 2 + 기본온도\}$

6 토양미생물에 대한 설명 중 옳지 않은 것은?

① 토양미생물에서 분비되는 점질물질은 토양입단의 형성을 촉진한다.

② 토양에 분포되어 있는 미생물 중 방선균의 수가 세균의 수보다 많다.

③ 토양미생물인 균근은 인산흡수를 도와주는 대표적인 공생미생물이다.

④ 토양미생물 간의 길항작용은 토양전염 병원균의 활동을 억제한다.

7 작물의 수확 및 출하 시기 조절을 위한 환경 처리 요인이 다른 것은?

① 포인세티아 : 차광재배   ② 국화 : 촉성재배

③ 딸기 : 촉성재배   ④ 깻잎 : 가을철 시설재배

ANSWER   4.④   5.③   6.②   7.③

4 CA(Controlled Atmosphere)저장 … 대기의 가스조성을 인공적으로 조절한 저장환경에서 농산물을 저장하여 품질 보전 효과를 높이는 저장법으로, 조절하는 가스에는 이산화탄소, 일산화탄소, 산소 및 질소가스 등이 있으나, 통상 대기에 비해 이산화탄소를 증가시키고 산소의 감소 및 질소를 증대시킨다. 이는 농산물의 호흡 작용을 억제하여 저장성을 향상시킨다.

5 유효적산온도란 생물이 일정한 발육을 완료하기까지에 요하는 총온열량으로, 보통 일평균 기온으로부터 일정수치를 뺀 값을 일정기간 동안 합한 값으로 계산한다.

$$\therefore 유효적산온도(GDD℃) = \sum\left\{\frac{(일최고기온 + 일최저기온)}{2} - 기본온도\right\}$$

6 ② 토양에 분포되어 있는 미생물 중 가장 수가 많은 것은 세균이고, 그 다음이 방선균, 혐기성 세균, 사상균, 혐기성 사상균, 조류 등의 순이다.

7 ③ 딸기의 촉성재배는 춘화 처리에 해당하고, ①②④는 일장효과에 따른 처리에 해당한다.

8 작물의 생육단계가 영양생장에서 생식생장으로 전환되는 현상에 대한 설명으로 옳은 것은?

① 줄기의 유관속 일부를 절단하면 절단된 윗부분의 C/N율이 낮아져 화아분화가 촉진된다.

② 뿌리에서 생성된 개화유도물질인 플로리겐이 줄기의 생장점으로 이동되어 화성이 유도된다.

③ 저온처리를 받지 않은 양배추는 화성이 유도되지 않으므로 추대가 억제된다.

④ 화학적 방법으로 화성을 유도하는 경우에 ABA는 저온·장일 조건을 대체하는 효과가 크다.

9 안티센스(anti-sense) RNA에 대한 설명으로 옳은 것은?

① 세포질에서 단백질로 번역되는 mRNA와 서열이 상보적인 단일가닥 RNA이다.

② mRNA와 이중나선을 형성하여 mRNA의 번역 효율을 높인다.

③ 특정한 유전자의 발현을 증가시켜 농작물의 상품가치를 높이는 데 활용될 수 있다.

④ 특정한 유전자의 DNA와 상보적으로 결합하여 전사 활성을 높인다.

10 영양번식작물의 유전적 특성과 육종방법에 대한 설명으로 옳은 것은?

① 이형접합형 품종을 자가수정하여 얻은 실생묘는 유전자형이 분리되지 않는다.

② 이형접합형 품종을 영양번식시켜 얻은 영양계는 유전자형이 분리된다.

③ 영양번식작물은 영양번식과 유성생식이 가능하며, 영양계는 이형접합성이 낮다.

④ 고구마와 같은 영양번식작물은 감수분열 때 다가염색체를 형성하므로 불임률이 높다.

ANSWER   8.③ 9.① 10.④

8 ① 줄기의 유관속 일부를 절단하면 절단된 윗부분의 C/N율이 높아져 화아분화가 촉진된다.
  ② 잎에서 생성된 개화유도물질인 플로리겐이 줄기의 생장점으로 이동되어 화성이 유도된다.
  ④ 화학적 방법으로 화성을 유도하는 경우에 GA는 저온·장일 조건을 대체하는 효과가 크다.

9 안티센스(anti-sense) RNA … 특정 RNA에 상보적으로 결합할 수 있는 단일가닥 RNA(single-stranded RNA)를 뜻한다.
  ②③④ 안티센스 RNA는 특정 단백질을 표현하는 전령 RNA(mRNA)인 sense RNA에 상보적으로 결합하여, 해당 단백질 발현을 조절한다(일반적으로 억제한다).

10 ① 이형접합형 품종을 자가수정하여 얻은 실생묘는 유전자형이 분리된다.
  ② 이형접합형 품종을 영양번식시켜 얻은 영양계는 유전자형이 분리되지 않고 유지된다.
  ③ 영양번식작물은 영양번식과 유성생식이 가능하며, 영양계는 이형접합성이 높다.

11 테트라졸륨법을 이용하여 벼와 콩의 종자 발아력을 간이검정할 때, TTC 용액의 적정 농도는?

① 벼는 0.1%이고, 콩은 0.5%이다.　　② 벼는 0.1%이고, 콩은 1.0%이다.

③ 벼는 0.5%이고, 콩은 1.0%이다.　　④ 벼는 1.0%이고, 콩은 0.1%이다.

12 경실종자의 휴면타파를 위한 방법으로 옳지 않은 것은?

① 진한황산처리를 한다.　　　　　　　② 건열처리를 한다.

③ 방사선처리를 한다.　　　　　　　　④ 종피파상법을 실시한다.

13 중복수정 준비가 완료된 배낭에는 몇 개의 반수체핵(haploid nucleus)이 존재하며, 이들 중에서 몇 개가 웅핵 (정세포)과 융합되는가?

	배낭의 반수체핵 수	웅핵과 융합되는 반수체핵 수
①	6	2
②	6	3
③	8	2
④	8	3

ANSWER　11.③　12.③　13.④

．．

11 테트라졸륨법은 광선을 차단한 시험관에 수침했던 종자의 배를 포함하여 종단한 종자를 넣고 TTC 용액을 주입하여 40℃에 2시간 보관한 다음 그 반응이 배·유아의 단면이 전면 적색으로 염색되었으면 발아력이 강하다고 보는 간이검정법으로, TTC 용액의 적정 농도는 벼과 0.5%, 콩과 1.0% 정도이다.

12 경실종자의 휴면타파법
ⓐ 종피파상법 : 경실의 발아촉진을 위하여 종피에 상처를 내는 방법
ⓑ 진한황산처리 : 경실에 진한 황산을 처리하고 일정 시간 교반하여 종피의 일부를 침식시킨 후 물에 씻어 파종
ⓒ 저온처리 : 종자를 −190℃의 액체공기에 2~3분간 침지하여 파종
ⓓ 건열처리 : 알팔파·레드클로버 등은 105℃에서 4분간 종자를 처리하여 파종
ⓔ 습열처리 : 라디노클로버는 40℃의 온도에 5시간 또는 50℃의 온탕에 1시간 정도 종자를 처리하여 파종
ⓕ 진탕처리 : 스위트클로버는 플라스크에 종자를 넣고 분당 180회씩의 비율로 10분간 진탕하여 파종
ⓖ 질산염처리 : 버팔로그래스는 0.5% 질산칼륨에 24시간 종자를 침지하고, 5℃에 6주일간 냉각시킨 후 파종
ⓗ 기타 : 알코올처리, 이산화탄소처리, 펙티나아제처리 등

13 배낭 안에는 가운데 2개의 극핵을 중심으로 주공 쪽에는 난세포 1개와 조세포 2개가, 그 반대쪽에는 3개의 반족세포가 위치한다. 따라서 배낭의 반수체핵 수는 8개이다. 속씨식물은 2개의 정세포 중 1개는 난세포와 융합하여 접합자(2n)를 만들고, 나머지 1개는 극핵과 융합하여 배유핵(3n)을 형성한다. 즉, 웅핵(정세포)과 융합되는 반수체핵 수는 난세포 1개와 극핵 2개로 총 3개이다.

14 종·속간 교잡에서 나타나는 생식격리장벽을 극복하기 위해 사용되는 방법으로 옳지 않은 것은?

① 자방을 적출하여 배양한다.　　② 약을 적출하여 배양한다.
③ 배를 적출하여 배양한다.　　④ 배주를 적출하여 배양한다.

15 요소의 엽면시비 효과에 대한 설명으로 옳지 않은 것은?

① 보리와 옥수수에서는 화아분화 촉진 효과가 있다.
② 사과와 딸기에서는 과실비대 효과가 있다.
③ 화훼류에서는 엽색 및 화색이 선명해지는 효과가 있다.
④ 배추와 무에서는 수확량 증대 효과가 있다.

16 이식의 효과에 대한 설명으로 옳지 않은 것은?

① 토지이용효율을 증대시켜 농업 경영을 집약화할 수 있다.
② 채소는 경엽의 도장이 억제되고 생육이 양호해져 숙기가 빨라진다.
③ 육묘과정에서 가식 후 정식하면 새로운 잔뿌리가 밀생하여 활착이 촉진된다.
④ 당근 같은 직근계 채소는 어릴 때 이식하면 정식 후 근계의 발육이 좋아진다.

17 인공종자의 캡슐재료로 가장 많이 이용되는 화학물질은?

① 파라핀　　　　　　　　　　② 알긴산
③ 비닐알콜　　　　　　　　　④ 소듐아자이드

ANSWER 14.② 15.① 16.④ 17.②
....

14 종·속 간 교잡을 하면 주두에서 화분이 발아하지 못하거나 발아된 화분관이 신장하지 못하며, 수정이 된다 하더라도 수정란의 발육이 되지 않는 생식격리장벽으로 인하여 정상적인 잡종종자를 얻기 어렵다. 때문에 이러한 생식격리장벽을 극복하기 위해 아직 수분되지 않은 자방으로부터 배주를 분리하여 기내수정을 하거나, 수정된 배주나 배, 자방을 적출하여 배양하는 방법을 사용한다.

15 ① 보리와 옥수수에 요소를 엽면시비할 경우 활착이 잘 되고 수정된 후 정상적인 종자가 잘 맺히도록 하는 효과(임실양호)가 있다. 화아분화 촉진 효과는 감귤이나 사과, 딸기 등에서 나타난다.

16 ④ 당근 같은 직근계 채소는 어릴 때 이식하면 정식 후 근계의 발육이 나빠진다.

17 인공종자는 체세포의 조직배양으로 유기된 체세포배를 캡슐에 넣어 만든다. 캡슐재료는 갈조류의 엽상체로부터 얻은 알긴산을 많이 사용한다.

18 합성품종에 대한 설명으로 옳지 않은 것은?

① 격리포장에서 자연수분 또는 인공수분으로 육성될 수 있다.
② 세대가 진전되어도 비교적 높은 잡종강세가 나타난다.
③ 영양번식이 가능한 타식성 사료작물에 널리 이용된다.
④ 유전적 배경이 협소하여 환경 변동에 대한 안정성이 낮다.

19 농업용수의 수질 오염과 등급에 대한 설명으로 옳지 않은 것은?

① 논에 유기물 함량이 높은 폐수가 유입되면 혐기조건에서 메탄가스 등이 발생하여 토양의 산화환원전위가 높아진다.
② 산성 물질의 공장폐수가 논에 유입되면 벼의 줄기와 잎이 황변되고 토양 중 알루미늄이 용출되어 피해를 입는다.
③ 수질은 대장균수와 pH 등이 참작되어 여러 등급으로 구분되며 일반적으로 수온이 높아질수록 용존산소량은 낮아진다.
④ 화학적 산소요구량은 유기물이 화학적으로 산화되는 데 필요한 산소량으로서 오탁유기물의 양을 ppm으로 나타낸다.

20 유기농업은 친환경농업의 한 유형으로 실시되고 있다. 그 내용에 해당하지 않는 것은?

① 토양분석에 따른 화학비료의 정밀 사용
② 작부체계 내 두과작물의 재배
③ 병해충 저항성 작물 품종의 이용
④ 윤작에 의한 토양 비옥도 개선

Aɴsᴡᴇʀ 18.④ 19.① 20.①

18 ④ 합성품종은 유전적 배경이 넓어 환경 변동에 대한 안정성이 높다.

19 ① 논에 유기물 함량이 높은 폐수가 유입되면 혐기조건에서 메탄가스 등이 발생하여 토양의 산화환원전위가 낮아진다.

20 유기농업은 화학비료, 유기합성 농약, 생장조정제, 제초제, 가축사료 첨가제 등 일체의 합성화학 물질을 사용하지 않거나 줄이고 유기물과 자연광석, 미생물 등 자연적인 자재만을 사용하는 농업을 말한다.
① 토양분석에 따른 화학비료의 정밀 사용은 각종 기술을 활용해 비료, 물, 노동력 등 투입 자원을 최소화하면서 생산량을 최대화하는 생산방식인 정밀농업과 관련된다.

1 식물의 수분과 수정 및 종자형성에 대한 설명으로 가장 옳은 것은?

① 중복수정은 주로 나자식물에서 발생한다.
② 자가수분작물은 자웅이주 또는 웅예선숙의 특징이 있다.
③ 수정 과정에서 정세포 2개와 극핵이 결합하여 배유핵을 형성한다.
④ 단위결과는 종자가 형성되지 않고 과실이 발달하는 현상이다.

2 1대잡종육종에 대한 설명으로 가장 옳지 않은 것은?

① 잡종강세를 적극적으로 이용하는 육종법이다.
② 조합능력을 검정하여 우수한 교배친을 선발할 수 있다.
③ 잡종이 되기 때문에 생산물의 균일성이 떨어지는 단점이 있다.
④ 웅성불임성 등을 활용하여 경제적으로 채종할 수 있다.

3 작물의 생육에 관여하는 이산화탄소 농도에 대한 설명으로 가장 옳지 않은 것은?

① 포화점 이전까지는 이산화탄소 농도가 높아질수록 광합성 속도가 증가한다.
② 지상 잎 주변의 이산화탄소 농도는 잎이 무성한 여름철이 가을철보다 높다.
③ 지표에서 먼 공중의 이산화탄소 농도는 상대적으로 낮아진다.
④ 미숙퇴비나 구비 등은 이산화탄소 발생을 촉진한다.

ANSWER　1.④　2.③　3.②

1　① 중복수정은 주로 피자식물에서 발생한다.
　　② 웅예선숙은 수술이 암술보다 먼저 성숙하는 현상으로 자가수분이 불가능해져 타가수분을 한다. 자웅이주와 웅예선숙은 타가수분작물의 특징이다.
　　③ 정세포 1개와 극핵이 융합하여 배유핵(3n)을 형성한다.

2　③ 쾰로이터(Kölreuter)에 따르면 제1대 잡종(F_1)은 균일성, 제2대 잡종(F_2)은 형질분리·잡종강세 및 우성현상을 보인다.

3　② 지상 잎 주변의 이산화탄소 농도는 광합성 작용이 활발하게 일어나는 잎이 무성한 여름철이 가을철보다 낮다.

4 유전변이 중 양적형질과 질적형질에 대한 설명으로 가장 옳은 것은?

① 양적형질은 불연속변이를 하며 형질발현에 관여하는 유전자 수가 많다.
② 질적형질은 표현형의 구별이 어려워 원하는 형질의 선발이 쉽지 않다.
③ 양적형질은 평균, 분산, 회귀 등 통계적 방법에 의해 유전분석을 한다.
④ 질적형질은 환경의 영향을 받으며 표현력이 작은 미동유전자에 의해 지배된다.

5 내동성이 강한 작물의 일반적인 특징을 〈보기〉에서 모두 고른 것은?

〈보기〉
㉠ 세포 내 수분함량이 많다.
㉡ 지방과 당분함량이 높다.
㉢ 전분과 세포 내 무기성분의 함량이 높다.
㉣ 원형질의 점도가 낮고 친수성 콜로이드가 많다.

① ㉠, ㉡   ② ㉠, ㉢
③ ㉡, ㉢   ④ ㉡, ㉣

ANSWER 4.③ 5.④

4 양적형질과 질적형질
　㉠ 양적형질 : 환경적, 유전적 요소에서 여러 변이들이 특정형질에 부분적으로 작용하여 나타나는 연속적이고 계량적으로 표현되는 형질이다.
　　• 다수의 유전자에 발생된 변이들은 크고 작은 표현형적 효과를 나타낸다.
　　• 유전적으로는 복합적인 유전효과가 중복되어 있고, 환경적인 영향도 함께 나타난다.
　㉡ 질적형질 : 대립유전자에 의한 표현형이 불연속적으로 나타나고 그 차이를 정성적으로 표현할 수 있는 형질이다.
　　• 유전적으로 명확히 구분되는 자손형질, 즉 불연속된 표현형질을 말한다.
　　• 소수의 유전자의 변이에 기인하므로, 단순한 유전법칙들을 적용하여 관련 유전변이를 확인할 수 있다.

5 내동성은 추위를 잘 견디어 내는 식물의 성질로 ㉡, ㉣과 같은 특징을 보인다.
　㉠ 세포 내 수분함량이 많으면 자유수가 많아지면서 세포의 결빙을 초래하여 내동성이 약하다.
　㉡㉢ 당분함량이 높으면 세포의 삼투압이 커져서 원형질 단백의 변성을 막아 내동성이 강해진다. 반대로 전분함량이 많으면 원형질의 기계적 견인력에 의한 파괴를 크게 하고, 당분함량이 저하되어 내동성이 약해진다. 무기성분 내의 칼슘과 마그네슘은 세포 내 결빙을 억제하여 내동성을 강하게 한다.
　㉣ 원형질의 점도는 낮고 연도가 높은 것이 기계적 견인력을 적게 받아 내동성이 강하다. 원형질의 친수성 콜로이드가 많으면 세포 내의 결합수가 많아지고 자유수가 적어져 원형질의 탈수저항성이 커지며 세포의 결빙이 경감되므로 내동성이 강하다.

6 시비방법에 대한 설명으로 가장 옳은 것은?

① 생육기간이 길고 시비량이 많은 작물일수록 질소 밑거름을 많이 주고 덧거름을 줄인다.
② 퇴비나 깻묵 등의 지효성 비료나 인산, 칼륨 등의 비료는 밑거름으로 일시에 준다.
③ 속효성 비료는 작물의 생육기간에 상관 없이 생육상황에 따라 적절하게 분시한다.
④ 엽채류처럼 잎을 수확하는 것은 질소 추비량과 추비횟수를 줄인다.

7 수확 후 건조(drying) 원리에 대한 설명으로 가장 옳은 것은?

① 수분함량이 낮을수록 미생물 번식을 억제한다.
② 수분함량이 높을수록 효소작용이 느리다.
③ 건조 시 제거되는 수분은 결합수이다.
④ 수확 후 자연 건조해야 안전저장이 가능하다.

8 유전자 간 재조합에 대한 설명으로 가장 옳은 것은?

① 재조합빈도가 0이면 완전독립, 50%이면 완전연관이다.
② 유전자 사이의 거리가 가까울수록 재조합빈도도 높아진다.
③ 두 유전자가 연관되어 있을 때에도 교차가 일어나면 2종의 배우자가 형성된다.
④ 두 쌍의 대립유전자(Aa와 Bb)가 서로 다른 염색체에 있을 때 전체 배우자 중에서 재조합형은 50%로 나타난다.

ANSWER 6.② 7.① 8.④

6 ① 생육기간이 길고 시비량이 많은 작물일수록 질소 밑거름을 적게 주고 덧거름으로 시비량을 조절한다.
③ 속효성 비료는 작물의 생육기간과 생육상황에 따라 적절하게 분시한다.
④ 엽채류처럼 잎을 수확하는 것은 질소추비를 늦게까지 해도 된다.

7 ② 수분함량이 높을수록 효소작용이 빠르다.
③ 건조 시 제거되는 수분은 자유수이다.
④ 자연 건조보다는 인공 건조가 안전저장에 효과적이다.

8 ④ Aa와 Bb가 서로 다른 염색체에 있으면 독립의 법칙이 성립하므로, 생식세포에 만들어지는 배우자 4개는 AB, Ab, aB, ab가 각각 1개씩이다. 따라서 전체 생식세포 중에서 양친과 같은 유전자형이 50%, 재조합형이 50%로 나타난다.

9 군락의 수광태세를 설명한 것으로 가장 옳지 않은 것은?

① 최적엽면적지수는 수광태세가 좋을 때 커진다.
② 군락의 수광태세가 좋아야 광투과율이 높아 광 에너지의 이용도가 높아진다.
③ 벼는 상위엽이 직립이고 분얼이 개산형인 것이 군락의 수광태세가 좋아진다.
④ 벼나 콩에서는 밀식재배를 피하고 맥류는 광파재배하는 것이 군락의 수광상태가 좋아진다.

10 종자의 물리적 소독방법에 대한 설명으로 가장 옳은 것은?

① 고구마의 검은무늬병은 45℃의 온탕에 30~40분간 담가 소독하면 된다.
② 맥류의 겉깜부기병은 냉수에 5분간 담가두었다가 50℃의 온탕에 5분간 담근 다음 냉수로 식히고 말려서 파종한다.
③ 온탕침법은 곡류에서 많이 사용하는 반면, 채소종자는 냉수온탕침법을 사용하는 것이 일반화되어 있다.
④ 벼의 선충심고병은 냉수에 24시간 동안 침지한 다음 45℃의 온탕에 2분간 담그고 냉수에 식힌다.

11 삽목방법과 대상작물을 연결한 것으로 가장 옳지 않은 것은?

① 엽삽 – 베고니아, 차나무
② 녹지삽 – 카네이션, 동백나무
③ 경지삽 – 펠라고늄, 무화과
④ 근삽 – 자두, 사과

ANSWER   9.④ 10.① 11.③

9 ④ 벼나 콩에서는 밀식 시에는 줄 사이를 넓히고, 포기사이를 좁히는 것이 파상군락을 형성케 하여 군락 하부로의 광투사를 좋게 한다. 맥류는 광파재배보다 드릴파재배를 하는 것이 군락의 수광태세가 좋아진다.

10 ② 맥류의 겉깜부기병 방제에는 종자를 냉수에 7시간, 50℃ 온탕에 2~3분, 55℃ 온탕에 5분간 침지한 후 냉수 또는 자연냉각으로 식히는 방법인 냉수온탕침법이 일반적으로 사용된다.
③ 온탕침법은 채소종자에서, 냉수온탕침법은 곡류에서 사용하는 것이 일반화되어 있다.
④ 벼의 선충심고병 예방을 위한 종자소독은 냉수에 24시간 침지한 다음 45℃의 온탕에 2분쯤 담그고, 다시 52℃의 온탕에 10분간 담갔다가 냉수에 식힌다.

11 ③ 펠라고늄은 잎을 이용하는 삽목법인 엽삽을 하는 작물이다.

12 상적발육에 영향을 미치는 환경에 대한 설명 중 옳은 것을 〈보기〉에서 모두 고른 것은?

〈보기〉
⊙ 벼의 만생종은 감온성이 감광성보다 뚜렷하다.
ⓒ 일장효과에 영향을 끼치는 광의 파장은 적색 > 자색 > 청색 순이다.
ⓒ 벼 만생종은 묘대일수감응도가 크고 만식적응성이 커서 만식에 적합하다.
② 최아종자의 저온처리의 경우에는 광의 유무가 버널리제이션에 관계하지 않으나, 고온처리의 경우에는 암조건이 필요하다.

① ⊙, ⓒ   ② ⊙, ⓒ
③ ⓒ, ⓒ   ④ ⓒ, ②

13 참깨나 상추 종자는 가벼워 손으로 파종하거나 기계파종이 어렵다. 이런 종자에 화학적으로 불활성의 고체물질을 피복하여 종자를 크게 만들어 파종이 용이하고 적량파종이 가능하여 종자 비용과 솎음 노동력이 적게 들어가도록 만든 종자는?

① 프라이밍종자
② 피막종자
③ 펠릿종자
④ 매트종자

ANSWER 12.④ 13.③

12 ⊙ 조생종은 감온성, 만생종은 감광성이 뚜렷하다.
ⓒ 만식적응성은 모내기가 늦어도 안전하게 생육·성숙하고 수량이 많은 특성으로, 못자리에서 모를 보통보다 오래 둘 때에 모가 노숙하고 모낸 뒤 위조가 생기는 정도인 묘대일수감응도가 낮고 도열병에 강해야 한다. 만생종은 묘대일수감응도가 낮고 만식적응성이 커서 만식에 적합하다.

13 ③ 펠릿종자는 소립종자 또는 부정형의 종자를 점토 등으로 피복하여 둥근 알약 같은 형태로 만들어 기계 파종에 편리하게 한 것으로 종자대와 솎음노력비가 절감된다.
① 프라이밍은 파종 전에 수분을 가하여 종자가 발아에 필요한 생리적인 준비를 갖추게 함으로써 발아의 속도와 균일성을 높이는 처리기술이다.
② 피막종자는 형태를 원형에 가깝게 유지하면서 피막 속에 살충, 살균, 염료, 기타 첨가물을 포함시킬 수 있다.
④ 매트종자는 종이 같은 분해될 수 있는 재료를 이용해서 넓은 판에 종자를 줄 또는 무리를 짓거나 무작위로 배치한 것이다.

14 파종 후 흙덮기(또는 복토)를 종자가 보이지 않을 정도로만 하는 작물끼리 짝지은 것으로 가장 옳은 것은?

① 파, 담배, 양파, 상추

② 보리, 밀, 귀리, 호밀

③ 토마토, 고추, 가지, 오이

④ 수수, 무, 수박, 호박

15 추파맥류의 발육상을 설명한 것으로 가장 옳은 것은?

① 감온상보다는 감광상이 뚜렷한 작물이다.

② 감온상과 감광상을 뚜렷하게 구분할 수 없는 작물이다.

③ 생육초기에는 감온상에 그 뒤에는 감광상을 거쳐야만 출수, 개화, 결실한다.

④ 생육초기에는 감광상에 그 뒤에는 감온상을 거쳐야만 출수, 개화, 결실한다.

16 오이의 동화량이 가장 많은 환경조건에 해당하는 것은?

	광도	온도	CO_2농도		광도	온도	CO_2농도
①	$100W/m^2$	$20℃$	0.03%	②	$200W/m^2$	$30℃$	0.03%
③	$200W/m^2$	$20℃$	0.13%	④	$200W/m^2$	$30℃$	0.13%

ANSWER 14.① 15.③ 16.④

14 ① 파, 담배, 상추는 빛이 있어야 발아가 잘 되는 호광성 종자이다. 양파는 복토두께가 두꺼우면 발아소요 일수가 많이 걸리고 발아율도 떨어진다.
　　※ 발아에 빛의 유무가 영향을 미치는 종자로 호광성 종자와 혐광성 종자가 있다. 빛이 있어야 발아가 쉬운 호광성 종자에는 상추, 파, 당근, 유채, 담배, 뽕나무, 베고니아 등이 있고 빛이 없어야 발아가 쉬운 혐광성 종자로는 토마토, 가지, 호박, 오이 등이 있다.

15 작물은 생장 도중 일정한 시기에 일정한 온도와 광 조건을 만족해야 개화하는 종류가 많은데, 온도에 감응하는 생육시기를 감온상이라 한다. 추파맥류는 생육초기에는 감온상에 그 뒤에는 감광상을 거쳐야만 출수, 개화, 결실하는 감온상과 감광성을 뚜렷하게 구분할 수 있는 작물이다.

16 순수동화량은 식물이 일정한 시간 광합성으로 생성한 산소의 양이나 제거한 이산화탄소의 양을 말하는 총광합성 량에서 그 식물의 호흡을 통해 사용된 산소의 양을 뺀 순수하게 만들어진 산소의 양을 말한다. 따라서 동화량은 광합성량 요건과 연결된다.

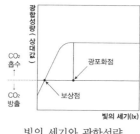

빛의 세기와 광합성량

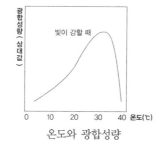

온도와 광합성량

이산화탄소의 농도와 광합성량

17 고추 대목과 고추 접수를 각각 비스듬히 50~60° 각도로 자르고 그 자른 자리를 서로 밀착시킨 후 접목용 클립으로 고정하는 방법으로 경험이 있는 전업육묘자들이 가장 선호하는 접목방법은?

① 호접
② 삽접
③ 핀접
④ 합접

18 필수무기원소의 과잉과 결핍증상의 연결이 가장 옳은 것은?

① 망간과잉 – 담배의 끝마름병
② 붕소결핍 – 사과의 적진병
③ 아연결핍 – 감귤류의 소엽병
④ 구리과잉 – 사탕무의 속썩음병

19 배수가 잘되는 사질토에 요수량이 높은 작물을 재배한다면 관개량과 간단일수에 대한 결정으로 가장 옳은 것은?

① 1회관개량을 많게 하고, 간단일수를 길게 한다.
② 1회관개량을 많게 하고, 간단일수를 짧게 한다.
③ 1회관개량을 적게 하고, 간단일수를 길게 한다.
④ 1회관개량을 적게 하고, 간단일수를 짧게 한다.

20 6월 초순경에 국화의 삽수를 채취하여 번식하고자 할 경우 가장 옳지 않은 방법은?

① 삽목 후 비닐 터널을 만들어 그늘에 둔다.
② 삽목 시 절단부위에 지베렐린 수용액을 묻혀 준다.
③ 삽목 시 절단부위에 아이비에이분제를 묻혀 준다.
④ 삽목 시 절단부위에 루톤분제를 묻혀 준다.

ANSWER 17.④ 18.③ 19.④ 20.②

17 ④ 합접 : 접붙이할 나무와 접가지가 비슷한 크기일 때 서로 비스듬히 깎아 맞붙이는 접목 방법
① 호접 : 뿌리를 가진 접수와 대목을 접목하여 활착한 다음에는 접수 쪽의 뿌리 부분을 절단하는 접목법
② 삽접 : 접본의 목질 부분과 껍질 사이에 접가지를 꽂아 넣는 접붙이기 방법
③ 핀접 : 세라믹이나 대나무 소재의 가는 핀을 꽂아 대목과 접수를 고정시켜 새로운 개체로 번식시키는 접목법

18 ①④ 담배의 끝마름병, 사탕무의 속썩음병 – 붕소결핍
② 사과의 적진병 – 망간과잉
※ 담배의 끝마름병과 사탕무의 속썩음병 외에도 순무의 갈색속썩음병, 셀러리의 줄기쪼김병, 사과의 축과병, 꽃양배추의 갈색병, 알팔파의 황색병 등은 붕소결핍으로 나타나는 증상에 해당한다.

19 관개란 작물의 생육에 필요한 수분을 인공적으로 농지에 공급하는 일이다. 배수가 잘되는 사질토에 요수량이 높은 작물을 재배할 때는 1회관개량을 적게 하고, 1회 관개의 개시로부터 다음 관개 개시일까지의 일수인 간단일수를 짧게 하는 것이 효과적이다.

20 ② 고온다습한 6~7월에는 삽목 중 부패하기 쉬우므로 벤레이트액에 30초간 침지하여 삽목한다.

1 작물의 채종재배에 대한 설명으로 옳지 않은 것은?

① 씨감자의 채종포는 진딧물의 발생이 적은 고랭지가 적합하다.

② 타가수정작물의 채종포는 일반포장과 반드시 격리되어야 한다.

③ 채종포에서는 비슷한 작물을 격년으로 재배하는 것이 유리하다.

④ 채종포에서는 순도가 높은 종자를 채종하기 위해 이형주를 제거한다.

2 콩 종자 100립을 치상하여 5일 동안 발아시킨 결과이다. 이 실험의 평균발아일수(MGT)는? (단, 소수점 첫째 자리까지만 계산한다)

치상 후 일수	1	2	3	4	5	계
발아한 종자 수	15	15	30	10	10	80

① 2.2

② 2.4

③ 2.6

④ 2.8

ANSWER　1.③　2.④

1　③ 채종포는 씨받이밭으로 혼종을 방지하기 위하여 동일한 작물을 매년 재배하는 것이 유리하며, 재배기술을 적용하기도 용이하다.

2　평균발아일수(MGT)란 파종 후 발아까지 걸리는 평균일수를 말한다. 따라서 평균발아일수는 종자가 발아하는 데 걸린 발아일수를 모두 합산하여 평균을 내어 구한다.

$$MGT = \frac{(1\times15)+(2\times15)+(3\times30)+(4\times10)+(5\times10)}{80} = 2.8125$$

3 과수 중 인과류가 아닌 것은?

① 배   ② 사과

③ 자두   ④ 비파

4 다음 글에 해당하는 용어는?

> 소수의 우량품종들을 여러 지역에 확대 재배함으로써 유전적 다양성이 풍부한 재래품종들이 사라지는 현상이다.

① 유전적 침식

② 종자의 경화

③ 유전적 취약성

④ 종자의 퇴화

5 중위도지대에서 벼 품종의 기상생태형에 따르는 재배적 특성에 대한 설명으로 옳지 않은 것은?

① 파종과 모내기를 일찍 할 때 blt형은 조생종이 된다.

② 묘대일수감응도는 감온형이 낮고 기본영양생장형이 높다.

③ 조기수확을 목적으로 조파조식할 때 감온형이 적합하다.

④ 감광형은 만식해도 출수의 지연도가 적다.

ANSWER   3.③   4.①   5.②

3 인과류는 꽃받기(꽃턱)이 발달하여 과육부를 형성한 것으로, 사과, 배, 비파 등이 이에 속한다.
③ 자두는 복숭아, 살구 등과 함께 핵과류에 속한다.

4 문제의 지문은 유전적 침식에 대한 설명이다. 유전적 침식은 다양한 유전자원이 소멸되는 현상으로, 원인으로는 사막화, 도시화, 자연 재해, 사회 정치적 소요, 신품종 보급 따위가 있다.

5 ② 묘대일수감응도는 못자리 기간에 따른 불시 출수의 발생 정도에 대한 품종의 감응 정도를 말한다. 못자리 기간이 너무 길어지거나 온도가 높아 불량한 환경이 조성될 경우, 벼는 못자리 기간에 영양 생장에서 생식 생장으로 전환하여 이삭의 원기를 만들고 밑동의 절간이 신장하기 시작한다. 묘대일수감응도는 품종에 따라 정도가 다른데 기본영양생장성이 짧고 감온성이 예민한 극조생종일수록 불시 출수가 심하다.

6 다음은 세포질−유전자적 웅성불임성에 대한 내용이다. F₁의 핵과 세포질의 유전자형 및 표현형으로 옳게 짝지은 것은? (단, S는 웅성불임성 세포질이고 N은 가임 세포질이며, 임성회복유전자는 우성이고 Rf 며, 임성회복유전자의 기능이 없는 경우는 열성인 rf 이다)

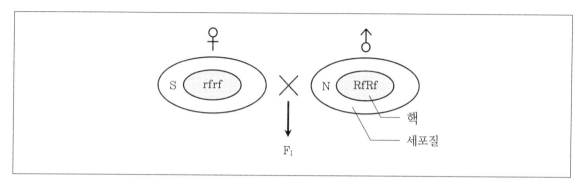

	핵의 유전자형	세포질의 유전자형	표현형
①	rfrf	S	웅성가임
②	rfrf	N	웅성불임
③	Rfrf	S	웅성가임
④	Rfrf	N	웅성불임

7 작물군락의 포장광합성에 대한 설명으로 옳지 않은 것은?

① 수광능률은 군락의 수광태세와 총엽면적에 영향을 받는다.
② 콩은 키가 작고 잎은 넓고, 가지는 길고 많은 것이 수광태세가 좋고 밀식에 적응한다.
③ 포장동화능력은 총엽면적, 수광능률, 평균동화능력의 곱으로 표시한다.
④ 작물의 최적엽면적은 일사량과 군락의 수광태세에 따라 크게 변동한다.

ANSWER 6.③ 7.②

....

6 ① rf 는 열성이고, S는 웅성불임성 세포질이므로 표현형은 웅성불임이다.
  ② rf 는 열성이고, N은 가임 세포질이므로 표현형은 웅성가임이다.
  ④ Rf 는 우성이고, N은 가임 세포질이므로 표현형은 웅성가임이다.

7 ② 콩은 잎이 작고 가늘며, 키가 크고 도복이 안 되는 것, 가지를 적게 치고 가지가 짧은 것이 수광태세가 좋고 밀식에 적응한다.

8 작물의 교배 조합능력에 대한 설명으로 옳지 않은 것은?

① 일반조합능력은 어떤 자식계통이 다른 많은 검정계통과 교배되어 나타나는 평균잡종강세이다.
② 잡종강세가 가장 큰 것은 단교배 1대잡종품종이지만, 채종량이 적고 종자가격이 비싸다.
③ 특정조합능력은 특정한 교배조합의 F_1에서만 나타나는 잡종강세이다.
④ 잡종강세는 이형접합성이 낮고 양친 간에 유전거리가 가까울수록 크게 나타난다.

9 판매용 F_1 종자를 얻기 위한 방법으로 자가불화합성을 이용하여 채종하는 작물만으로 짝 지은 것은?

① 무 · 배추 · 브로콜리
② 수박 · 고추 · 양상추
③ 멜론 · 상추 · 양배추
④ 참외 · 호박 · 토마토

10 작물의 습해 대책에 대한 설명으로 옳은 것은?

① 과수의 내습성은 복숭아나무가 포도나무보다 높다.
② 미숙유기물과 황산근 비료를 시용하면 습해를 예방할 수 있다.
③ 과습한 토양에서는 내습성이 강한 멜론 재배가 유리하다.
④ 과산화석회를 종자에 분의해서 파종하거나 토양에 혼입하면 습지에서 발아가 촉진된다.

ANSWER 8.④   9.①   10.④ ....

8 ④ 잡종강세는 이형접합성이 높고 양친 간에 유전거리가 멀수록 크게 나타난다.

9 자가불화합성이란 유전적으로 동일한 식물체의 꽃가루를 암술에서 인식 · 분해하여 자가수정을 막고 타가수정을 유발시킴으로써 유전적 다양성을 증대시키는 현상을 말한다. F_1 종자를 얻기 위해 자가불화합성을 이용하여 채종하는 작물로는 무, 배추, 브로콜리, 양배추 등이 있다.

10 ① 과수의 내습성은 포도나무가 복숭아나무보다 높다.
② 습해를 방지하기 위해서는 미숙유기물이나 황산근을 가진 비료의 사용을 삼가고, 천층시비로 뿌리 분포를 천층으로 유도한다. 습해가 나타나면 엽면시비를 하여 회복을 꾀하는 것이 좋다.
③ 멜론은 내습성이 약하다.

11 작물재배 관리기술에 대한 설명으로 옳지 않은 것은?

① 사과, 배의 재배에서 화분공급을 위해 수분수를 적정비율로 심어야 한다.
② 결과조절 및 가지의 갱신을 위해 과수의 가지를 잘라 주는 작업이 필요하다.
③ 멀칭은 동해 경감, 잡초발생 억제, 토양 보호의 효과가 있다.
④ 사과의 적과를 위해 사용되는 일반적인 약제는 2,4-D이다.

12 작물의 시비관리에 대한 설명으로 옳지 않은 것은?

① 벼 만식(晚植)재배 시 생장촉진을 위해 질소 시비량을 증대한다.
② 생육기간이 길고 시비량이 많은 작물은 밑거름을 줄이고 덧거름을 많이 준다.
③ 엽면시비는 미량요소의 공급 및 뿌리의 흡수력이 약해졌을 때 효과적이다.
④ 과수의 결과기(結果期)에 인 및 칼리질 비료가 충분해야 과실발육과 품질향상에 유리하다.

13 수확 후 농산물의 호흡억제를 위한 목적으로 사용되는 방법이 아닌 것은?

① 청과물의 예냉
② 서류의 큐어링
③ 엽근채류의 0~4 ℃ 저온저장
④ 과실의 CA저장

ANSWER 11.④ 12.① 13.②

11 ④ 사과의 적과를 위해 사용되는 일반적인 약제는 에틸렌이다.

12 ① 벼 만식재배 시에는 도열병 발생의 방지를 위해 질소 시비량을 줄여야 한다.

13 ② 큐어링은 고구마나 감자, 양파 등의 물리적 상처를 아물게 하거나 코르크층을 형성시켜 수분 증발 및 미생물의 침입을 줄이기 위해 실시한다.

14 우리나라 토마토 시설재배 농가에서 사용하는 탄산시비에 대한 설명으로 옳지 않은 것은?

① 탄산시비하면 수확량 증대 효과가 있다.
② 탄산시비 공급원으로 액화탄산가스가 이용된다.
③ 광합성능력이 가장 높은 오후에 탄산시비효과가 크다.
④ 탄산시비의 효과는 시설 내 환경 변화에 따라 달라진다.

15 병충해 방제법에 대한 설명으로 옳지 않은 것은?

① 밀의 곡실선충병은 종자를 소독하여 방제한다.
② 배나무 붉은별무늬병을 방제하기 위하여 중간기주인 향나무를 제거한다.
③ 풀잠자리, 됫박벌레, 진딧물은 기생성 곤충으로 천적으로 이용된다.
④ 벼 줄무늬잎마름병에 대한 대책으로 저항성품종을 선택하여 재배한다.

16 농산물 저장에 대한 설명으로 옳지 않은 것은?

① 마늘은 수확 직후 예건을 거쳐 수분함량을 65% 정도로 낮춘다.
② 바나나는 10℃ 미만의 온도에서 저장하면 냉해를 입는다.
③ 농산물 저장 시 CO_2나 N_2 가스를 주입하면 저장성이 향상된다.
④ 고춧가루의 수분함량이 20% 이상이면 탈색된다.

ANSWER 14.③ 15.③ 16.④

14 ③ 광합성능력이 가장 낮은 오후에는 탄산시비효과가 작다. 탄산시비는 일출 후 30분부터 약 2~3시간이 적당하다.

15 ③ 풀잠자리, 됫박벌레(무당벌레)는 다른 곤충을 잡아먹는 포식성 곤충으로 진딧물의 천적으로 이용된다.

16 ④ 고춧가루의 수분함량이 20% 이상이면 갈변하기 쉽다. 탈색은 수분함량이 10% 이하일 때 발생한다.

17 종자의 발아와 휴면에 대한 설명으로 옳지 않은 것은?

① 배(胚)휴면의 경우 저온습윤 처리로 휴면을 타파할 수 있다.
② 상추종자의 발아과정에 일시적으로 수분흡수가 정체되고 효소들이 활성화되는 단계가 있다.
③ 맥류종자의 휴면은 수발아(穗發芽) 억제에 효과가 있고 감자의 휴면은 저장에 유리하다.
④ 상추종자의 발아실험에서 적색광과 근적외광전환계라는 광가역 반응은 관찰되지 않는다.

18 다음 내용에서 F_2의 현미 종피색이 백색인 비율은?(단, 각 유전자는 완전 독립유전하며 대립유전자 C, A는 대립유전자 c, a에 대해 완전우성이다)

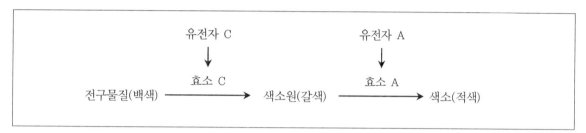

- 현미의 종피색이 붉은 적색미는 색소원 유전자 C와 활성유전자 A의 상호작용에 의하여 나타난다.
- 이 상호작용은 두 단계의 대사과정을 거쳐서 이루어진다.
- 유전자형이 CCaa(갈색)와 ccAA(백색)인 모본과 부본을 교배하였을 때 F_1의 종피색이 적색이다.
- 이 F_1을 자가 교배한 F_2에서 유전자형 C_A_ : C_aa : ccA_ : ccaa의 분리비가 $\dfrac{9}{16} : \dfrac{3}{16} : \dfrac{3}{16} : \dfrac{1}{16}$이다.

① $\dfrac{3}{16}$ ② $\dfrac{4}{16}$

③ $\dfrac{7}{16}$ ④ $\dfrac{9}{16}$

ANSWER 17.④ 18.②

17 ④ 상추종자의 발아실험에서 적색광과 근적외광전환계라는 광가역 반응이 관찰되었다. 광가역 반응이란 상추종자에서 적색광에 의한 발아 촉진 효과가 그 뒤에 조사한 원적색광에 의해 가역적으로 소멸되고, 이러한 반응이 되풀이되어 나타나는 반응을 말한다.

18 유전자 C에서 나온 효소 C와 유전자 A에서 나온 효소 A가 만나 적색 색소를 만들기 때문에 유전자형이 C_A_인 경우에만 표현형이 적색이 된다. C_aa의 경우 A가 없기 때문에 갈색, ccA_, ccaa의 경우 C가 없기 때문에 백색이 된다. 즉, F_2의 표현형비는 적색 : 갈색 : 백색 = 9 : 3 : 4가 되고, 따라서 현미 종피색이 백색인 비율은 $\dfrac{4}{16}$이다.

※ 열성상위 … 완전우성 및 열성관계에 있는 2개의 대립유전자가 있을 경우 1개의 열성 동형접합자가 다른 우성 비대립유전자의 효과를 나타내지 못하게 하는 작용

19 토양유기물에 대한 설명으로 옳지 않은 것은?

① 유기물이 분해되어 망간, 붕소, 구리 등 미량원소를 공급한다.
② 유기물의 부식은 토양입단의 형성을 조장한다.
③ 유기물의 부식은 토양반응이 쉽게 변하지 않는 완충능을 증대 시킨다.
④ 유기물의 부식은 토양의 보수력, 보비력을 약화시킨다.

20 목초의 하고현상에 대한 설명으로 옳지 않은 것은?

① 앨팰퍼나 스위트클로버보다 수수나 수단그라스가 하고현상이 더 심하다.
② 한지형 목초의 영양생장은 18~24℃에서 감퇴되며 그 이상의 고온에서는 하고현상이 심해진다.
③ 월동 목초는 대부분 장일식물로 초여름의 장일조건에서 생식생장으로 전환되고 하고현상이 발생한다.
④ 한지형 목초는 이른 봄에 생육이 지나치게 왕성하면 하고현상이 심해진다.

ANSWER 19.④ 20.①

19 ④ 유기물의 부식은 토양입단의 형성을 조장하여 보수력과 보비력을 강화시킨다.

20 ① 하고현상은 여름철 고온으로 인하여 북방형목초가 생육장해를 일으키는 현상으로, 알팔파나 스위트클로버 같은 북방형목포보다 수수나 수단그라스가 하고현상이 덜하다.

1　유전자클로닝을 위해 DNA를 자르는 역할을 하는 효소는?

① 연결효소

② 제한효소

③ 중합효소

④ 역전사효소

2　온도가 작물의 생육에 미치는 영향에 대한 설명으로 옳은 것은?

① 밤의 기온이 어느 정도 높아서 변온이 작은 것이 생장이 빠르다.

② 변온이 어느 정도 작은 것이 동화물질의 축적이 많아진다.

③ 벼는 산간지보다 평야지에서 등숙이 대체로 좋다.

④ 일반적으로 작물은 변온이 작은 것이 개화가 촉진되고 화기도 커진다.

ANSWER　1.②　2.①

1　제한효소 … 유전자클로닝을 위해 DNA의 특정한 염기배열을 식별하고 이중사슬을 절단하는 엔도뉴클레아제이다.

① 연결효소 : ATP 등 뉴클레오티드 3인산의 분해에 따라 새로운 화학결합을 형성하는 반응 혹은 그 역반응을 촉매하는 EC6군에 속하는 효소의 총칭

③ 중합효소 : 핵산의 중합반응을 일으키는 효소

④ 역전사효소 : RNA를 주형틀로 사용하여 RNA 서열에 상보적인 DNA 가닥을 만드는 작용을 하는 효소

2　② 변온이 어느 정도 큰 것이 동화물질의 축적이 많아진다.

③ 벼는 평야지보다 산간지에서 등숙이 대체로 좋다.

④ 일반적으로 작물은 변온이 큰 것이 개화가 촉진되고 화기도 커진다.

3 영양번식을 통해 얻을 수 있는 이점이 아닌 것은?

① 종자번식이 어려운 작물의 번식수단이 된다.
② 우량한 유전특성을 쉽게 영속적으로 유지시킬 수 있다.
③ 종자번식보다 생육이 왕성할 수 있다.
④ 유전적 다양성을 확보할 수 있다.

4 우리나라의 주요 논잡초가 아닌 것은?

① 올방개, 여뀌
② 쇠뜨기, 참방동사니
③ 벗풀, 자귀풀
④ 올챙이고랭이, 너도방동사니

ANSWER 3.④ 4.②

3 ④ 영양번식은 식물의 모체로부터 영양기관의 일부가 분리되어 독립적인 새로운 개체가 탄생되는 과정으로, 모체와 유전적으로 완전히 동일한 개체를 얻기 때문에 유전적 다양성을 확보할 수 없다.

4 ② 쇠뜨기, 참방동사니는 우리나라의 주요 논잡초가 아니다. 쇠뜨기는 풀밭, 참방동사니는 양지쪽 습지에서 자란다.

5 육종방법과 그 특성이 옳지 않은 것은?

① 영양번식작물육종 - 동형접합체는 물론 이형접합체도 영양번식에 의하여 유전자형을 그대로 유지할 수 있다.
② 1대잡종육종 - 잡종강세가 큰 교배조합의 1대잡종을 품종으로 육성한다.
③ 돌연변이육종 - 교배육종이 어려운 영양번식작물에 유리하다.
④ 반수체육종 - 반수체에는 상동염색체가 1쌍이므로 열성형질을 선발하기 어렵다.

6 생태종에 대한 설명으로 옳지 않은 것은?

① 생태종은 아종이 특정지역 또는 환경에 적응해서 생긴 것이다.
② 아시아벼의 생태종은 인디카, 열대자포니카, 온대자포니카로 나누어진다.
③ 생태종 내에 재배유형이 다른 것은 생태형으로 구분한다.
④ 생태종 간에는 형질의 특성 차이가 없어서 교잡친화성이 높다.

7 유전자와 형질발현에 대한 설명으로 옳지 않은 것은?

① 유전자 DNA는 단백질을 지정하는 엑손과 단백질을 지정하지 않는 인트론을 포함한다.
② DNA의 유전암호는 mRNA로 전사되어 안티코돈을 만들고 mRNA의 안티코돈이 아미노산으로 번역된다.
③ 트랜스포존이란 게놈의 한 장소에서 다른 장소로 이동하여 삽입될 수 있는 DNA단편이다.
④ 플라스미드는 작은 고리모양의 두 가닥 DNA이며, 일반적으로 항생제 및 제초제저항성 유전자 등을 갖고 있다.

ANSWER 5.④ 6.④ 7.②

5 ④ 반수체에는 상동염색체가 1개뿐이므로 이형접합체가 없어 열성형질을 선발하기 쉽다.

6 ④ 생태종이란 같은 종에 속하지만 사는 곳이 달라서 다른 형태나 성질을 가진 종이다. 생태종 간에는 교잡친화성이 낮다.

7 ② DNA의 유전암호는 mRNA로 전사되어 코돈을 만들고 mRNA의 코돈이 아미노산으로 번역된다.

8 버널리제이션 효과가 저해되는 조건에 해당하지 않는 것은?

① 산소 공급이 제한되는 경우
② 최아종자의 저온처리 시 광이 없을 경우
③ 처리 중에 종자가 건조하게 되는 경우
④ 배나 생장점에 탄수화물이 공급되지 않을 경우

9 벼의 조생종과 만생종을 인공교배하기 위해 한 쪽 모본을 일장 또는 온도처리하여 개화시기를 일치시키고자 할 때 사용하는 방법은?

① 조생종에 단일처리
② 조생종에 고온처리
③ 만생종에 단일처리
④ 만생종에 고온처리

10 곡물의 저장 과정에서 일어나는 변화에 대한 설명으로 옳지 않은 것은?

① 저장 중 호흡소모와 수분증발 등으로 중량이 감소한다.
② 저장 중 발아율이 저하된다.
③ 저장 중 지방의 자동산화에 의해 산패가 일어나 유리지방산의 증가로 묵은 냄새가 난다.
④ 저장 중 α -아밀라아제에 의해 전분이 분해되어 환원당 함량이 감소한다.

ANSWER 8.② 9.③ 10.④

8 버널리제이션은 춘화처리이다. 최아종자의 저온처리 시 광이 없어도 버널리제이션 효과가 저해되지 않는다. 단 고온처리 시에는 광이 차단되어야 한다.

9 조생종과 만생종의 개화시기를 일치시키려면, 개화가 늦은 만생종의 개화시기를 앞당기거나 개화가 빠른 조생종의 개화시기를 늦추는 방법이 있는데, 현실적으로 온도에 민감하게 감응하는 조생종의 개화를 늦추는 것보다 만생종을 단일처리하여 개화시기를 앞당기는 것이 수월하므로 이 방법을 사용한다.

10 ④ 저장 중 α -아밀라아제에 의해 전분이 분해되어 환원당 함량이 증가한다.

11 토성에 영향을 미치는 요인에 대한 설명으로 옳지 않은 것은?

① 토양의 CEC가 커지면 비료성분의 용탈이 적어진다.
② 식토는 유기질의 분해가 더디고, 습해나 유해물질의 피해를 받기 쉽다.
③ 토양의 3상 중 고상은 기상조건에 따라 크게 변동한다.
④ 부식이 풍부한 사양토~식양토가 작물의 생육에 가장 알맞다.

12 벼의 수량구성요소에 대한 설명으로 옳지 않은 것은?

① 수량구성요소 중 수량에 가장 큰 영향을 미치는 것은 단위면적당 수수이다.
② 수량구성요소는 상호 밀접한 관계를 가지며 상보성을 나타낸다.
③ 수량구성요소 중 천립중이 연차간 변이계수가 가장 작다.
④ 단위면적당 영화수가 증가하면 등숙비율이 증가한다.

13 토양 입단의 형성과 효용에 대한 설명으로 옳지 않은 것은?

① 한번 형성이 된 입단 구조는 영구적으로 유지가 잘 된다.
② 입단에는 모관공극과 비모관공극이 균형 있게 발달해 있다.
③ 입단이 발달한 토양은 수분과 비료성분의 보유능력이 크다.
④ 입단이 발달한 토양에는 유용미생물의 번식과 활동이 왕성하다.

ANSWER 11.③ 12.④ 13.①

11 ③ 토양의 3상은 고상, 액상, 기상이다. 작물생육에 알맞은 토양의 3상 분포는 고상이 약 50%, 액상 30~35%, 기상 20~15%이다. 기상과 액상의 비율은 기상조건에 따라서 크게 변동하지만 고상은 거의 변동하지 않는다.

12 ④ 단위면적당 영화수(단위면적당 수수 × 1수영화수)가 증가하면 등숙비율은 감소하게 되고 등숙비율이 낮으면 천립중이 증가한다.

13 ① 한번 형성이 된 입단구조라도 과도한 경운, 토양의 건조와 습윤의 반복, 토양의 동결과 융해의 반복, 강우와 기온 등 기후 조건, 유기물 등에 의해 파괴되기도 한다.

14 이식의 이점에 대한 설명으로 옳지 않은 것은?

① 가식은 새로운 잔뿌리의 밀생을 유도하여 정식 시 활착을 빠르게 하는 효과가 있다.

② 채소는 경엽의 도장이 억제되고, 숙기를 늦추며, 상추의 결구를 지연한다.

③ 보온육묘를 통해 초기생육의 촉진 및 생육기간의 연장이 가능하다.

④ 후작물일 경우 앞작물과의 생육시기 조절로 경영을 집약화 할 수 있다.

15 유성생식을 하는 작물의 감수분열(배우자형성과정)에서 일어나는 현상으로 옳지 않은 것은?

① 감수분열은 생식기관의 생식모세포에서 연속적으로 두 번의 분열을 거쳐 이루어진다.

② 제1감수분열 전기 세사기에 상동염색체 간에 교차가 일어난다.

③ 두 유전자가 연관되어 있을 때 교차가 일어나면 재조합형 배우자의 비율이 양친형보다 적게 나온다.

④ 연관된 유전자 사이의 재조합빈도는 0~50% 범위에 있으며, 유전자 사이의 거리가 멀수록 재조합빈도는 높아진다.

16 논토양의 일반적인 특성에 대한 설명으로 옳지 않은 것은?

① 담수 상태에서 물과 접한 부분의 논토양은 환원층을 형성하고, 그 아래 부분의 작토층은 산화층을 형성한다.

② 담수 상태의 논에서 조류가 번식하면 대기 중의 질소를 고정하여 이용한다.

③ 논토양에 존재하는 유기물은 논토양의 건조와 담수를 반복하면 무기화가 촉진되어 암모니아가 생성된다.

④ 암모니아태 질소를 환원층에 주면 절대적 호기균인 질화균의 작용을 받지 않으며, 비효가 오래 지속된다.

ANSWER 14.② 15.② 16.①

14 ② 채소는 이식으로 인한 단근(뿌리끊김)으로 경엽의 도장이 억제되고, 일부 채소에서는 숙기를 앞당기며, 상추의 결구를 촉진한다.

15 ② 제1감수분열 전기 태사기에 상동염색체 간에 교체가 일어난다. 태사기는 제1감수분열 전기의 3번째 단계로 상동염색체의 대합이 완료되며 2가염색체가 굵고 짧아진다. 감수분열로 상동염색체가 접착하여 2가염색체가 될 때, 분열로 생긴 4개의 염색분체 중 2개의 일부가 서로 교환되는 경우가 있는데 이를 교차라 한다.

16 ① 담수 상태에서 물과 접한 부분의 논토양은 산소와 만나 산화층을 형성하고, 그 아래 부분의 작토층은 환원층을 형성한다.

17 유전자원에 대한 설명으로 옳지 않은 것은?

① 유전자원 수집 시 그 지역의 기후, 토양특성, 생육상태 및 특성, 병해충 유무 등 가능한 모든 것을 기록한다.

② 종자수명이 짧은 작물이나 영양번식작물은 조직배양을 하여 기내보존하면 장기간 보존할 수 있다.

③ 소수의 우량 품종을 확대 재배함으로써 병해충이나 기상재해로부터 일시에 급격한 피해를 받을 수 있다.

④ 작물의 재래종·육성품종·야생종은 유전자원이고, 캘러스와 DNA 등은 유전자원에 포함되지 않는다.

18 종묘 생산을 위한 종자처리에 대한 설명으로 옳은 것은?

① 강낭콩 종자의 침종 시 산소조건은 발아율에 영향을 미치지 않는다.

② 땅콩 종자의 싹을 약간 틔워서 파종하는 것을 경화라고 한다.

③ 종자소독 시 병균이 종자 내부에 들어 있는 경우 물리적 소독을 한다.

④ 담배같이 손으로 다루거나 기계파종이 어려울 경우 프라이밍 방법을 이용한다.

ANSWER 17.④ 18.③

17 ④ 일반적으로 유전자원으로 확보되어 있는 생식질(germ plasm)은 유전적 특성을 가진 계통으로, 재배 품종과 친족관계인 야생종, 근연종, 원생 품종, 지역 품종, 돌연변이 계통, 육성 계통, 중간 모본, 검정 계통, 유전 실험 계통 등은 물론 캘러스와 DNA 등도 포함된다. 종자뿐만 아니라, 개체, 화분, 정자, 조직, 세포, 수정란 등 각종 형태로 보존된다.

18 ① 강낭콩 종자의 침종 시 산소조건은 발아율에 영향을 미친다.
② 땅콩 종자의 싹을 약간 틔워서 파종하는 것을 최아라고 한다.
④ 담배같이 손으로 다루거나 기계파종이 어려울 경우 종자펠릿 방법을 이용한다. 종자프라이밍은 일정 조건에서 종자에 삼투압 용액이나 수용성 화합물 따위를 흡수시켜 종자 내 대사 작용이 진행되지만 발아하지 않도록 처리하는 기술로, 발아 촉진과 발아 후 생육 촉진을 목적으로 실시한다.

19 식물의 생장과 발육에 영향을 주는 식물생장조절제에 대한 설명으로 옳은 것은?

① 사과나무에 자연 낙화하기 직전에 ABA를 살포하면 낙과를 방지할 수 있다.

② 포도나무(델라웨어 품종)에 지베렐린을 처리하여 무핵과를 얻을 수 있다.

③ NAA는 잎의 기공을 폐쇄시켜 증산을 억제시킴으로써 위조저항성이 커진다.

④ 시토키닌은 사과나무·서양배 등의 낙엽을 촉진시켜 조기수확을 할 수 있다.

20 일장효과와 관련된 최화자극에 대한 설명으로 옳지 않은 것은?

① 정단분열조직에 다량의 동화물질을 공급하는 잎이 일장유도를 받으면 최화자극의 효과적인 공급원이 된다.

② 최화자극은 잎이나 줄기의 체관부, 때로는 피층을 통해 향정적(向頂的)·향기적(向基的)으로 이동한다.

③ 일장처리에 감응하는 부분은 잎이며, 성엽보다 어린잎이 더 잘 감응한다.

④ 최화자극은 물관부는 통하지 않고, 접목부로 이동할 수 있다.

ANSWER 19.② 20.③

19 ① 사과나무에 자연 낙화하기 직전에 옥신(2,4-D, NAA 등)을 살포하면 낙과를 방지할 수 있다.

③ ABA는 잎의 기공을 폐쇄시켜 증산을 억제시킴으로써 위조저항성이 커진다.

④ 에틸렌은 사과나무·서양배 등의 낙엽을 촉진시켜 조기수확을 할 수 있다. 시토키닌은 식물 세포의 세포분열과 세포질 분열을 촉진하는 호르몬이다.

20 ③ 일장처리에 감응하는 부분은 잎이며, 성엽이 어린잎이나 노엽보다 더 잘 감응한다.

1 재배와 작물의 특징에 대한 설명으로 가장 옳지 않은 것은?

① 재배는 토지를 생산수단으로 하며, 유기생명체를 다룬다.
② 재배는 자연환경의 영향이 크지만 분업적 생산이 용이하다.
③ 작물은 일반식물에 비해 이용성이 높은 식물이다.
④ 작물은 경제성을 높이기 위한 일종의 기형식물이다.

2 종자번식작물의 생식방법에 대한 설명으로 가장 옳은 것은?

① 제2감수분열 전기에 2가염색체를 형성하고 교차가 일어난다.
② 화분에는 2개의 화분관세포와 1개의 정세포가 있다.
③ 종자의 배유(3n)에 우성유전자의 표현형이 나타나는 것을 메타크세니아라고 한다.
④ 아포믹시스에 의하여 생긴 종자는 다음 세대에 유전 분리가 일어나지 않아 곧바로 신품종이 된다.

ANSWER 1.② 2.④

1 재배란 인간이 경지를 이용하여 작물을 기르고 수확을 올리는 경제적 행위이다. 작물은 이용성과 경제성이 높아서 사람의 재배 대상이 되는 식물을 말한다.
② 재배는 자연환경의 영향이 크고 분업적 생산이 용이하지 않다.

2 ① 2가염색체를 형성하고 교차가 일어나는 것은 제1감수분열 전기이다.
② 화분에는 1개의 화분관세포와 2개의 정세포가 있다.
③ 메타크세니아란 과실의 조직의 과피나 종피에 화분친의 표현형이 나타나는 현상으로, 배유에 나타나는 것은 특히 크세니아라고 부르고 메타크세니아에는 포함시키지 않는다.

3 염분이 많고 산성인 토양에 재배가 가장 적합한 작물은?

① 고구마   ② 양파

③ 가지   ④ 목화

4 작물의 내습성에 대한 설명 중 가장 옳지 않은 것은?

① 근계가 깊게 발달하면 내습성이 강하다.

② 뿌리조직이 목화하는 특성은 내습성을 높인다.

③ 경엽에서 뿌리로 산소를 공급하는 능력이 좋을수록 내습성이 강하다.

④ 뿌리가 환원성 유해물질에 대하여 저항성이 클수록 내습성이 강하다.

5 온도에 따른 작물의 여러 생리작용에 대한 설명으로 가장 옳은 것은?

① 이산화탄소 농도, 광의 강도, 수분 등이 제한요소로 작용하지 않을 때, 광합성의 온도계수는 저온보다 고온에서 크다.

② 고온일 때 뿌리의 당류농도가 높아져 잎으로부터의 전류가 억제된다.

③ 온도가 상승하면 수분의 흡수와 이동이 증대되고 증산량도 증가한다.

④ 적온 이상으로 온도가 상승하게 되면 호흡작용에 필요한 산소의 공급량이 늘어나 양분의 흡수가 증가 된다.

ANSWER   3.④   4.①   5.③

- -

3 목화는 내염 적응성이 강해 간척지의 염해지에서도 비교적 잘 적응하고 생육이 일반 밭과 같은 정도의 높은 생산력을 가져오는 작물이다.

4 ① 근계가 얕게 발달하면 내습성이 강하다.

5 ① 광합성의 온도계수는 고온보다 저온에서 크며, 온도가 적온보다 높으면 광합성은 둔화된다.
   ② 저온일 때 뿌리의 당류농도가 높아져 잎으로부터의 전류가 억제된다. 반면 고온에서는 호흡작용이 왕성해져서 뿌리나 잎에서 당류가 급격히 소모되므로 전류물질이 줄어든다.
   ④ 적온을 넘어 고온이 되면 체내의 효소계가 파괴되므로 호흡속도가 오히려 감소한다.

6 가장 다양한 토성에서 재배적지를 보이는 작물은?

① 감자 　　　　　　　　　　② 옥수수

③ 담배 　　　　　　　　　　④ 밀

7 종자 발아를 촉진할 목적으로 행하여지는 재배기술에 해당하지 않는 것은?

① 경실종자에 진한 황산 처리

② 양상추 종자에 근적외광 730nm 처리

③ 벼 종자에 최아(催芽) 처리

④ 당근 종자에 경화(硬化) 처리

8 포장군락의 단위면적당 동화능력을 구성하는 요인으로 가장 옳지 않은 것은?

① 평균동화능력

② 수광능률

③ 진정광합성량

④ 총엽면적

A **NSWER** 　6.① 　7.② 　8.③

---

6 ① 토성은 토양의 점토 함량을 기준으로 사토 < 사양토 < 양토 < 식양토 < 식토로 구분된다. 감자는 사토부터 식
　　양토까지 잘 재배되며, 식토의 일부에서도 재배할 수 있다.
　② 사양토, 양토
　③ 사양토, 양토, 식양토 일부
　④ 식양토, 식토

7 ② 730nm의 근적외광(Pfr)은 적색광에 의한 촉진효과를 소멸시킨다.

8 포장동화능력이란 포장상태에서의 단위면적당 동화능력으로, 총엽면적 × 수광능률 × 평균동화능력으로 구한다.

9 작물의 영양번식에 관한 설명이 가장 옳은 것은?

① 영양번식은 종자번식이 어려운 감자의 번식수단이 되지만 종자번식보다 생육이 억제된다.

② 성토법, 휘묻이 등은 취목의 한 형태이며 삽목이나 접목이 어려운 종류의 번식에 이용된다.

③ 흡지에 뿌리가 달린 채로 분리하여 번식하는 분주는 늦은 봄 싹이 트고 나서 실시하는 것이 좋다.

④ 채소에서 토양전염병 발생을 억제하고 흡비력을 높이기 위해 주로 엽삽과 녹지삽과 같은 삽목을 한다.

10 일장효과의 농업적 이용에 대한 설명으로 가장 옳지 않은 것은?

① 클로버를 가을철 단일기에 일몰부터 20시경까지 보광하여 장일조건을 만들어 주면 절간신장을 하게 되고, 산초량이 70~80% 증대한다.

② 호프(hop)를 재배할 때 차광을 통해 인위적으로 단일 조건을 주게 되면 개화시기가 빨라져 수량이 증대 한다.

③ 조생국화를 단일처리하면 촉성재배가 가능하고, 단일 처리의 시기를 조금 늦추면 반촉성재배가 가능하다.

④ 고구마순을 나팔꽃 대목에 접목하고 8~10시간 단일 처리하면 개화가 유도된다.

ANSWER 9.② 10.②

9 ① 영양번식은 종자번식보다 생육이 왕성하다.

③ 모주에서 발생하는 흡지를 뿌리가 달린 채로 분리하여 번식시키는 것을 분주라고 한다. 분주는 초봄 눈이 트기 전에 해주는 것이 좋다.

④ 채소에서 토양전염병 발생을 억제하고 흡비력을 높이기 위해 주로 엽삽과 녹지삽과 같은 접목을 한다.

10 ② 호프(hop)는 단일식물로 개화 전 보광을 하여 장일상태로 두면 영양생장을 계속하며, 적기에 보광을 정지하여 자연의 단일상태로 두면 개화하게 된다. 이렇게 하면 꽃은 작으나 수가 많아져서 수량이 증대한다.

11 〈보기〉에서 설명하는 멀칭의 효과에 해당하지 않는 것은?

> 〈보기〉
> • 짚이나 건초를 깔아 작물이 생육하고 있는 입지의 표면을 피복해 주는 것을 멀칭이라고 함.
> • 비닐이나 플라스틱필름의 보급이 일반화되어 이들을 멀칭의 재료로 많이 이용하고 있음.

① 한해(旱害)의 경감
② 생육 촉진
③ 토양물리성의 개선
④ 잡초발생 억제

12 작물의 내적 균형과 식물생장조절제에 대한 설명으로 가장 옳은 것은?

① 줄기의 일부분에 환상박피를 하면 그 위쪽 눈에 탄수화물이 축적되어 T/R율이 높아져 화아분화가 촉진된다.
② 사과나무에 천연 옥신(auxin)인 NAA를 처리하면 낙과를 방지할 수 있다.
③ 완두, 진달래에 시토키닌(cytokinin)을 처리하면 정아우세현상을 타파하여 곁눈 발달을 조장한다.
④ 상추와 배추에 저온처리 대신 지베렐린(gibberellin)을 처리하면 추대 및 개화한다.

ANSWER 11.③ 12.④

11 멀칭의 효과
㉠ 우로 표토가 씻겨 나가는 토양의 유실 방지
㉡ 잡초발생의 억제
㉢ 수분증발을 억제하여 한해를 방지
㉣ 토양수분의 유지
㉤ 겨울에 지온을 높여 동해를 방지
㉥ 생장증진 등

12 ① 식물의 환상박피는 보통 형성층 부위인 식물의 체관부를 제거시킴에 따라, 광합성으로 생성된 양분이 아래쪽으로 이동하지 못하게 된다. 즉, 줄기의 일부분에 환상박피를 하면 그 위쪽 눈에 탄수화물이 축적되어 C/N율이 높아져 화아분화가 촉진된다.
② NAA는 합성 옥신 가운데 하나로, 인돌아세트산과 거의 같지만 안정성이 높아서 발근을 촉진하거나 단위 결실을 유도하는 데 쓴다.
③ 시토키닌은 옥신에 의해 생기는 정아우세성을 악화시켜 측아의 생장을 촉진한다.

13 수확물 중에 협잡물, 이물질이나 품질이 낮은 불량품 들이 혼입되어 있는 경우 양질의 산물만 고르는 것은?

① 건조   ② 탈곡

③ 도정   ④ 정선(조제)

14 토양수분에 대한 설명으로 옳은 것을 〈보기〉에서 모두 고른 것은?

〈보기〉

㉠ 점토광물에 결합되어 있어 분리시킬 수 없는 수분을 결합수라 한다.

㉡ 토양입자 표면에 피막상으로 흡착된 수분을 흡습수라고 하며, pF 4.5~7로 식물이 흡수·이용할 수 있는 수분이다.

㉢ 중력수란 중력에 의하여 비모관공극에 스며 흘러 내리는 물을 말하며, pF 2.7 이상으로 식물이 이용하지 못한다.

㉣ 작물이 주로 이용하는 수분은 pF 2.7~4.5의 모관 수이며 표면장력 때문에 토양공극 내에서 중력에 저항하여 유지되는 수분을 말한다.

① ㉠, ㉢   ② ㉠, ㉣

③ ㉡, ㉢   ④ ㉡, ㉣

ANSWER   13.④   14.②

13 수확물 중에서 이물질이나 불량품들을 골라내어 양질의 산물만 선별하는 것을 정선이라고 한다. 정선이 잘 된 수확물은 높은 등급을 받는 데 이점이 있다.

14 ㉡ 흡습수는 인력에 의해 토양입자의 표면에 물리적으로 결합되어 있는 수분으로 토양입자와 수분 사이의 흡착력이 강하여 식물이 이용하지 못한다.

     ㉢ 중력수는 중력 작용에 의하여 토양입자로부터 분리되어 토양입자 사이를 자유롭게 이동하거나 공극을 따라 지하로 침투하여 지하수가 되기도 한다. pF 0~2.7로 식물이 유용하게 사용할 수 있다.

15 종자의 품질과 종자처리에 관한 설명으로 가장 옳지 않은 것은?

① 파종 전에 종자에 수분을 가하여 발아 속도와 균일성을 높이는 처리를 최아 혹은 종자코팅이라고 한다.

② 종자는 수분함량이 낮을수록 저장력이 좋고, 발아율이 높으며 발아가 빠르고 균일할수록 우량종자이다.

③ 순도분석은 순수종자 외의 이종종자와 이물 확인 시 실시하고, 발아검사는 종자의 발아력을 조사하는 것이다.

④ 물리적 소독법 중 온탕침법은 곡류에, 건열처리는 채소종자에 많이 쓰인다.

16 다음에 제시된 벼의 생육단계 중 가장 높은 담수를 요구하는 시기로 가장 옳은 것은?

① 최고분얼기-유수형성기

② 유수형성기-수잉기

③ 활착기-최고분얼기

④ 수잉기-유숙기

ANSWER 15.① 16.④
....

15 ① 프라이밍은 파종 전에 수분을 가하여 종자가 발아에 필요한 생리적인 준비를 갖추게 함으로써 발아의 속도와 균일성을 높이려는 처리기술이다.

16 벼의 생육단계 중 가장 높은 담수를 요구하는 시기는 수잉기와 유숙기이다.

※ 벼의 생육단계별 용수량

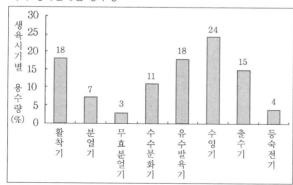

17 작물을 재배하는 작부방식에 대한 설명으로 가장 옳지 않은 것은?

① 지속적인 경작으로 지력이 떨어지고 잡초가 번성하면 다른 곳으로 이동하여 경작하는 것을 대전법이라고 한다.

② 3포식 농법은 경작지의 2/3에 추파 또는 춘파 곡류를 심고, 1/3은 휴한하면서 해마다 휴한지를 이동하여 경작하는 방식이다.

③ 3포식 농법에서 휴한지에 콩과식물을 재배하여 사료도 얻고 지력을 높이는 방법을 개량 3포식 농법이라고 한다.

④ 정착농업을 하면서 지력을 높이기 위해 콩과작물을 재배하는 것을 휴한농법이라고 한다.

18 관개의 효과와 관개방법에 대한 설명이 가장 옳은 것은?

① 논에 담수관개를 하면 작물 생육초기 저온기에는 보온효과가 작고 혹서기에는 지온과 수온을 높이는 효과가 있다.

② 논에 담수관개를 하면 해충이 만연하고 토양전염병이 늘어난다.

③ 밭에 관개를 하면 한해(旱害)가 방지되고 토양함수량을 알맞게 유지할 수 있어 생육이 촉진된다.

④ 밭에 관개하고 다비재배를 하면 병충해와 잡초 발생이 적어진다.

ANSWER 17.④ 18.③

17 ④ 휴한농법은 흙을 개량하기 위하여 어느 기간 동안 작물 재배를 중지하는 방법을 말한다.

18 ① 논에 담수관개를 하면 작물 생육초기 저온기에는 보온효과가 크고 혹서기에는 지온과 수온을 낮추는 효과가 있다.
② 담수관개는 잡초억제, 분얼촉진, 병충해억제, 온도조절, 연작장해 회피 등의 장점을 가지고 있다.
④ 관개와 다비재배를 하면 병충해·잡초의 발생이 많아지기 때문에 병충해·제초를 방제해야 한다.

19 일장과 온도에 따른 작물의 발육에 대한 설명으로 가장 옳은 것은?

① 토마토는 감온상(온도)과 감광상(일장)이 모두 뚜렷하지만 추파맥류는 그 구분이 뚜렷하지 않다.

② 꽃눈의 분화·발육을 촉진하기 위해 일정기간의 일장 처리를 하는 것을 버널리제이션(vernalization)이라고 한다.

③ 일반적으로 월년생 장일식물은 0~10℃ 저온처리에 의해 화아분화가 촉진된다.

④ 밀에 35℃ 정도의 고온처리 후 일정기간의 저온을 처리하면 춘화처리 효과가 상실되며 이를 이춘화라 한다.

20 배수체의 특성을 이용하여 신품종을 육성하는 육종 방법에 대한 설명으로 가장 옳은 것은?

① 4배체(우)×2배체(♂)에서 나온 동질 3배체(우)에 2배체(♂)의 화분을 수분하여 만든 수박 종자를 파종하면 과실은 종자를 맺지 않는다.

② 배수체를 만들기 위해서는 세포분열이 왕성하지 않은 곳을 선택하여 콜히친을 처리해야 한다.

③ 콜히친을 처리하게 되면 분열 중인 세포에서 정상적으로 방추사 형성을 가능하게 하지만 동원체 분할을 방해하기 때문에 염색체가 분리하지 못한다.

④ 반수체는 생육이 불량하고 완전불임이기 때문에 반수체의 염색체를 배가하면 이형접합체를 얻을 수 있으므로 육종연한을 대폭 줄일 수 있다.

ANSWER 19.③ 20.①

19 ① 토마토의 경우 중일성 식물로 감온상, 감광상 모두 잘 나타나지 않는다. 추파맥류는 저온 감온상과 장일 감광상이 뚜렷하다.

② 꽃눈의 분화·발육을 촉진하기 위해 일정기간의 온도처리(주로 저온처리)를 하는 것을 버널리제이션(춘화처리)이라고 한다.

④ 이춘화란 춘화의 효과가 상실되는 현상으로, 춘화처리를 받은 후 고온이나 건조상태에 두면 춘화처리의 효과가 상실된다.

20 ① 무핵화에 대한 설명이다. 씨 없는 수박이나 포도에 적용된다.

② 배수체를 만들기 위해서는 세포분열이 왕성한 곳을 선택하여 콜히친을 처리해야 한다.

③ 콜히친을 처리하게 되면 분열 중인 세포에서 정상적으로 방추사 형성을 하지 못해, 동원체 분할을 방해하기 때문에 염색체가 분리하지 못한다.

④ 반수체는 생육이 불량하고 완전불임이기 때문에 반수체의 염색체를 배가하면 동형접합체를 얻을 수 있으므로 육종연한을 대폭 줄일 수 있다.

1 농작물 재배와 생산에 대한 설명으로 옳지 않은 것은?

① 토지를 이용함에 있어서는 수확체감의 법칙이 적용된다.

② 자본의 회전이 느리고 노동의 수요가 연중 균일하지 못하다.

③ 수량은 유전성, 재배기술, 재배환경에 의해 결정되며, 최소율의 법칙이 적용된다.

④ 농산물은 공산물에 비해 공급의 탄력성이 작으나 수요의 탄력성은 크다.

2 한 쌍의 대립유전자 A, a에 대한 유전적 평형집단에서 임의로 1,000개체의 유전자형을 조사한 결과, aa개체가 90개였다. 대립유전자 A의 빈도는?

① 0.91

② $\sqrt{0.91}$

③ 0.7

④ $\sqrt{0.7}$

$\mathbf{A}$NSWER 1.④ 2.③

1 ④ 농산물은 공산품에 비해 공급의 탄력성과 수요의 탄력성이 작다. 농산물은 수요가 일정하지만 자연조건에 영향을 많이 받기 때문에 공급조절이 어렵다.

2 한 쌍의 대립유전자 A, a에 대한 유전적 평형집단에서 aa 개체의 수가 90개라면, 하디-바인베르크 법칙을 이용하여 대립유전자 A의 빈도를 계산한다. 하디-바인베르크 법칙에 따르면 유전적 평형 상태에서 대립유전자의 빈도는 $p^2 + 2pq + q^2 = 1$(p는 대립유전자 A의 빈도, q는 대립유전자 a의 빈도)이다. 총 개체 수는 1,000개이고 aa의 개체 수는 90개이다.

AA p^2이고, Aa $2pq$이고, aa q^2이므로 q^2는 0.09로 q는 0.3이다.

$p + q = 1$이므로 p(대립유전자 A의 빈도)는 0.7이 된다.

3 작물 생육과 수분에 대한 설명으로 옳은 것은?

① 일반적으로 풍건종자의 수분퍼텐셜은 생장 중인 작물의 잎보다 낮다.
② 작물의 수분퍼텐셜은 생육기간 중 항상 같은 값을 나타낸다.
③ 일반적으로 작물에서 압력퍼텐셜은 0 이하의 값을 갖는다.
④ 두 종류의 토양 중 수분함량이 높은 토양이 수분퍼텐셜 값도 항상 높다.

4 작물별 군락의 수광태세를 향상하는 방법에 대한 설명으로 옳은 것은?

① 옥수수는 수($\male$)이삭이 큰 초형이 유리하다.
② 맥류는 드릴파재배보다 광파재배가 유리하다.
③ 콩은 주경에 꼬투리가 많이 달리는 초형이 유리하다.
④ 벼는 줄사이(조간)를 좁게 하고, 포기사이(주간)를 넓히는 것이 유리하다.

5 염색체육종법에 대한 설명으로 옳지 않은 것은?

① 동질배수체를 이용한 육종법은 이탈리안라이그래스와 피튜니아에서 많이 이용된다.
② 인위적으로 육성한 이질배수체 작물로 트리티케일과 하쿠란이 대표적이다.
③ 체세포의 염색체수가 2n+1인 식물은 이수체(aneuploid)에 해당한다.
④ 동질4배채 간 교배하여 얻어진 F₁을 다시 배가하면 복2배체를 얻을 수 있다.

ANSWER 3.① 4.③ 5.④

3 ② 작물의 수분퍼텐셜은 환경 조건과 생육 단계에 따라 변하기 때문에 항상 같은 값을 나타내지 않는다.
③ 세포 내 압력이 물의 흐름을 막는 데 기여하기 때문에 압력퍼텐셜은 일반적으로 양수이다.
④ 토양의 수분퍼텐셜은 수분함량뿐만 아니라 토양의 질감, 구조, 염류 농도 등에 의해 영향을 받는다.

4 ① 옥수수의 수($\male$)이삭이 큰 경우, 광합성에 필요한 빛을 가릴 수 있어 전체적인 수광 효율에 불리하다.
② 맥류는 드릴파재배(줄뿌림)는 종자가 일정한 간격으로 뿌려지므로 발아와 생장이 균일하고 효율적인 수광태세를 유지할 수 있어 광파재배보다 유리하다.
④ 벼는 일반적으로 줄사이(조간)를 넓게 하고, 포기사이(주간)를 좁게 심어야 더 많은 빛을 받을 수 있다.

5 ④ 동질4배체(autotetraploid) 간 교배하여 얻어진 F1을 다시 배가하면 여전히 동질4배체이다.

6 다음은 연관된 두 유전자의 교차율을 구하는 실험이다. 두 유전자의 교차율은?

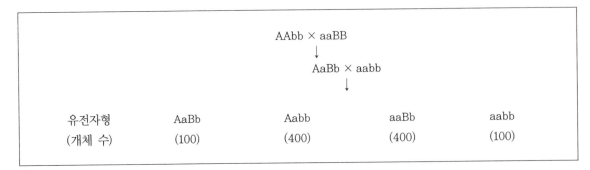

① 20%

② 40%

③ 60%

④ 80%

7 선발된 개체의 변이 특성이 후대로 유전되지 않는 경우는?(단, 자연돌연변이는 없음)

① 형질전환을 통해 제초제 저항성 유전자를 도입한 변이 개체

② 교배 후, F_8 세대에서 출수기 형질이 초월분리하는 개체

③ 유전자원을 간척지 포장에서 생육평가 후 선발된 내염성 개체

④ 동일한 개체를 분주하여 재배하는 포장에서 초장의 변이를 보이는 개체

ANSWER 6.① 7.④

    6 개체 수의 비율은 1:4:4:1이다.

$$교차율 = \frac{교차형\ 배우자\ 수}{교차형\ 배우자\ 수 + 비교차형\ 배우자\ 수} \times 100 = 20(\%)$$

    7 ④ 동일한 개체를 분주하여 재배하는 경우에는 분주한 개체들은 유전적으로 동일하다. 초장의 변이는 환경 요인 이나 재배조건 차이로 인한 현상일 수 있다.

8 종자의 형태와 구조에 대한 설명으로 옳지 않은 것은?

① 옥수수는 중배축에서 줄기와 잎이 분화되고 배반에서 뿌리가 분화된다.
② 상추는 과피와 종피의 안쪽에 배유층이 있고 2개의 떡잎을 가진다.
③ 쌍자엽식물은 대부분 지상자엽형 발아를 하지만, 완두는 지하자엽형 발아를 한다.
④ 강낭콩은 배유가 완전히 또는 거의 퇴화되어 양분을 자엽에 저장하는 무배유종자이다.

9 육종법에 대한 설명으로 옳은 것은?

① 합성품종은 여러 계통이 관여하므로 채종 노력과 경비가 많이 든다.
② 근동질 유전자계통(NIL ; near isogenic line)을 육성할 때는 여교배법이 활용된다.
③ 1개체1계통법은 잡종초기 세대에 집단재배를 하므로 집단육종법처럼 자연선택의 이점이 있다.
④ 종·속간교배육종에서 야생종의 세포질에 목표형질이 있을 경우 재배종을 모본(우)으로 사용한다.

10 작물의 수분 결핍 또는 과잉에 대한 설명으로 옳지 않은 것은?

① 뿌리가 환원성 유해물질에 대한 저항성이 큰 것이 내습성을 강하게 한다.
② 습해를 받았을 때, 부정근의 발생을 억제하여 저장양분의 소모를 줄이는 것이 내습성을 강하게 한다.
③ 내건성이 강한 작물은 표피에 각피가 잘 발달되어 있으며, 기공이 작거나 적은 경향이 있다.
④ 내건성이 강한 작물은 원형질의 점성이 높고, 다육화 경향이 있다.

ANSWER 8.① 9.② 10.②

8 ① 옥수수는 중배축에서 줄기와 잎과 뿌리도 함께 분화된다. 배반에서는 배유에 저장한 양분을 배축에 전달한다.

9 ① 합성품종은 여러 우수한 계통을 혼합하여 만든 품종으로 유지 관리가 상대적으로 쉽고, 채종 노력과 경비가 적게 든다.
③ 1개체 1계통법은 초기 세대에 각 개체를 독립적으로 재배하여 계통을 형성한다. 집단재배가 아니므로 집단육종법처럼 자연선택의 이점을 제공하지 않는다.
④ 야생종의 세포질에 목표형질이 있을 경우에 세포질 공여자로 사용하려면 야생종을 모본(우)으로 사용해야 한다.

10 ② 습해를 받았을 때 부정근이 발생하면 식물이 더 많은 산소를 흡수할 수 있다. 부정근의 발생을 억제하여 저장양분의 소모를 줄이는 것은 내습성을 강하게 하지 않는다.

11 멀칭의 이용성에 대한 설명으로 옳지 않은 것은?

① 작물이 멀칭한 필름 속에서 장기간 자랄 때에는 녹색필름이 투명필름보다 안전하다.
② 스터블멀칭을 하면 풍식, 수식 등의 토양 침식이 경감되거나 방지된다.
③ 토양 표면을 곱게 중경하는 토양멀칭을 하면 건조한 토층이 생겨서 수분보존 효과가 있다.
④ 봄의 저온기에 투명필름으로 멀칭하면 온도상승 효과가 있어 촉성재배 등에 이용된다.

12 시설재배의 환경특이성에 대한 설명으로 옳은 것은?

① 광분포와 광질이 균일하고, 광량이 부족하다.
② 탄산가스와 유해가스가 많고, 통기성이 불량하다.
③ 밤과 낮의 공기 중의 온도차가 크고, 지온이 낮다.
④ 토양에 염류집적이 되기 쉽고, 토양물리성이 불량하다.

13 일장효과의 농업적 이용에 대한 설명으로 옳지 않은 것은?

① 조생종 벼와 만생종 벼를 교배하기 위해 만생종 벼에 단일처리를 한다.
② 만생종 벼의 수량을 증대하기 위해 조파조식재배를 한다.
③ 장일식물인 시금치는 추대 전에 생장량을 증가시키기 위해 춘파를 한다.
④ 가을철에 장일식물인 오처드그래스의 산초량을 증가시키기 위해 장일처리를 한다.

ANSWER 11.① 12.④ 13.③
- -

11 작물이 멀칭한 필름 속에서 장기간 자랄 때에는 흑색필름이나 녹색필름은 식물에 해롭고 투명필름이 안전하다.

12 ① 광분포와 광질은 균일하지 않다.
② 탄산가스는 부족해지고 유해가스가 많아진다.
③ 시설재배에서는 온도 조절이 가능하므로 밤과 낮의 온도차를 적절히 관리할 수 있다.

13 ③ 시금치는 장일 조건에서 추대된다. 추대 전에 생장량을 증가시키기 위해서는 단일 조건에서 재배하는 것이 좋다.

14 식물의 생장에 대한 설명으로 옳지 않은 것은?

① 곁뿌리 형성능력은 유전적으로 결정되지만 환경조건에 따라 달라질 수 있다.
② 뿌리의 신장생장은 정단분열조직에서 가장 왕성하게 일어난다.
③ 세포의 확대생장이 일어날 때 세포벽의 가소성이 커진다.
④ 절간분열조직은 이미 분화된 조직의 사이에 존재한다.

15 작부체계에 대한 설명으로 옳지 않은 것은?

① 윤작 시 지력유지를 위해 콩과작물이나 다비작물을 포함한다.
② 벼-보리의 논 2모작 작부양식은 답전윤환에 해당한다.
③ 교호작과 혼작은 생육기간이 비슷한 작물들을 이용한다.
④ 윤작 및 답전윤환을 통해 기지현상이 회피될 수 있다.

16 자식성 작물의 돌연변이육종법에 대한 설명으로 옳은 것은?

① 돌연변이처리가 된 종자의 세대는 M_0이다.
② 열성돌연변이는 M_1 세대에서 선발한다.
③ 벼의 M_2 세대에서는 계통선발을 한다.
④ 꽃가루에 돌연변이처리를 하면 키메라 현상을 회피할 수 있다.

Answer 14.② 15.② 16.④

14 ② 뿌리의 신장생장은 정단분열조직 바로 뒤에 위치한 신장대에서 가장 왕성하게 일어난다. 정단분열조직은 세포 신장에 영향을 주는 것이 아니라 세포 분열이 활발히 일어나는 부위이다.

15 ② 한 해에 논과 밭을 번갈아가며 재배하는 작부 체계인 답전윤형이 아니라 벼-보리의 논 2모작 작부양식은 2모 작에 해당한다.

16 ① 돌연변이 처리가 된 종자는 M_1 세대이다.
② 열성돌연변이는 M1 세대에서는 선발할 수 없다. 열성돌연변이는 M2 세대 이후에서 선발할 수 있다.
③ M2 세대에서는 개체 선발, M3 세대 이후에서 계통선발을 한다.

17 작물 생육에서 무기성분의 생리작용에 대한 설명으로 옳지 않은 것은?

① 황은 아미노산의 구성 성분이며, 엽록소 형성에 관여한다.
② 규소는 잎에서 망간의 분포를 균일하게 하는 역할을 한다.
③ 수은이 과잉 축적되면 벼에서는 뿌리보다 지상부에 과잉해가 현저하다.
④ 붕소가 결핍되면 분열조직에 갑자기 괴사를 일으키는 일이 많다.

18 잡초와 잡초관리에 대한 설명으로 옳지 않은 것은?

① 발아 시 산소요구도는 올챙이고랭이가 명아주보다 높다.
② 물리적인 잡초방제법에는 예취, 피복, 소토처리가 있다.
③ 밭에서 출현하는 다년생 광엽잡초로는 쑥과 토끼풀이 있다.
④ 비선택성 제초제에는 glyphosate, paraquat가 있다.

19 작물의 수발아에 대한 설명으로 옳은 것은?

① 맥류는 조숙종이 만숙종보다 수발아 위험이 크다.
② 밀은 분상질 품종이 초자질 품종보다 수발아 위험이 크다.
③ 벼의 저온 발아속도는 인디카 품종이 자포니카 품종보다 빠르다.
④ 수분을 흡수한 맥류 종자의 휴면은 15° C 이하의 낮은 온도에서 빨리 끝난다.

Answer 17.③ 18.① 19.④

17 ③ 중금속에 해당하는 수은이 축적되면 뿌리에서 흡수와 축적이 많기 때문에 뿌리 조직에서 먼저 수은 중독이 나타난다.

18 ① 발아시에 명아주가 산소요구도가 높은 편이다. 올챙이고랭이는 상대적으로 산소요구도가 낮기 때문에 물 속이나 진흙에서도 발아가 가능하다.

19 ① 만숙종이 수발아의 위험이 더 크다. 조숙종은 수확 시기가 빠르기 때문에 수발아의 위험이 만숙종보다는 적다.
② 분상질 품종은 밀알이 부드럽고 물 흡수율이 높아 수발아 위험이 크다.
③ 저온 발아속도는 저온에서 적응을 잘하는 자포니카 품종이 인디카 품종보다 빠르다.

20 작물의 수확대상에 따른 합리적인 시비법에 대한 설명으로 옳지 않은 것은?

① 종자수확 작물은 영양생장기에는 질소가, 생식생장기에는 인산과 칼리가 부족하지 않도록 한다.

② 뿌리나 땅속줄기를 수확하는 작물은 양분의 저장이 시작되면 질소비료 시용량을 증가시킨다.

③ 연화재배하여 줄기를 수확하는 작물은 연화기 생장을 위해 전년도에 충분히 시비한다.

④ 잎수확 작물은 충분한 질소를 계속 유지하는 것이 유리하다.

ANSWER 20.②

20 ② 뿌리나 땅속줄기를 수확하는 작물은 양분의 저장이 시작될 때 질소비료의 시용량을 증가시키면 뿌리나 땅속줄기의 품질을 저하시킨다. 초기 생육기에 질소를 충분히 공급하고 양분 저장이 시작되면 질소의 시용량을 감소시킨다.

1 바빌로프가 주장한 작물의 기원지별 작물 분류로 옳지 않은 것은?

① 코카서스·중동지역 – 보통밀, 사과
② 중국지역 – 조, 진주조
③ 남아메리카지역 – 감자, 고추
④ 중앙아프리카지역 – 수수, 수박

2 무배유종자에 해당하는 작물은?

① 상추
② 벼
③ 보리
④ 양파

ANSWER 1.② 2.①

1 바빌로프(Vavilov)의 유전자중심설 ··· 바빌로프는 유전자 분포의 중심지를 찾는 것을 바탕으로 작물의 기원지를 추정하였다. 유전자 분포의 중심지에서는 그 식물종의 변이가 가장 풍부하고 다른 지방에 없는 변이가 보이며 원시적인 우성형질도 많이 보이는 특징이 있다.

② 조는 중국지역이 기원지인 작물이 맞지만, 진주조는 중앙아프리카지역이 기원지인 작물에 해당한다.

※ 재배작물의 기원중심지

기원지별	작물
중국	6조보리, 피, 콩, 팥, 메밀, 배추, 파, 인삼, 감, 복숭아 등
인도·동남아시아	벼, 참깨, 사탕수수, 모시풀, 왕골, 오이, 가지, 생강 등
중앙아시아	귀리, 기장, 완두, 삼, 당근, 양파, 무화과 등
코카서스·중동	2조보리, 보통밀, 호밀, 유채, 아마, 마늘, 시금치, 포도 등
지중해 연안	완두, 사탕무, 티머시, 화이트클로버, 순무, 우엉, 양배추, 올리브 등
중앙아프리카	보리, 진주조, 동부, 아마, 참깨, 아주까리, 커피, 수수 등
중앙아메리카	옥수수, 고구마, 강낭콩, 고추 등
남아메리카	감자, 토마토, 담배, 호박, 파파야, 딸기, 땅콩, 카사바 등

2 무배유종자는 배낭 속에 배만 있고 배젖이 없으며 떡잎 속에 많은 양분을 저장하고 있어 배젖의 기능을 대신하는 종자를 말한다. 무배유종자에 해당하는 작물로는 국화과(상추, 쑥갓 등), 배추과(배추, 무 등), 박과(호박, 오이 등), 콩과(콩, 팥, 완두, 녹두 등) 등이 있다.

3 신품종의 3대 구비조건에 해당하지 않는 것은?

① 구별성   ② 안정성

③ 우수성   ④ 균일성

4 작물의 한해(旱害)에 대한 대책으로 옳지 않은 것은?

① 내건성이 강한 작물이나 품종을 선택한다.
② 인산과 칼리의 시비를 피하고 질소의 시용을 늘린다.
③ 보리나 밀은 봄철 건조할 때 밟아준다.
④ 수리불안전답은 건답직파나 만식적응재배를 고려한다.

5 유전적 침식에 대한 설명으로 옳은 것은?

① 작물이 원산지에서 멀어질수록 우성보다 열성형질이 증가하는 현상
② 우량품종의 육성·보급에 따라 유전적으로 다양한 재래종이 사라지는 현상
③ 소수의 우량품종을 확대 재배함으로써 병충해나 자연재해로부터 일시에 급격한 피해를 받는 현상
④ 세대가 경과함에 따라 자연교잡, 돌연변이 등으로 종자가 유전적으로 순수하지 못하게 되는 현상

ANSWER   3.③   4.②   5.②

3 신품종의 3대 구비조건은 구별성(Distinctness), 균일성(Uniformity), 안정성(Stability)이다.
    ㉠ 구별성 : 출원서 제출 시 일반인에게 알려진 타 품종과 분명하게 구별되어야 한다.
    ㉡ 균일성 : 번식 방법상 예상되는 변이를 고려한 상태에서 관련 특성이 충분히 균일하여야 한다.
    ㉢ 안정성 : 반복 번식 후(번식주기 고려) 관련 특성이 변하지 아니하여야 한다.
    ※「식물신품종 보호법」제18조(구별성), 제19조(균일성), 제20조(안정성) 참고

4 ② 질소의 과다 사용을 삼가고 인산과 칼리의 시용을 늘린다. 칼리질 비료는 작물의 한해를 방지한다.

5 유전적 침식이란 자연재해, 우량품종의 육성·보급 등과 같이 자연적·인위적 원인에 의해 유전적으로 다양한 재래종이 사라지는 현상을 말한다.
    ① 우전자중심설
    ③ 유전적 취약성
    ④ 유전적 퇴화

6 밭작물의 토양처리제초제로 적합하지 않은 것은?

① Propanil   ② Alachlor
③ Simazine   ④ Linuron

7 화본과(禾本科) 작물의 화분과 배낭 발달 및 수정에 대한 설명으로 옳지 않은 것은?

① 화분모세포가 두 번의 체세포분열이 일어나 화분으로 성숙한다.
② 각 화분에는 2개의 정세포와 1개의 화분관세포가 있다.
③ 배낭모세포로부터 분화하여 성숙된 배낭에는 반족세포, 극핵, 난세포, 조세포가 존재한다.
④ 배낭의 난세포와 극핵은 각각 정세포와 수정하여 배와 배유로 발달한다.

8 종자번식작물의 생식에 대한 설명으로 옳지 않은 것은?

① 수정에 의하여 접합자(2n)를 형성하고, 접합자는 개체발생을 하여 식물체로 자란다.
② 수분(受粉)의 자극을 받아 난세포가 배로 발달하는 것을 위수정생식이라고 한다.
③ 감수분열 전기의 대합기에는 상동염색체 간에 교차가 일어나 키아스마(chiasma)가 관찰된다.
④ 종자의 배유(3n)에 우성유전자의 표현형이 나타나는 것을 크세니아(xenia)라고 한다.

ANSWER   6.①   7.①   8.③

6 ① Propanil은 산아미드계 제초제로, 벼에는 Propanil을 가수분해시키는 효소가 많아 무독화되지만 피, 물달개비 등에는 이 효소가 적어 제초제로 작용한다.

7 ① 화분모세포(2n)는 감수분열을 통해 4개의 화분세포(n)를 만든다.
　　※ 점차막형성과 동시막형성
　　　　㉠ 점차막형성 : 제1감수분열 뒤 세포 사이에 격막이 생기고, 제2감수분열 뒤 4개의 화분세포 사이에 격막이 생기는 방식
　　　　㉡ 동시막형성 : 4개의 화분세포가 생긴 후 한꺼번에 모든 격막이 생기는 방식

8 ③ 상동염색체 간의 교차가 일어나 키아스마가 관찰되는 것은 태사기에 해당한다. 대합기에는 상동염색체가 짝을 지어 2가 염색체를 형성한다.

9 토양산성화의 원인이 아닌 것은?

① 토양 중의 치환성 염기가 용탈되어 미포화 교질이 늘어난 경우
② 산성비료의 연용
③ 토양 중에 탄산, 유기산의 존재
④ 규산염 광물의 가수분해가 일어나는 지역

10 다음 설명에 해당하는 식물 호르몬은?

잎의 노화·낙엽을 촉진하고, 휴면을 유도하며 잎의 기공을 폐쇄시켜 증산을 억제함으로써 건조조건에서 식물을 견디게 한다.

① 옥신   ② 시토키닌
③ 아브시스산   ④ 에틸렌

ANSWER 9.④ 10.③

9 ④ 무기질 토양이 산성화될 때 주원인 중 하나는 점토광물과 Al의 화수산화물이다. 규산염 광물이 가수분해되면 그 환경에 따라 다양한 종류의 점토광물로 변화하는데, 따라서 규산염 광물의 가수분해가 일어나는 지역이 모두 토양 산성화가 일어나는 것은 아니다.
　※ **토양산성화의 원인**
　　㉠ 기후와 토양의 반응
　　㉡ 규산염 광물과 가수의 분해
　　㉢ 부식에 의한 산성
　　㉣ 비료에 의한 산성화
　　㉤ 산성강하물에 의한 산성화

10 제시된 내용은 식물의 성장 중에 일어나는 여러 과정을 억제하는 식물호르몬인 아브시스산(ABA)에 대한 설명이다.
　① 옥신은 특히 줄기의 신장에 관여하는 식물호르몬이다.
　② 시토키닌은 생장을 조절하고 세포분열을 촉진하는 역할을 한다.
　④ 에틸렌은 기체로 된 식물호르몬으로 식물의 성숙을 촉진하는 기능을 한다.

11 토양수분 중에서 pF 2.7~4.5로서 작물이 주로 이용하는 토양수분의 형태는?

① 결합수

② 모관수

③ 중력수

④ 지하수

12 벼의 도복(倒伏)에 대한 경감대책으로 옳지 않은 것은?

① 키가 작고 줄기가 튼튼한 품종을 선택한다.

② 지베렐린(GA3)를 처리한다.

③ 배토(培土)를 실시한다.

④ 규산질비료와 석회를 충분히 사용한다.

13 혼파의 이로운 점이 아닌 것은?

① 공간의 효율적 이용

② 질소질 비료의 절약

③ 잡초 경감

④ 종자 채종의 용이

14 우리나라에서 농작업의 기계화율이 가장 높은 작물은?

① 고구마

② 고추

③ 콩

④ 논벼

ANSWER 11.② 12.② 13.④ 14.④

11 토양수분은 흙 입자에 결합된 장력의 정도에 따라 결합수, 흡착수, 모관수, 중력수, 지하수 등으로 구분된다. 이 중 작물이 수분보충에 이용하는 대부분은 모관수이다.

12 ② 벼의 하위절간을 단축시키는 생장조절제인 이나벤파이드(inabenfide) 처리를 하면 도복을 경감시킬 수 있다.

13 ④ 혼파는 종자 채용이 곤란하다. 이밖에 파종 및 시비, 수확작업이 불편하고 병해충 방제가 어려운 단점이 있다.

14 우리나라 농작업의 기계화율이 가장 높은 작물은 논벼이다. 통계청에 따르면 2019년 기준 벼농사의 기계화율은 98.40%로, 60.20%의 밭농사에 비해 월등히 높은 편이다.

15 돌연변이 육종에 대한 설명으로 옳은 것은?

① 돌연변이율이 낮고 열성돌연변이가 적게 생성된다.
② 유발원 중 많이 쓰이는 X선과 감마(γ)선은 잔류방사능이 있어 지속적으로 효과를 발휘한다.
③ 대상식물로는 영양번식작물이 유리한데 이는 체세포돌연변이를 쉽게 얻을 수 있기 때문이다.
④ 타식성작물은 이형접합체가 많으므로 돌연변이체를 선발하기가 쉬워 많이 이용한다.

16 동일한 포장에서 같은 작물을 연작하면 생육이 뚜렷하게 나빠지는 작물로만 묶은 것은?

① 콩, 딸기
② 고구마, 시금치
③ 옥수수, 감자
④ 수박, 인삼

17 굴광성에 대한 설명으로 옳지 않은 것은?

① 광이 조사된 쪽의 옥신 농도가 낮아지고 반대쪽의 옥신 농도가 높아진다.
② 이 현상에는 청색광이 유효하다.
③ 이 현상으로 생물검정법 중 하나인 귀리만곡측정법(avena curvature test)이 확립되었다.
④ 줄기나 초엽에서는 옥신의 농도가 낮은 쪽의 생장속도가 반대쪽보다 높아져서 광을 향하여 구부러진다.

ANSWER 15.③ 16.④ 17.④

15 돌연변이 육종 … 돌연변이 현상을 이용하여 새로운 유전변이를 유도함으로써 육종적 가치가 높은 개체를 만드는 방법이다.
① 돌연변이율이 낮고 열성돌연변이가 많이 생성된다.
② 엑스선과 감마선은 잔류방사능이 없어 유발원으로 많이 쓰인다.
④ 타식성작물은 이형접합체가 많으므로 돌연변이체를 선발하기가 어렵다.

16 ④ 수박은 5~7년, 인삼은 10년 이상의 휴작이 필요하다.
① 콩 – 1년
② 시금치 – 1년
③ 감자 – 2~3년
※ 벼, 맥류, 옥수수, 고구마, 무, 딸기, 양파 등은 연작의 해가 적은 작물이다.

17 ④ 줄기나 초엽에서는 줄기의 생장에 관여하는 옥신의 농도가 높은 쪽의 생장속도가 반대쪽보다 높아져서 광을 향하여 구부러진다.

18 농작물 관리에서 중경의 이로운 점이 아닌 것은?

① 파종 후 비가 와서 표층에 굳은 피막이 생겼을 때 가볍게 중경을 하면 발아가 조장된다.

② 중경을 하면 토양 중에 산소 공급이 많아져 뿌리의 생장과 활동이 왕성해진다.

③ 중경을 해서 표토가 부서지면 토양 모세관이 절단되므로 토양수분의 증발이 경감된다.

④ 논에 요소·황산암모늄 등을 덧거름으로 주고 중경을 하면 비료가 산화층으로 섞여 들어가 비효가 증진된다.

19 식물생장조절제의 재배적 이용성에 대한 설명으로 옳지 않은 것은?

① 삽목이나 취목 등 영양번식을 할 때 옥신을 처리하면 발근이 촉진된다.

② 지베렐린은 저온처리와 장일조건을 필요로 하는 식물의 개화를 촉진한다.

③ 시토키닌을 처리하면 굴지성·굴광성이 없어져서 뒤틀리고 꼬이는 생장을 한다.

④ 에틸렌을 처리하면 발아촉진과 정아우세타파 효과가 있다.

20 유전자 A와 유전자 B가 서로 다른 염색체에 있을 때, 유전자형이 AaBb인 작물에 대한 설명으로 옳지 않은 것은? (단, 멘델의 유전법칙을 따르며, 유전자 A는 유전자 a에, 유전자 B는 유전자 b에 대하여 완전우성이다)

① 유전자 A와 유전자 B는 독립적으로 작용한다.

② 자식을 했을 때 나올 수 있는 유전자형은 16가지이다.

③ 자식을 했을 때 나올 수 있는 표현형은 4가지이다.

④ 배우자의 유전자형은 4가지이다.

ANSWER 18.④ 19.③ 20.②

18 ④ 논에 요소·황산암모늄 등을 덧거름으로 주고 중경을 하면 비료가 환원층으로 섞여 들어가 비효가 증진된다.

19 ③ 모르파크틴을 처리하면 생장억제 작용과 함께 식물의 굴지성·굴과성이 없어져서 뒤틀리고 꼬이는 생장을 한다. 시토키닌은 생장을 조절하고 세포분열을 촉진하는 역할을 한다.

20 ② 자식을 했을 때 나올 수 있는 유전자형은 AABB, AABb, AAbb, AaBB, AaBb, Aabb, aaBB, aaBb, aabb의 9가지이다.

1 식물학적 기준에 따라 작물을 분류하였을 때, 연결이 옳지 않은 것은?

① 십자화과 식물 – 무, 배추, 고추, 겨자
② 화본과 식물 – 벼, 옥수수, 수수, 호밀
③ 콩과 식물 – 동부, 팥, 땅콩, 자운영
④ 가지과 식물 – 감자, 담배, 토마토, 가지

2 식물의 염색체에 일어나는 수적 변이에서 염색체 수가 게놈의 기본 수와 같거나 정의 배수 관계가 아닌 것은?

① 이수체
② 반수체
③ 동질배수체
④ 이질배수체

3 작물 수량 삼각형에 대한 설명으로 옳지 않은 것은?

① 유전성, 재배환경 및 재배기술을 세 변으로 한다.
② 작물의 최대수량을 얻기 위해서는 좋은 환경에서 우수한 품종을 선택하여 적절한 재배기술을 적용한다.
③ 3요소 중 어느 한 요소가 가장 클 때 최대수량을 얻을 수 있다.
④ 삼각형의 면적은 생산량을 표시한다.

ANSWER 1.① 2.① 3.③

1 ① 고추는 가지과 식물에 해당한다.

2 염색체 수의 변화와 유전
　㉠ 정배수체 : 염색체 세트가 배수로 증감된 경우
　　• 반수체 : 염색체 세트의 수가 절반으로 줄어든 것
　　• 배수체
　　－ 동질배수체 : 서로 같은 종류의 염색체가 배가 된 것
　　－ 이질배수체 : 서로 다른 종류의 염색체가 배가 된 것
　㉡ 이수체 : 염색체 세트에 염색체가 +1 또는 −1된 것

3 ③ 유전성, 재배환경, 재배기술의 3요소가 균등할 때 최대수량을 얻을 수 있다.

4 일장처리에 따른 개화 여부가 나머지 셋과 다른 것은?

① 장일식물

② 장일식물

③ 단일식물

④ 단일식물

5 다음 글에서 설명하는 원소는?

> 작물 재배에 있어 필수원소는 아니지만 셀러리, 사탕무, 목화, 양배추 등에서 시용 효과가 인정되며, 기능적으로 칼륨과 배타적 관계이지만 제한적으로 칼륨의 기능을 대신할 수 있다.

① 나트륨(Na) ② 코발트(Co)
③ 염소(Cl) ④ 몰리브덴(Mo)

ANSWER   4.④ 5.①

4 ①②③은 개화하고 ④는 개화하지 않는다. 단일식물의 연속암기 중에 광을 조사하면 총 암기가 총 명기보다 길다고 해도 단일효과가 나타나지 않는 야간조파가 발생한다.

5 제시된 내용은 나트륨에 대한 설명이다. 나트륨은 필수원소는 아니지만 셀러리, 사탕무, 순무, 목화, 양배추, 근대 등에서는 시용 효과가 인정된다. 나트륨은 기능적으로 칼륨과 배타적 관계이지만, 제한적으로 칼륨의 기능을 대신 할 수 있으며 C4 식물에서 요구도가 높다.

6 내건성이 큰 작물의 특징에 대한 설명으로 옳지 않은 것은?

① 건조할 때 호흡이 낮아지는 정도가 크고, 광합성이 감퇴하는 정도가 낮다.
② 건조할 때 단백질 및 당분의 소실이 늦다.
③ 뿌리 조직이 목화된 작물이 일반적으로 내건성이 강하다.
④ 세포의 크기가 작은 작물이 일반적으로 내건성이 강하다.

7 표는 무 종자 100립을 치상하여 5일 동안 발아시킨 결과이다. 발아율(發芽率), 발아세(發芽勢) 및 발아전(發芽揃) 일수(日數)는? (단, 발아세 중간조사일은 4일이다)

치상 후 일수	1	2	3	4	5	계
발아종자 수	2	20	30	30	10	92

	발아율(%)	발아세(%)	발아전 일수
①	92	82	치상 후 4일
②	92	82	치상 후 3일
③	82	92	치상 후 4일
④	82	92	치상 후 3일

8 귀리의 외영색이 흑색인 것(AABB)과 백색인 것(aabb)을 교배한 F_1의 외영은 흑색(AaBb)이고 자식세대인 F_2에서는 흑색(A_B_, A_bb)과 회색(aaB_) 및 백색(aabb)이 12 : 3 : 1로 분리한다. 이러한 유전자 상호작용은?

① 우성상위(피복유전자)
② 열성상위(조건유전자)
③ 억제유전자
④ 이중열성상위(보족유전자)

ANSWER 6.③ 7.① 8.①

6 ③ 뿌리 조직이 목화(木化)된 작물은 환원성 유해물질의 침입을 막아 일반적으로 내습성이 강하다.

7 • 발아율 = 파종된 종자수에 대한 발아종자수의 비율 = $\frac{92}{100} \times 100 = 92\%$

• 발아세 = 치상 후 일정기간까지의 발아율 = $\frac{2+20+30+30}{100} \times 100 = 82\%$

• 발아전 = 80% 발아, ∴ 100립 중 80% 이상이 발아한 치상 후 4일

8 우성상위란 상위성 관계에 있는 2개의 유전자좌에서, 상위를 나타내는 유전자의 우성대립유전자가 하위를 나타내는 유전자좌의 어떠한 대립유전자와의 조합에 상관없이 그 고유의 특성을 발현하는 것을 말한다. F_1을 자가수정한 F_2에서 A가 B의 상위에서 기능을 방해하여 AAbb 또는 Aabb의 유전형을 가진 개체가 흑색을 띄게 된다.

9 선택성 제초제인 2,4-D를 처리했을 때 효과적으로 제거할 수 있는 잡초는?

① 돌피　　　　　　　　　　　　　② 바랭이
③ 나도겨풀　　　　　　　　　　　④ 개비름

10 필수원소인 황(S)의 결핍에 대한 설명으로 옳지 않은 것은?

① 단백질의 생성이 억제된다.
② 콩과 작물의 뿌리혹박테리아에 의한 질소고정이 감소한다.
③ 체내 이동성이 높아 황백화는 오래된 조직에서 먼저 나타난다.
④ 세포분열이 억제되기도 한다.

11 종자 수명에 대한 설명으로 옳은 것은?

① 알팔파와 수박 등은 단명종자이고, 메밀과 양파 등은 장명종자로 분류된다.
② 종자의 원형질을 구성하는 단백질의 응고는 저장종자 발아력 상실의 원인 중 하나이다.
③ 수분 함량이 높은 종자를 밀폐 저장하면 수명이 연장된다.
④ 종자 저장 중 산소가 충분하면 유기호흡이 조장되어 생성된 에너지를 이용하여 수명이 연장된다.

ANSWER　9.④　10.③　11.②

9 2,4-D는 모노클로로아세트산과 2,4-다이클로로페놀과의 반응으로 합성되는 제초제 농약으로 주성분은 2,4-다이클로로페녹시아세트산이고, 일반적으로 잎이 넓은 잡초를 제거하는 데 쓰인다. 쌍떡잎식물에서는 줄기 꼭대기에 작용하여 비정상적인 세포분열을 발생시켜 말려 죽이는 작용을 하지만, 벼과 등의 외떡잎식물에는 영향을 주지 않는 선택형 제초제이다.
①② 외떡잎식물 벼목 화본과의 한해살이풀
③ 외떡잎식물 벼목 화본과의 여러해살이풀
④ 쌍떡잎식물 중심자목 비름과의 한해살이풀

10 ③ 황은 체내 이동성이 낮아 결핍증세인 황백화는 오래되지 않은 새 조직에서 먼저 나타난다.

11 ① 알팔파와 수박 등은 장명종자이고, 메밀과 양파 등은 단명종자로 분류된다.
③ 수분 함량이 높은 종자는 건조시켜 밀폐 저장하면 수명이 연장된다.
④ 종자 저장 중에 산소가 충분하면 유기호흡이 조장되어 변질이 발생하고 수명이 감소한다. 종자 저장 중에 산소가 적으면 유기호흡이 억제되어 수명이 연장된다.

12 정밀농업에 대한 설명으로 옳은 것은?

① 작물양분종합관리와 병해충종합관리를 기반으로 화학비료와 농약 사용량을 크게 줄이는 것을 목표로 하는 농업이다.

② 궁극적인 목표는 비료, 농약, 종자의 투입량을 동일하게 표준화하여 과학적으로 작물을 관리하는 것이다.

③ 농산물의 안전성을 추구하는 농업으로 소비자의 알 권리를 위해 시행하는 우수농산물관리제도(GAP)이다.

④ 작물의 생육상태를 센서를 이용하여 측정하고, 원하는 위치에 원하는 농자재를 필요한 양만큼 투입하는 농업이다.

13 생태종(生態種)과 생태형(生態型)에 대한 설명으로 옳은 것만을 모두 고르면?

> ㉠ 하나의 종 내에서 형질의 특성이 다른 개체군을 아종(亞種)이라 한다.
> ㉡ 아종(亞種)은 특정지역에 적응해서 생긴 것으로 작물학에서는 생태종(生態種)이라고 부른다.
> ㉢ 1년에 2~3작의 벼농사가 이루어지는 인디카 벼는 재배양식에 따라 겨울벼, 여름벼, 가을벼 등의 생태형(生態型)으로 분화되었다.
> ㉣ 춘파형과 추파형을 갖는 보리의 생태형(生態型) 간에는 교잡친화성이 낮아 유전자교환이 잘 일어나지 않는다.

① ㉠

② ㉠, ㉡

③ ㉠, ㉡, ㉢

④ ㉠, ㉡, ㉢, ㉣

ANSWER 12.④ 13.③
....

12 정밀농업은 토양, 작물, 기상 등 영농에 필요한 정보를 바탕으로 농작업기계를 사용해서 과학적이고 효율적으로 친환경 고품질농업을 구현할 수 있는 좋은 영농방법

　　※ 친환경농업 … 지속 가능한 농업 또는 지속농업(Sustainable Agriculture)이라고도 하며, 농업과 환경을 조화시켜 농업의 생산을 지속 가능하게 하는 농업형태로서 농업생산의 경제성 확보, 농산물의 안전성 및 환경보존을 동시 추구하는 농업

13 ㉣ 춘파형과 추파형을 갖는 보리의 생태형(生態型) 간에는 교잡친화성이 높아 유전자교환이 잘 일어난다.

14 사토(砂土)부터 식토(埴土) 사이의 토성을 갖는 모든 토양에서 재배 가능한 작물만을 모두 고르면?

㉠ 콩	㉡ 팥
㉢ 오이	㉣ 보리
㉤ 고구마	㉥ 감자

① ㉠, ㉡, ㉢

② ㉠, ㉡, ㉥

③ ㉢, ㉣, ㉤

④ ㉣, ㉤, ㉥

15 일장효과와 춘화처리에 대한 설명으로 옳은 것은?

① 춘화처리는 광주기와 피토크롬(phytochrome)에 의해 결정된다.

② 일장효과는 생장점에서 감응하고 춘화처리는 잎에서 감응한다.

③ 대부분의 단일식물은 개화를 위해 저온춘화가 요구된다.

④ 지베렐린은 저온과 장일을 대체하여 화성을 유도하는 효과가 있다.

ANSWER 14.② 15.④

14 사토(砂土)부터 식토(埴土) 사이의 토성을 갖는 모든 토양에서 재배 가능한 작물은 콩, 팥, 감자이다.

㉢ 오이는 사토부터 양토 사이가 재배적지이다.

㉣ 보리는 세사토부터 양토 사이가 재배적지이다.

㉤ 고구마는 사토부터 식양토 사이가 재배적지이다.

15 ① 춘화처리는 개화를 유도하기 위하여 생육기간 중의 일정시기에 저온처리를 하는 것으로 온도에 의해 결정된다. 광주기와 피토크롬(phytochrome)은 일장효과와 관련된다.

② 일장효과는 잎에서 감응하고 춘화처리는 생장점에서 감응한다.

③ 대부분의 장일식물은 개화를 위해 저온춘화가 요구된다.

16 토양반응과 작물생육에 대한 설명으로 옳은 것은?

① 곰팡이는 넓은 범위의 토양반응에 적응하고 특히 알칼리성 토양에서 가장 번식이 좋다.

② 토양이 강알칼리성이 되면 질소(N), 철(Fe), 망간(Mn) 등의 용해도가 감소해 작물생육에 불리하다.

③ 몰리브덴(Mo)은 pH 8.5 이상에서 용해도가 급격히 감소하는 경향이 있다.

④ 근대, 완두, 상추와 같은 작물은 산성 토양에 대해서 강한 적응성을 보인다.

17 다음 특성을 갖는 토양에서 재배 적응성이 낮은 작물은?

- 황산암모늄이나 염화칼륨과 같은 비료를 장기간 과량 연용한 지역에 토양개량 없이 작물을 계속해서 재배하고자 하는 토양
- 인산(P)의 가급도가 급격히 감소한 토양

① 토란, 당근

② 시금치, 부추

③ 감자, 호박

④ 토마토, 수박

ANSWER 16.② 17.②

16 ① 곰팡이는 넓은 범위의 토양반응에 적응하고 특히 약산성 토양에서 가장 번식이 좋다.

③ 몰리브덴(Mo)은 pH 8.5 이상에서 용해도가 급격히 증가하는 경향이 있다.

④ 근대, 완두, 상추와 같은 작물은 산성 토양에 대해서 약한 적응성을 보인다.

17 제시된 특징을 갖는 토양은 강산성을 띤다. 보기 중 산성토양에 적응성이 낮은 작물은 시금치, 부추이다.

18 다음 (가)와 (나)에 해당하는 박과(Cucurbitaceae) 채소의 접목 방법을 바르게 연결한 것은?

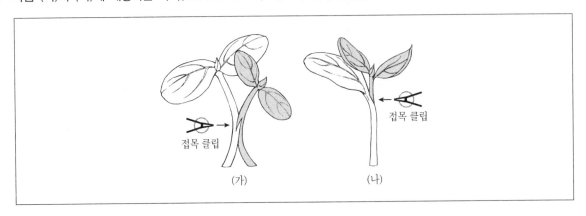

	(가)	(나)
①	삽접	합접
②	호접	합접
③	삽접	핀접
④	호접	핀접

19 다음 글에서 설명하는 피해에 대한 대책은?

> 논으로 사용하는 농지에 밀을 재배하였는데, 이로 인하여 종자근(種子根)이 암회색으로 되면서 쇠약해지고, 관근(冠根)의 선단이 진갈색으로 변하여 생장이 정지되고, 목화(木化)도 보였다.

① 뿌림골을 낮게 관리한다.
② 봄철 답압을 실시한다.
③ 모래를 객토한다.
④ 황과 철 비료를 사용한다.

ANSWER 18.② 19.③

18 (가) 호접 : 뿌리를 가진 접수와 대목을 접목하여 활착한 다음에는 접수 쪽의 뿌리 부분을 절단하는 접목 방법
(나) 합접 : 접붙이할 나무와 접가지가 비슷한 크기일 때 서로 비스듬히 깎아 맞붙이는 접목 방법

19 제시된 내용은 토양 중에서 이산화철이 검출되고 황화수소가 생성되는 춘계습해로 인한 피해이다. 이에 대한 대책으로는 배수하거나 모래를 객토한다.

20 결실을 직접적으로 조절·조장하는 방법에 대한 설명으로 옳지 않은 것은?

① 적화 및 적과는 과실의 품질 향상과 해거리를 방지하는 효과가 있다.

② 상품성 높은 씨 없는 과실을 만들기 위해 수박은 배수성 육종을 이용하고, 포도는 지베렐린 처리로 단위결과를 유도한다.

③ 과수의 적화제(摘花劑)로는 주로 꽃봉오리나 꽃의 화기에 장해를 주는 약제로 카르바릴과 NAA가 이용된다.

④ 옥신계통의 식물생장조절제를 살포하면 이층의 형성을 억제하여 후기낙과를 방지하는 효과가 크다.

20 ③ 적화제는 과수의 결실량을 조절하기 위해 화분의 발아를 저지하거나 억제하여 꽃이 떨어지게 하는 약제이다.
적화제의 종류로 DNOC, 석회유황합제, 질산암모늄, 요소, 계면활성제 등이 있다.
카르바릴과 NAA는 쓸모없는 과실을 따낼 때 사용하는 적과제이다.

1 중경작물 중 전분과 사료작물로 모두 이용이 가능한 것은?

① 콩
② 감자
③ 귀리
④ 옥수수

2 산성토양보다 알칼리성토양(pH 7.~8.0)에서 유효도가 높은 필수원소로만 묶은 것은?

① Fe, Mg, Ca
② Al, Mn, K
③ Zn, Cu, K
④ Mo, K, Ca

3 자식성작물과 타식성작물에 대한 설명으로 옳지 않은 것은?

① 자식성작물은 유전적으로 세대가 진전함에 따라 유전자형이 동형접합체로 된다.
② 자식성작물은 자식을 계속하면 자식약세 현상이 나타난다.
③ 타식성작물은 유전적으로 잡종강세현상이 두드러진다.
④ 타식성작물은 자식성작물보다 유전변이가 더 크다.

ANSWER 1.④ 2.④ 3.②

1 콩은 전분 작물로 이용되지 않고, 감자는 사료작물에 이용되지 않는다. 귀리는 주로 사료작물로 이용된다.

2 알칼리성 토양(pH 7.0~8.0)에서 유효도가 높은 필수원소는 Mo(몰리브덴), K(칼륨), Ca(칼슘)이다.

3 ② 자가수분에 적응한 식물인 자식성작물은 자가수분을 반복해도 자식약세 현상이 나타나지 않는다.

4 토양수분장력이 높은 순서대로 바르게 나열한 것은?

① 모관수 > 중력수 > 흡습수
② 중력수 > 흡습수 > 모관수
③ 흡습수 > 모관수 > 중력수
④ 모관수 > 흡습수 > 중력수

5 체세포분열과 감수분열에 대한 설명으로 옳지 않은 것은?

① 체세포분열에서 G_1기의 딸세포 중 일부는 세포분화를 하여 조직으로 발달한다.
② 체세포분열은 체세포의 DNA를 복제하여 딸세포들에게 균등하게 분배하기 위한 것이다.
③ DNA 합성은 제1 감수분열과 제2 감수분열 사이의 간기에 일어난다.
④ 교차는 제1 감수분열 과정 중에 생기며, 유전변이의 주된 원인이다.

6 작물의 수분흡수에 대한 설명으로 옳지 않은 것은?

① 수분흡수와 이동에는 삼투퍼텐셜, 압력퍼텐셜, 매트릭퍼텐셜이 관여한다.
② 수분퍼텐셜과 삼투퍼텐셜이 같으면 팽만상태로 세포 내 수분 이동이 없다.
③ 일액현상은 근압에 의한 수분흡수의 결과이다.
④ 수분의 흡수는 세포 내 삼투압이 막압보다 높을 때 이루어진다.

ANSWER 4.③ 5.③ 6.②

4 토양수분장력이 높은 순서대로 나열하면 '흡습수 > 모관수 > 중력수'이다. 흡습수는 토양 입자에 강하게 흡착된 물로 높은 장력을 가지고 있기 때문에 식물이 이용할 수 없다. 모관수는 토양 입자 간의 모세관 현상으로 유지되는 물이다. 중력수는 중력에 의해 토양 입자 사이에서 쉽게 배출되는 물로 장력이 낮다.

5 ③ 감수분열에서 DNA 합성은 세포가 분열하기 전에 한 번만 일어난다.

6 ② 삼투퍼텐셜은 용질 농도로 인해 발생하는 퍼텐셜이고, 수분퍼텐셜은 전체적인 수분 이동을 결정하는 퍼텐셜이다. 세포 내와 외부의 압력퍼텐셜이 평형을 이루는 상태가 팽만상태이다.

7 유전자 연관과 재조합에 대한 설명으로 옳지 않은 것은?

① 2중교차의 관찰빈도가 5이고, 기대빈도가 5이면 간섭은 없다.

② 상반(相反)은 우성유전자와 열성유전자가 연관되어 있는 유전자 배열이다.

③ 자손의 총 개체수 중 재조합형 개체수가 500, 양친형 개체수가 500일 때 두 유전자는 완전연관이다.

④ 3점 검정교배는 한 번의 교배로 연관된 세 유전자 간의 재조합빈도와 2중교차에 대한 정보를 얻을 수 있다.

8 종자퇴화 중 이형종자의 기계적 혼입에 의해 생기는 것은?

① 유전적 퇴화

② 생리적 퇴화

③ 병리적 퇴화

④ 물리적 퇴화

9 C_3식물과 C_4식물의 광합성에 대한 비교 설명으로 옳은 것은?

① CO_2 보상점은 C_4식물이 높다.

② 광합성 적정온도는 C_3식물이 높다.

③ 증산율(g H_2O/g 건량 증가)은 C_3식물이 높다.

④ CO_2 1분자를 고정하기 위한 이론적 에너지요구량(ATP)은 C_3식물이 높다.

ANSWER 7.③ 8.① 9.③

7 ③ 두 유전자 사이에 완전연관이 있다면 재조합형 개체는 나타나지 않는다.

8 ① 기계적 혼입에 의해서 이형종자의 유전적 퇴화가 발생한다. 유전적 퇴화는 자연교잡, 돌연변이 등의 원인으로 나타난다.

9 ① C_4식물의 CO_2 보상점은 매우 낮다.
② C_3식물은 일반적으로 광합성에 최적인 온도가 낮다. C_4식물은 더 높은 온도에서 최적의 광합성 활성을 나타낸다.
④ CO_2 1분자를 고정하는 데 필요한 ATP의 양은 C_4식물이 더 높다.

10 과수 중 2년생 가지에서 결실하는 것으로만 묶은 것은?

① 자두, 감귤, 비파
② 매실, 양앵두, 살구
③ 자두, 포도, 감
④ 무화과, 사과, 살구

11 무기성분 중 결핍 증상이 노엽에서 먼저 황백화가 발생하며, 토양 중 석회 과다 시 흡수가 억제되는 것은?

① 철
② 황
③ 마그네슘
④ 붕소

12 배수체의 염색체 조성에 대한 설명으로 옳은 것은?

① 반수체 생물 : $\frac{1}{2}n$
② 1 염색체 생물 : $2n+1$
③ 3 염색체 생물 : $4n-1$
④ 동질배수체 생물 : $3x$

ANSWER 10.② 11.③ 12.④

10 ①③④ 감귤, 비파, 포도, 무화과, 사과는 주로 1년생 가지에서 결실한다.

11 ① 신엽에서 황백화가 나타난다.
② 노엽보다는 신엽에서먼저 황백화가 나타난다.
④ 주로 생장점과 신엽에서 괴사나 기형 증상이 나타난다.

12 ① 반수체 생물 : n
② 1 염색체 생물 : $2n-1$
③ 3 염색체 생물 : $2n+1$

13 종자의 휴면타파 또는 발아촉진을 유도하는 물질이 아닌 것은?

① 황산(H_2SO_4)

② 쿠마린(Coumarin)

③ 에틸렌(C_2H_4)

④ 질산칼륨(KNO_3)

14 그림은 광도에 따른 광합성을 나타낸 것이다. 이에 대한 설명으로 옳지 않은 것은?

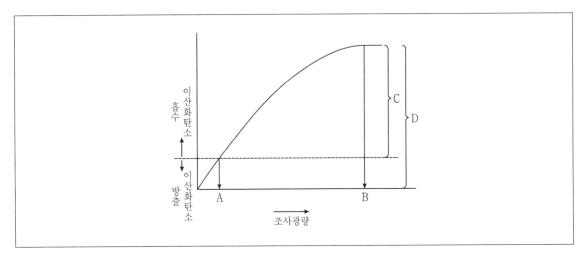

① A가 낮은 식물은 그늘에 견딜 수 있어서 내음성이 강하다.

② 고립상태에서 B는 콩이 옥수수보다 높다.

③ B는 온도와 이산화탄소의 농도에 따라 변화한다.

④ D − C(D에서 C를 뺀 부분)는 호흡에 의한 소모 부분이다.

ANSWER 13.② 14.②

13 ② 쿠마린은 종자 발아를 억제하는 물질로 종자의 발아를 촉진하는 대신 억제한다.

14 ② 고립상태에서 B(광포화점)은 옥수수가 콩보다 높다.
　① A(광보상점)가 낮은 식물은 그늘에 견딜 수 있어서 내음성이 강하다.
　④ D(진정광합성) − C(외견상광합성)는 호흡에 의한 소모 부분이다.

15 생장조절제와 적용대상을 바르게 연결한 것은?

① Dichlorprop – 사과 후기 낙과방지
② Cycocel – 수박 착과증진
③ Phosfon-D – 국화 발근촉진
④ Amo-1618 – 콩나물 생장촉진

16 작물의 생육형태를 조정하는 재배기술이 아닌 것은?

① 적과(摘果)
② 언곡(偃曲)
③ 절상(切傷)
④ 유인(誘引)

17 집단육종에 대한 설명으로 옳은 것은?

① 양적 형질보다 질적 형질의 개량에 유리한 육종법이다.
② 타식성작물의 육종에 유리한 방법이다.
③ 출현 빈도가 낮은 우량유전자형을 선발할 가능성이 높다.
④ 계통육종에 비하여 육종 연한을 단축할 수가 있다.

ANSWER 15.① 16.① 17.③

15 ② Cycocel는 생장 억제제로 도장 방지와 개화 촉진을 위해 사용된다.
③ 국화의 발근 촉진에는 옥신 계열의 생장조절제가 사용된다.
④ Amo-1618은 생장 억제제이다.

16 ① 과일의 과실을 솎아내어 남은 과실에 품질 향상과 수확량 조절 기술인 적과는 생육형태보다는 수확물의 품질과 양을 조정한다.

17 ① 양적 형질의 개량에 유리하다.
② 집단육종은 주로 자식성작물의 육종에 사용된다.
④ 계통육종에 비하여 육종 연한이 늘어날 수가 있다.

18 자가불화합성을 일시적으로 타파하기 위한 방법이 아닌 것은?

① 전기자극
② 노화수분
③ 질소가스 처리
④ 고농도 CO_2 처리

19 작물의 저장 방법에 대한 설명으로 옳지 않은 것은?

① 마늘은 수확 직후 예건과정을 거쳐서 수분함량을 65%정도로 낮추어야 한다.
② 식용감자의 안전한 저장 온도는 8~10°C이다.
③ 양파는 수확 후 송풍큐어링한 후 저장한다.
④ 감자는 수확 직후 10~15°C로 큐어링한 후 저장한다.

20 채종포 관리에 대한 설명으로 옳은 것은?

① 이형주를 제거하기 위해 조파보다 산파가 유리하다.
② 이형주는 개화기 이후에만 제거한다.
③ 무배추 채종재배에는 시비하지 않는다.
④ 우량종자를 생산하기 위해 토마토는 결과수를 제한한다.

ANSWER 18.③ 19.② 20.④

18 ③ 질소가스는 주로 저장, 보존 및 다른 생리적 연구에 사용된다.

19 ② 식용감자의 안전한 저장 온도는 3~4°C이다.

20 ① 조파가 산파보다 유리하다.
　　② 이형주는 개화기 이전부터 지속적으로 제거한다.
　　③ 무와 배추의 채종재배 시에도 적절한 시비를 하지 않으면, 생육이 불량해지고 종자의 품질이 저하된다.

1 다음 중 작물의 화성을 유도하는 데 가장 큰 영향을 미치는 외적 환경 요인은?

① 수분과 광도

② 수분과 온도

③ 온도와 일장

④ 토양과 질소

2 신품종의 종자증식 보급체계를 순서대로 바르게 나열한 것은?

① 기본식물 → 원원종 → 원종 → 보급종

② 기본식물 → 원종 → 원원종 → 보급종

③ 원원종 → 원종 → 기본식물 → 보급종

④ 원종 → 원원종 → 기본식물 → 보급종

3 우량품종이 확대되는 과정에서 나타나는 '유전적 취약성'에 대한 설명으로 옳은 것은?

① 자연에 있는 유전변이 중에서 인류가 이용할 수 있거나 앞으로 이용 가능한 것

② 대립유전자에서 그 빈도가 무작위적으로 변동하는 것

③ 소수의 우량품종으로 인해 유전적 다양성이 줄어드는 것

④ 병해충이나 냉해 등 재해로부터 급격한 피해를 받게 되는 것

ANSWER 1.③ 2.① 3.④

1 화성유도
　㉠ 내적요인 : 영양상태(C/N율), 식물호르몬(옥신, 지베렐린)
　㉡ 외족요인 : 광조건(감광성), 온도조건(감온성)

2 우리나라에서 신품종을 보급할 때 종자증식 보급체계는 기본식물 → 원원종 → 원종 → 보급종 순서이다.

3 ④ 유전적 취약성이란 소수의 우량품종을 확대 재배함으로써 병해충이나 냉해 등 재해로부터 일시에 급격한 피해를 받게 되는 현상을 말한다.

4 종자의 발아과정 단계를 순서대로 바르게 나열한 것은?

① 분해효소의 활성화→수분흡수→배의 생장→종피의 파열
② 분해효소의 활성화→종피의 파열→수분흡수→배의 생장
③ 수분흡수→분해효소의 활성화→종피의 파열→배의 생장
④ 수분흡수→분해효소의 활성화→배의 생장→종피의 파열

5 작물의 내동성을 증대시키는 요인으로 옳지 않은 것은?

① 원형질단백질에 − SH기가 많다.
② 원형질의 수분투과성이 크다.
③ 세포 내에 전분과 지방 함량이 높다.
④ 원형질에 친수성 콜로이드가 많다.

6 토양의 수분항수에 대한 설명으로 옳지 않은 것은?

① 최대용수량은 모관수가 최대로 포함된 상태로 pF는 0이다.
② 포장용수량은 중력수를 배제하고 남은 상태의 수분으로 pF는 1.0~2.0이다.
③ 초기위조점은 식물이 마르기 시작하는 수분 상태로 pF는 약 3.9이다.
④ 흡습계수는 상대습도 98%(25℃)의 공기 중에서 건조토양이 흡수하는 수분 상태로 pF는 4.5이다.

ANSWER 4.④ 5.③ 6.②

4 종자의 발아 순서 : 수분 흡수→효소의 활성→씨눈의 생장 개시→껍질의 열림→싹, 뿌리 출현

5 ③ 세포 내의 전분함량이 적으면 내동성이 강하다.

6 ② 포장용수량은 중력수를 배제하고 남은 상태의 수분으로 pF는 2.7이다.

7 다음에서 설명하는 원소를 옳게 짝지은 것은?

> ㈎ 필수원소는 아니지만, 화곡류에는 그 함량이 많으며 병충해 저항성을 높이고 수광태세를 좋게 한다.
> ㈏ 두과작물에서 뿌리혹 발달이나 질소고정에 관여하며 결핍되면 단백질 합성이 저해된다.

	㈎	㈏
①	규소	나트륨
②	나트륨	셀레늄
③	셀레늄	코발트
④	규소	코발트

8 작물별 안전 저장조건으로 옳지 않은 것은?

① 가공용 감자는 온도 3~4℃, 상대습도 85~90%이다.

② 고구마는 온도 13~15℃, 상대습도 85~90%이다.

③ 상추는 온도 0~4℃, 상대습도 90~95%이다.

④ 벼는 온도 15℃이하, 상대습도 약 70%이다.

ANSWER 7.④ 8.①
....

7 ㉠ 규소 : 광합성 능력의 향상(단엽에 있어서 물 수지 균형의 양화, 군락에 있어서 엽신의 직립성 향상에 의한 수광태세의 개선), 뿌리의 산화력의 향상, 내병성의 강화, 내도복성의 향상

㉡ 코발트 : 콩과식물, 오리나무, 남조류 등의 뿌리혹 발달이나 질소고정에 필요하고, 조효소인 비타민 B12의 구성분이므로 부족시 단백질합성이 저해된다.

8 ① 식용 감자는 온도 3~4℃, 가공용 감자는 온도 10℃이다.

9 일반적인 재배 조건에서 탄산가스 시비에 대한 설명으로 옳지 않은 것은?

① 시설재배 과채류의 착과율을 증대시킨다.
② 시설 내 탄산가스 농도는 일출 직전이 가장 높다.
③ 온도와 광도가 높아지면 탄산시비 효과가 더 높아진다.
④ 탄산가스의 공급 시기는 오전보다 오후가 더 효과적이다.

10 원예작물의 수확 후 손실에 대한 설명으로 옳지 않은 것은?

① 수분 손실의 대부분은 호흡작용에 의한 것이다.
② 수확 후에도 계속되는 호흡으로 중량이 감소하고 수분과 열이 발생한다.
③ 수확 후 에틸렌 발생량은 비호흡급등형보다 호흡급등형 과실에서 더 많다.
④ 일반적으로 식량작물에 비해 원예작물은 수분손실률이 더 크다.

11 야생식물에 비해 재배식물의 특성으로 옳은 것은?

① 열매나 과실의 탈립성이 크다.
② 일정 기간에 개화기가 집중된다.
③ 종자에 발아억제물질이 많다.
④ 종자나 식물체의 휴면성이 크다.

ANSWER 9.④ 10.① 11.②

9 ④ 탄산가스의 공급 시기는 오전이 더 효과적이다. 하우스 내 작물의 광합성은 이른 아침(일출 후 30분)부터 시작되고 오전 중에 전체 광합성 전량의 70%가 진행되어 일출 후 1~2시간 후면 탄산가스가 급격히 저하된다. 따라서 이 시기에 탄산가스를 공급하여야 광합성의 증가로 인한 식물성장을 촉진시키게 된다.

10 ① 수분 손실의 대부분은 증산작용에 의한 것이다.

11 ① 열매나 과실의 탈립성이 적다.
③ 종자에 발아억제물질이 적다.
④ 종자나 식물체의 휴면성이 적다.

12 해충에 대한 생물적 방제법이 아닌 것은?

① 길항미생물을 살포한다.　　　　② 생물농약을 사용한다.

③ 저항성 품종을 재배한다.　　　　④ 천적을 이용한다.

13 다음에서 설명하는 용어로 옳은 것은?

> 작물의 생식에서 수정과정을 거치지 않고 배가 만들어져 종자를 형성하는 것으로 무수정생식이라고도 한다.

① 아포믹시스　　　　② 영양생식

③ 웅성불임　　　　④ 자가불화합성

14 기지현상과 작부체계에 대한 설명으로 옳지 않은 것은?

① 답리작으로 채소를 재배하면 기지현상이 줄어든다.

② 순3포식 농법은 휴한기에 두과나 녹비작물을 재배한다.

③ 연작장해로 1년 휴작이 필요한 작물은 시금치, 파 등이다.

④ 중경작물이나 피복작물을 윤작하면 잡초 경감에 효과적이다.

ANSWER 12.③ 13.① 14.②

12 ③ 경종적 방제에 해당한다. 경종적 방제란 병해충, 잡초의 생태적 특징을 이용하여 작물의 재배조건을 변경시키고 내충, 내병성 품종의 이용, 토양관리의 개선 등에 의하여 병충해, 잡초의 발생을 억제하여 피해를 경감시키는 방법으로 병충해 방제의 보호적인 방지법이다.

　　※ 해충의 방제
　　　㉠ 경종적방제 : 윤작, 혼작과 소식, 포장위생
　　　㉡ 화학적방제 : 소화중독제, 접촉제, 침투성 살충제, 훈증제, 유인제, 기피제, 불임제 등
　　　㉢ 생물적방제 : 천적, 척추동물 이용, 거미 이용, 병원미생물 등
　　　㉣ 물리적 방제 : 온도, 물, 감압, 고압전기, 방사선, 고주파, 초음파 등
　　　㉤ 해충종합관리

13 ① 아포믹시스(apomixis)란 수정과정을 거치지 않고 배(胚, 임신할 배)가 만들어져 종자를 형성되어 번식하는 것을 뜻한다.

14 ② 개량3포식 농법은 휴한기에 두과나 녹비작물을 재배한다.

15 식물의 광합성에 관한 설명으로 옳은 것은?

① C_3 식물은 C_4 식물에 비해 이산화탄소의 보상점과 포화점이 모두 낮다.

② 강광이고 고온이며 O_2 농도가 낮고 CO_2 농도가 높을 때 광호흡이 높다.

③ 일반적인 재배조건에서 온도계수(Q_{10})는 저온보다 고온에서 더 크다.

④ 양지식물은 음지식물에 비해 광보상점과 광포화점이 모두 높다.

16 1m²에 재배한 벼의 수량구성요소가 다음과 같을 때, 10a당 수량[kg]은?

- 유효분얼수 : 400개
- 1수영화수 : 100개
- 등숙률 : 80%
- 천립중 : 25g

① 400

② 500

③ 750

④ 800

17 조합능력에 대한 설명으로 옳지 않은 것은?

① 상호순환선발법을 통해 일반조합능력과 특정조합능력을 개량한다.

② 일반조합능력은 어떤 자식계통이 다른 많은 검정계통과 교배되어 나타나는 1대잡종의 평균잡종강세이다.

③ 조합능력은 1대잡종이 잡종강세를 나타내는 교배친의 상대적 능력이다.

④ 특정조합능력은 다계교배법을 통해 자연방임으로 자가수분시켜 검정한다.

ANSWER 15.④ 16.④ 17.④

15 ① C_4 식물은 C_3 식물에 비해 이산화탄소의 보상점이 낮고 포화점이 높아 광합성효율이 뛰어나다.

② 강광이고 고온이며 CO_2 농도가 낮고 O_2 농도가 높을 때 광호흡이 높다.

③ 일반적인 재배조건에서 온도계수(Q_{10})는 고온보다 저온에서 더 크다.

16 $\dfrac{400 \times 100 \times 0.025 \times 80}{100} = 800$

17 ④ 특정조합능력은 특정한 교배조합의 F_1에서만 나타나는 잡종강세이다.

18 아조변이에 대한 설명으로 옳지 않은 것은?

① 주로 생식세포에서 일어나는 돌연변이이다.
② 생장점에서 돌연변이가 발생하는 경우가 많다.
③ 햇가지에서 생기는 돌연변이의 일종이다.
④ '후지' 사과와 '신고' 배는 아조변이로 얻어진 것이다.

19 작물의 생육에서 변온의 효과에 대한 설명으로 옳은 것은?

① 고구마는 변온보다 30℃ 항온에서 괴근 형성이 촉진된다.
② 감자는 밤의 기온이 10~14℃로 저하되는 변온에서는 괴경의 발달이 느려진다.
③ 맥류는 야간온도가 높고 변온의 정도가 상대적으로 작을 때 개화가 촉진된다.
④ 벼는 밤낮의 온도차이가 작을 때 등숙에 유리하다.

20 종자의 형태나 조성에 대한 설명으로 옳지 않은 것은?

① 종자가 발아할 때 배반은 배유의 영양분을 배축에 전달하는 역할을 한다.
② 벼와 겉보리는 과실이 영(穎)에 싸여있는 영과이다.
③ 쌍떡잎식물의 저장조직인 떡잎은 유전자형이 3n이다.
④ 옥수수 종자는 전분 세포층이 배유의 대부분을 차지한다.

ANSWER 18.① 19.③ 20.③

- -

18 ① 주로 생장 중인 가지와 줄기의 생장점의 유전자에 일어나는 돌연변이이다.

19 ① 고구마는 항온보다 변온에서 괴근 형성이 촉진된다.
② 감자는 변온에서는 괴경의 발달이 촉진된다.
④ 벼는 변온조건에서 등숙에 유리하다.

20 ③ 배유의 유전자형이 3n이다.

1 우리나라 식량작물 생산에 대한 설명으로 옳지 않은 것은?

① 옥수수, 밀, 콩 등의 국내 생산이 크게 부족하여 사료용을 포함한 전체 곡물자급률은 30 % 미만으로 매우 낮다.
② 사료용을 포함한 곡물의 전체 자급률은 서류 > 보리쌀 > 두류 > 옥수수 순이다.
③ 곡물도입량은 옥수수 > 밀 > 콩 > 쌀 순이다.
④ 쌀을 제외한 생산량은 콩 > 감자 > 옥수수 > 보리 순이다.

2 작물의 생장과 발육에 대한 설명으로 옳지 않은 것은?

① 밤의 기온이 어느 정도 높아서 일중 변온이 작을 때 생장이 느리다.
② 작물의 생장은 진정광합성량과 호흡량 간의 차이에 영향을 받는다.
③ 토마토의 발육상은 감온상과 감광상을 뚜렷하게 구분할 수 없다.
④ 추파맥류의 발육상은 감온상과 감광상이 모두 뚜렷하다.

ANSWER 1.④ 2.①

1 ④ 쌀을 제외한 생산량은 감자>보리>콩>옥수수 순이다.
※ 곡물생산량(천톤) : 쌀 5,000 감자 643, 보리 177, 콩 139, 옥수수 78

2 ① 밤의 기온이 어느 정도 높아서 일중 변온이 작을 때 생장이 빠르다.

3 일장효과의 농업적 이용에 대한 설명으로 옳지 않은 것은?

① 고구마의 개화 유도를 위해 나팔꽃에 접목 후 장일처리를 한다.
② 국화는 조생국을 단일처리할 경우 촉성재배가 가능하다.
③ 일장처리를 통해 육종연한 단축이 가능하다.
④ 들깨는 장일조건에서 화성이 저해된다.

4 1대잡종(F₁) 품종의 종자를 효율적으로 생산하기 위하여 이용되는 작물의 특성은?

① 제웅, 자가수정
② 웅성불임성, 자가불화합성
③ 영양번식, 웅성불임성
④ 자가수정, 타가수정

ANSWER 3.① 4.②

3 ① 나팔꽃은 단일식물로, 고구마의 개화 유도를 위해 나팔꽃에 접목 후 단일처리를 한다.
※ 장일식물과 단일식물
ㄱ 장일식물 : 시금치, 완두, 아마, 맥류, 양귀비, 양파, 감자, 상추
ㄴ 단일식물 : 샐비어, 코스모스, 목화, 도꼬마리, 국화, 들깨, 콩, 나팔꽃, 담배, 벼

4 ② 1대잡종(F₁) 종자의 채종은 인공교배, 웅성불임성, 자가불화합성을 이용한다.
※ 1대잡종(F₁) 종자의 채종
ㄱ 웅성불임성 : 웅성불임성은 자연계에서 일어나는 일종의 돌연변이로 웅성기관, 즉 수술의 결함으로 수정능력이 있는 화분을 생산하지 못하는 현상이다.
ㄴ 자가불화합성 : 십자화과 채소나 목초류 식물에서 자주 보이는 식물 불임성의 한 종류로, 자가수정을 억제하고 타가수정을 조장하기 위하여 적응된 특성이다. 수분된 화분과 배주가 외관상 완전함에도 불구하고 그 조합에 따라 수정, 결실하지 못하는 현상으로 주두와 동일한 인자형의 화분보다 상이한 화분이 수분할 경우 더 빨리 수정할 수 있도록 하는 기작이다.

5 염색체상에 연관된 대립유전자 a, b, c가 순서대로 존재할 때, a − b 사이에 염색체의 교차가 일어날 확률은 10%, b − c 사이에 염색체의 교차가 일어날 확률은 20%이다. 여기서 a − c 사이에 염색체의 이중교차형이 1.4%가 관찰될 때 간섭계수는?

① 0.7

② 0.3

③ 0.07

④ 0.03

6 이질배수체(복2배체)에 대한 설명으로 옳지 않은 것은?

① 게놈이 다른 양친을 각각 동질4배체로 만든 후 교배하여 육성할 수 있다.

② 이종게놈의 양친을 교배한 F1의 염색체를 배가하여 육성할 수 있다.

③ 임성이 낮아지고 생육이 지연되지만 영양 및 생식 기관의 생육이 증진된다.

④ 맥류 중 트리티케일은 대표적인 이질배수체이다.

Aɴsᴡᴇʀ 5.② 6.③

5　a-c 사이에 이중교차가 일어날 확률 : $\dfrac{2}{100} \times 100 = 2(\%)$

그러나 a-c 사이에 염색체 이중교차형이 1.4%만 관찰되었으므로 이중교차에 간섭의 영향을 받은 것이다.

간섭계수=2중교차 갑섭/2중교차 기대=$\dfrac{0.6}{2} = 0.3$

6　③ 동질배수체의 특징이다.

※ 이질배수체

동질배수체가 같은 게놈이 여러 세트 있는 것에 비해, 이질배수체는 부친과 모친으로부터 배수체 게놈을 받아 수정이 잘 된다. 단, 게놈을 n개씩 받을 수도 있고, 2n개씩 혹은 3n개씩 받을 수도 있다. 사람은 아버지로부터 한벌, 어머니로부터 한벌의 게놈을 물려받아 수정되어 두벌의 게놈인 이질이배체이다. 담배는 양친으로부터 각각 두벌씩 받아서 이질 4배체이다. 빵밀은 부모로부터 3벌씩의 게놈을 물려받아 이질 6배체이다. 이질배수체는 유전물질이 풍부하기 때문에 부모의 중간형질이 나타나고 적응력도 뛰어나다. 또한, 같은 유전형질을 나타내는 게놈이 2, 4, 6벌씩 있지만, 부모로부터 반반씩 물려받았기 때문에, 감수분열할 때 염색체가 양쪽으로 잘 나뉘어지므로 생식세포가 잘 만들어지고, 수정이 잘 되기도 한다.

7 토양 입단에 대한 설명으로 옳은 것은?

① 칼슘이온의 첨가는 토양 입단을 파괴한다.
② 모관공극이 발달하면 토양의 함수 상태가 좋아지나, 비모관공극이 발달하면 토양 통기가 나빠진다.
③ 유기물 시용은 토양 입단 형성에 효과적이나 석회의 시용은 토양 입단을 파괴한다.
④ 콩과작물은 토양 입단을 형성하는 효과가 크다.

8 군락의 수광태세가 좋아지는 벼의 초형이 아닌 것은?

① 잎이 얇고 약간 넓다.
② 분얼이 약간 개산형이다.
③ 각 잎이 공간적으로 균일하게 분포한다.
④ 상위엽이 직립한다.

9 식물의 굴광성에 대한 설명으로 옳은 것은?

① 뿌리는 양성 굴광성을 나타낸다.
② 광을 생장점 한쪽에 조사하면 조사된 쪽의 옥신 농도가 높아진다.
③ 덩굴손의 감는 현상은 굴광성으로 설명할 수 있다.
④ 굴광성에는 청색광이 가장 유효하다.

ANSWER 7.④ 8.① 9.④

7 ④ 콩과작물은 토양 입단을 파괴한다.

8 ① 군락의 수광태세가 좋아지는 벼는 잎이 얇지 않고 좁으며, 상위엽 직립이다.

9 ① 뿌리는 양성 배광성을 나타낸다.
② 광을 생장점 한쪽에 조사하면 조사된 반대쪽의 옥신 농도가 높아진다.
③ 덩굴손의 현상은 굴광성으로 설명할 수 없다.

10 화본과작물의 군락상태에서 최적엽면적지수에 대한 설명으로 옳지 않은 것은?

① 일사량이 줄어들면 최적엽면적지수는 작아진다.
② 최적엽면적지수가 커지면 군락의 건물 생산이 늘어나 수량이 증대된다.
③ 수평엽 품종은 직립엽 품종에 비해 최적엽면적지수가 크다.
④ 최적엽면적지수 이상으로 엽면적지수가 늘어나면 건물 생산은 감소한다.

11 우리나라 잡초 중 주로 밭에서 발생하는 잡초로만 짝지어진 것은?

① 돌피 – 올방개 – 바랭이
② 알방동사니 – 가막사리 – 물피
③ 둑새풀 – 가막사리 – 돌피
④ 바랭이 – 깨풀 – 둑새풀

ANSWER 10.③ 11.④

10 ③ 직립엽 품종은 적립엽 품종에 비해 최적엽면적지수가 크다.
  ※ 최적엽면적지수
   순광합성량이 최대가 되는 엽면적지수(LAI)이다. 엽면적이 증가함에 따라 호흡량도 따라 증가하므로 엽면적 최대인 시기가 순광합성이 최대가 되지 않는다.

11 경지잡초의 종류
  ㉠ 논잡초
   • 화본과1년생잡초 : 피, 둑새풀
   • 화본과다년생잡초 : 나도겨풀
   • 방동사니과 1년생잡초 : 알방동사니, 참방동사니, 바람하늘지기, 바늘골
   • 방동사니과 다년생잡초 : 너도방동사니, 매자기, 올방개, 올챙이고랭이, 쇠털골, 파대가리
   • 광엽1년생잡초 : 물달개비, 물옥잠, 사마귀풀, 여뀌, 여뀌바늘, 마디꽃, 밭뚝외풀, 생이가래, 곡정초, 자귀풀, 중대가리풀
   • 광엽다년생잡초 : 가래, 버술, 올미, 개구리밥, 좀개구리밥, 네가래, 미나리
  ㉡ 밭잡초
   • 화본과1년생잡초 : 강아지풀, 개기장, 바랭이
   • 방동사니과 1년생잡초 : 참방동사니, 바람하늘지기, 파대가리
   • 광엽1년생잡초 : 개비름, 까마중, 명아주, 쇠비름, 여뀌, 자귀풀, 환삼덩쿨, 주름잎, 석류풀, 도꼬마리
   • 광엽월년생잡초 : 망초, 중대가리풀, 황새냉이
   • 광엽다년생잡초 : 반하, 쇠뜨기, 쑥, 토끼풀, 메꽃

12 콩과에 속하지 않는 사료작물은?

① 앨팰퍼

② 화이트클로버

③ 티머시

④ 레드클로버

13 제초제의 활성에 따른 분류에 대한 설명으로 옳은 것은?

① bentazon, 2,4-D 등 선택성 제초제는 작물에는 피해가 없고 잡초에만 피해를 준다.

② simazine, alachlor 등 비선택성 제초제는 작물과 잡초가 혼재되어 있지 않은 곳에서 사용된다.

③ bentazon, diquat 등 접촉형 제초제는 처리된 부위로부터 양분이나 수분의 이동을 통하여 다른 부위에도 약효가 나타난다.

④ paraquat, glyphosate 등 이행형 제초제는 처리된 부위에서 제초효과가 일어난다.

14 비료요소에 대한 설명으로 옳지 않은 것은?

① 유기물을 함유하지 않은 암모니아태질소를 해마다 사용하면 지력 소모가 일어나고 토양이 산성화된다.

② 과인산석회의 인산은 대부분 수용성이고 속효성이며, 산성토양에서는 철·알루미늄과 반응하여 토양에 고정되므로 흡수율이 높다.

③ 칼리질 비료로 사용되는 칼리는 거의 수용성이고 속효성이다.

④ 칼슘은 다량으로 요구되는 필수원소이나 간접적으로는 토양의 물리적, 화학적 성질을 개선한다.

ANSWER 12.③ 13.① 14.②

12 ③ 볏과에 속하는 사료작물이다.

※ 사료작물

　㉠ 볏과 : 옥수수, 호밀, 오차드그라스, 티머시, 라이그래스

　㉡ 콩과 : 알팔파, 화이트클로버, 레드클로버

13 제초제의 종류

　㉠ 선택성 제초제 : 2,4-D, 뷰티크로르, 벤타존, 프로파닐

　㉡ 비선택성 제초제 : 글리포사이트(근사미), 파라과트

　㉢ 접촉형 제초제 : 파라과트, 다이쿼트, 프로파닐

　㉣ 이행형 제초제 : 글리포사이트, 벤타존

14 ② 과인산석회의 인산은 대부분 수용성이고 속효성이며, 산성토양에서는 철·알루미늄과 반응하여 토양에 고정되므로 흡수율이 낮다.

15 정밀농업에 대한 설명으로 옳지 않은 것은?

① 첨단공학기술과 과학적인 측정수단을 통하여 토양의 특성과 작물의 생육 상황을 포장 수 미터 단위로 파악하여 활용하는 농업기술이다.

② 대형 농기계를 이용하여 포장 단위로 일정한 양의 농약과 비료를 균등하게 살포하는 기술이다.

③ 전산화된 지리정보시스템 지도와 데이터베이스를 기반으로 생육환경 정보를 처리하여 농자재 투입 처방을 결정한다.

④ 농업 생산성 증대, 오염의 최소화, 농산물의 안전성 확보, 농가 소득 증대 등의 효과가 있다.

16 목초의 하고현상에 대한 설명으로 옳지 않은 것은?

① 스프링플러시가 심할수록 하고가 심하다.

② 초여름의 장일조건은 하고를 조장한다.

③ 여름철 기온이 서늘하고 토양수분함량이 높을수록 촉진된다.

④ 사료의 공급을 계절적으로 평준화하는 데 불리하다.

ANSWER 15.③ 16.③

15 ③ 대형 농기계를 이용하여 포장 단위로 일정한 양의 농약과 비료 투입량을 달리하여 살포하는 기술이다.

　※ 정밀농업

　　정밀농업이란 한마디로 말해 농업에 ICT 기술을 활용하는 것으로 농작물 재배에 영향을 미치는 요인에 관한 정보를 수집하고, 이를 분석하여 불필요한 농자재 및 작업을 최소화함으로써 농산물 생산 관리의 효율을 최적화하는 시스템이다. 정밀농업은 '관찰'과 '처방', 그리고 '농작업' 및 '피드백' 등 총 4단계에 걸쳐 진행된다. 1단계인 관찰 단계에서는 기초 정보를 수집해서 센서 및 토양 지도를 만들어내고, 2단계인 처방 단계에서는 센서 기술로 얻은 정보를 기반으로 농약과 비료의 알맞은 양을 결정해 정보 처리 분석 기술로 이용한다. 3단계인 농작업 단계에서는 최적화된 정보에 따라 필요한 양의 농자재와 비료를 투입하고, 마지막 4단계인 피드백 단계에서는 모든 농작업을 마치고 기존의 수확량과 비교하면서 데이터를 수정 보완하여 축적한다.

16 ③ 여름철 기온이 높고 토양수분함량이 낮을수록 촉진된다.

　※ 하고현상

　　북방형 다년생 목초는 내한성이 강하여 겨울을 잘 넘기지만 여름철 고온기에는 생육이 쇠퇴하거나 정지하고 심하면 황하·고사하여 여름철 목초 생산량이 급격히 감소하는데, 이러한 현상을 목초의 하고현상이라고 한다. 이면 생육이 정지상태에 이르고 하고현상이 심해진다.

17 작휴방법별 특징을 기술한 것으로 옳은 것은?

① 평휴법으로 재배 시 건조해와 습해 발생의 우려가 커진다.

② 휴립구파법은 맥류 재배 시 한해(旱害)와 동해를 방지할 목적으로 이용된다.

③ 휴립휴파법으로 재배 시 토양통기와 배수가 불량해진다.

④ 성휴법으로 맥류 답리작 산파 재배 시 생장은 촉진되나 파종 노력이 많이 든다.

18 토양에 유안과 요소 비료를 각각 10kg 시비하였다면 이를 통해서 공급하는 질소(N)의 양[kg]은?

	유안	요소
①	1.0	1.0
②	2.1	2.5
③	2.1	4.6
④	3.3	2.2

ANSWER 17.② 18.③

17 ① 평휴법으로 재배 시 건조해와 습해가 동시에 완화된다.
③ 휴립휴파법으로 재배 시 토양통기와 배수가 좋아진다.
④ 성휴법으로 맥류 답리작 산파 재배 시 파종이 편리하다.

18 유안 : $10 \times \dfrac{21}{100} = 2.1$

요소 : $10 \times \dfrac{46}{100} = 4.6$

※ 비료별 질소 함유율

종류	질소(%)
황산암모늄(유안)	21
석회질소	21
염화암모늄	25
질산암모늄	33
요소	46

19 맥류의 기계화재배 적응품종에 대한 설명으로 옳지 않은 것은?

① 조숙성, 다수성, 내습성, 양질성 등의 특성을 지니고 있어야 한다.

② 기계 수확을 하게 되므로 초장은 100cm 이상이 적합하다.

③ 골과 골 사이가 같은 높이로 편평하게 되므로 한랭지에서는 내한성이 강해야 한다.

④ 잎이 짧고 빳빳하여 초형이 직립인 것이 알맞다.

20 퇴비 제조에 사용되는 재료 중 C/N율이 가장 높은 것은?

① 자운영   ② 쌀겨
③ 밀짚   ④ 콩깻묵

19 ② 기계 수확을 하게 되므로 초장은 70cm 정도가 적합하다.

20 ① 보리짚과 밀짚이 C/N율이 가장 높다.

※ 퇴비 제조 재료별 C/N율

재료	C/N율
보리짚	72
밀짚	72
볏짚	67
감자	29
낙엽	25
쌀겨	22
자운영	16
앨팰퍼	13
면실박	3.2
콩깻묵	2.4

1 춘화처리(vernalization)에 대한 설명으로 옳은 것은?

① 식물체가 일정 시기에 저온에 노출됨으로써 화성을 갖게 되는 현상이다.
② 종자의 수분함량이 15%일 때 저온처리를 하면 효과가 가장 좋게 나타난다.
③ 앱시스산(ABA) 호르몬을 사용하면 저온처리의 효과를 대체할 수 있다.
④ 러시아의 Vavilov가 추파 화곡류를 재료로 한 실험에서 처음 구명하였다.

2 계통육종의 특성에 대한 설명으로 옳은 것은?

① 유용한 유전자를 상실할 가능성이 작다.
② 내병성과 같은 양적형질의 개량에 효율적이다.
③ 육종 규모는 커지지만, 육종 연한을 단축할 수 있다.
④ 세대마다 개체와 계통을 관리하고 특성검정을 해야 한다.

Aɴsᴡᴇʀ 1.① 2.④

1 ② 수분함량은 종자에 따라서 다르다.
③ 앱시스산(ABA)은 휴면을 유도하고 유지한다.
④ Lysenko가 밀과 같은 추파 화곡류를 이용한 실험에서 처음 구명하였다.

2 ① 계통육종에서 특정 형질을 가진 개체를 선택하고 이들을 통해 계통을 형성하면서 다양한 유전자가 섞이면서 상실한 가능성이 크다.
② 단일 유전자나 소수의 유전자에 의한 형질 개량에 효과적이다.
③ 육종 규모는 커질 수 있지만 육종 연한이 단축되지 않는다.

3 보리 포장을 조사한 결과가 아래와 같이 나타났을 때 '혜강' 보리의 품종순도는?

- 보리 '혜강' 품종 : 94주
- 보리 '태강' 품종 : 3주
- 밀 '조한' 품종 : 2주
- 이형주 : 1주

---

① 94%

② 95%

③ 96%

④ 97%

4 생력기계화 재배의 전제조건에 대한 설명으로 옳지 않은 것은?

① 중경제초를 하기가 어려울 때 제초제의 이용이 요구된다.

② 대형 농업기계를 능률적으로 활용하려면 일정 규모 이상의 경지정리가 선행되어야 한다.

③ 농작업을 공동으로 할 수 있는 재배체계가 되어야 농기계를 운영하는 기계화재배에 유리하다.

④ 다양한 작물을 선택한 후 개별재배가 가능해야 소득증진과 기계화재배의 효율을 높일 수 있다.

5 온도와 관련된 작물의 반응에 대한 설명으로 옳은 것은?

① 지연형 냉해는 저온에 의해 불임현상이 발생하는 것이다.

② 작물 세포 내에 수분함량이 높아지면 내동성이 증대된다.

③ 월동작물은 경화(hardening)를 시키면 내동성이 감소한다.

④ 고온에서는 수분흡수보다도 증산이 과다하여 위조를 유발한다.

ANSWER 3.① 4.④ 5.④

- -

3 전체 개체 수는 94+3+2+1=100(주)이다.
'혜강' 보리의 품종 순도 계산 공식은 ('혜강' 보리 품종 개체 수 / 전체 개체 수) * 100이다.
품종순도 = (94/100)*100=94%

4 ④ 다양한 작물을 개별적으로 재배하는 것은 기계화의 효율성을 저하시키고, 기계 사용의 표준화와 효율적 운영이 어렵다.

5 ① 지연형 냉해는 저온이 오래 지속되어 작물의 생장과 발달이 지연되거나 억제된다.
② 세포 내 수분함량이 높아지면 동결의 위험이 증가하여 내동성이 감소한다.
③ 월동작물을 저온에 적응시키는 과정인 경화(hardening)는 내동성을 증가시킨다.

6 기공에 대한 설명으로 옳은 것은?

① 증산에서 수분의 이동과 확산속도는 기공의 개도와 같은 확산저항 등에 의해 결정된다.
② 잎의 통도조직에 있는 기공은 공변세포로 둘러싸여 있고 수분이 많아지면 팽창하여 닫힌다.
③ 기공은 관다발처럼 단자엽식물에서는 산재하고 있으나 쌍자엽식물에서는 평행으로 나열되어 있다.
④ 감자와 콩은 아랫면(배축)보다 윗면(향축)에 기공수가 많다.

7 자가불화합성에 대한 설명으로 옳지 않은 것은?

① 암술과 수술의 기능은 모두 정상 상태이다.
② S유전자좌의 복대립유전자에 의해 조절된다.
③ 포자체형 자가불화합성인 $S_1S_2 \times S_2S_3$ 조합에서 S_1S_3의 후손을 얻을 수 있다.
④ 주두에서 생성되는 특정 단백질이 화분의 특정 단백질을 인식하여 화합 여부가 결정된다.

8 여교배육종에 대한 설명으로 옳지 않은 것은?

① 반복친으로 사용될 만한 우량품종이 있어야 한다.
② 이전하려는 목표형질은 반복친에 있으므로 여러 형질을 이전하려고 할 때 유용하다.
③ 여러 번의 여교배를 거친 후에도 반복친의 특성을 충분히 유지하고 회복해야 한다.
④ 여교배를 실시하는 동안 이전하려는 형질의 특성이 변하지 않아야 한다.

ANSWER 6.① 7.③ 8.②

6 ② 기공은 공변세포로 둘러싸여 있으며, 수분이 많아지면 공변세포가 팽창하여 기공이 열린다.
③ 기공은 일반적으로 단자엽식물에서는 잎의 양면에 고르게 분포하고, 쌍자엽식물에서는 잎의 아랫면에 주로 분포한다.
④ 감자와 콩과 같은 작물은 잎의 아랫면(배축)에 기공이 더 많이 분포한다.

7 ③ S1S2×S2S3 조합에서 S1S3 후손을 얻을 수 없다. 포자체형 자가불화합성에서는 자가불화합성을 조절하는 유전자는 모체의 유전자형에 의해 결정된다.

8 ② 여교배육종은 특정 형질을 반복친에서 도입한다. 이전하려는 목표형질은 일반적으로 반복친에 없는 형질을 도입하고, 반복친에는 목표형질이 없기 때문에 다른 품종에서 도입한다.

9 목초의 하고현상에 대한 설명으로 옳지 않은 것은?

① 한지형 목초는 난지형 목초보다 일반적으로 요수량이 크다.

② 난지형 목초를 혼파하면 하고현상에 의한 피해를 줄일 수 있다.

③ 이른 봄에 방목이나 채초를 한 후 추비를 늦추면 스프링플러시가 완화된다.

④ 고랭지에서는 오처드그래스를 재배하고 평지에서는 티머시를 재배하면 하고현상이 줄어든다.

10 봄철 늦추위에 대비하는 동상해 응급대책으로 옳지 않은 것은?

① 수증기가 적은 연기를 발생시켜야 하므로 건초나 마른 가마니를 태운다.

② 지상 10m 정도의 높이에 팬을 설치하여 지면으로 송풍한다.

③ 저온이 지속되는 동안 살수장치로 식물체 표면을 빙결시킨다.

④ 물이 가진 열을 이용하도록 저녁에 충분히 관개를 한다.

11 그림 (가)~(다)의 작휴법을 바르게 연결한 것은?

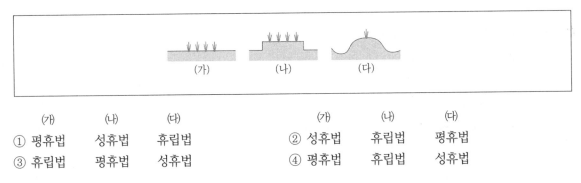

	(가)	(나)	(다)		(가)	(나)	(다)
①	평휴법	성휴법	휴립법	②	성휴법	휴립법	평휴법
③	휴립법	평휴법	성휴법	④	평휴법	휴립법	성휴법

Aɴsᴡᴇʀ 9.④ 10.① 11.①

9 ④ 오처드그래스와 티머시 모두 한지형 목초이다. 고랭지에서는 티머시가 더 적합하고 평지에서는 오처드그래스가 더 적합하다.

10 ① 연기를 발생시켜 공기 중의 열을 유지하려는 방법이다. 수증기가 적은 연기는 효과가 없고 습한 연기가 효과가 있다.

11 (가) 평휴법 : 토양 표면을 평평하게 만드는 재배 방법이다. 물의 침투와 토양의 수분 유지에 유리하다. 관개가 잘 이루어지는 지역에서 사용한다.
(나) 성휴법 : 토양을 고랑과 두둑 형태로 만드는 방법이다. 배수가 잘 되고 물빠짐이 좋은 토양에서 사용한다.
(다) 휴립법 : 땅을 둥글게 경작하여 둔덕처럼 만드는 방법이다. 원활한 물빠짐, 습해 예방 효과가 있다. 물빠짐이 필요한 지역에서 사용한다.

12 접목의 이점에 대한 설명으로 옳지 않은 것은?

① 접목묘는 실생묘에 비하여 결과 연한이 단축된다.
② 온주밀감은 탱자나무 대목보다 유자나무를 대목으로 하면 착색과 감미가 좋아진다.
③ 감나무를 고욤나무에 접목하면 내한성(耐寒性)이 증대된다.
④ 호박 대목에 수박을 접목하면 만할병이 회피되거나 경감된다.

13 윤작 시 작물선택에 대한 설명으로 옳지 않은 것은?

① 주작물이 특수하더라도 식량과 사료의 생산이 병행되는 것이 좋다.
② 화본과, 두과, 근경작물의 교대배치를 통해 기지현상을 회피하도록 한다.
③ 잡초의 발생을 경감시키려면 피복작물과 중경작물을 피한다.
④ 토지이용도를 높이도록 여름작물과 겨울작물을 결합한다.

14 벼의 기상생태형에 대한 설명으로 옳은 것은?

① 우리나라에서 조생종은 감광형(bLt 형)이고 만생종은 감온형(blT 형)이 된다.
② 저위도 지역에서 기본영양생장형(Blt 형)이 주요 다수성 품종이 된다.
③ 중위도 지역에서 감온형(blT 형)이 주요 다수성 품종이 된다.
④ 고위도 지역에서 감광형(bLt 형)이 가을철 서리에 안전한 품종이 된다.

ANSWER 12.② 13.③ 14.②

12 ② 온주밀감은 탱자나무를 대목으로 사용한다. 탱자나무 대목이 착색과 감미가 좋아진다.

13 ③ 피복작물은 잡초의 발생을 억제한다. 잡초 발생을 경감시키기 위해서는 피복작물을 사용한다.

14 ① 우리나라에서 조생종은 감온형(blT 형)이고 만생종은 감광형(bLt 형)이다.
③ 중위도 지역에서 감광형(bLt 형)이 주요 다수성 품종이 된다.
④ 고위도 지역에서 감온형(blT 형)이 가을철 서리에 안전한 품종이 된다.

15 농경지에 발생하는 잡초 특성으로 옳지 않은 것은?

① 일반적으로 논 잡초는 발아에 필요한 산소요구도가 낮다.

② 밭 잡초는 대부분 혐광성이어서 광이 없는 조건에서도 잘 발아한다.

③ 잡초 종자는 바람이나 물, 동물이나 사람 등을 통한 전파력이 매우 높다.

④ 가래와 올미는 다년생 광엽 논 잡초이고 여뀌와 망초는 광엽 밭 잡초이다.

16 지리적 특성을 가진 농수산물 또는 농수산가공품의 품질 향상과 지역특화산업 육성 및 소비자 보호를 위한 지리적표시 등록 제도는?

① GAP

② PGI

③ PLS

④ HACCP

17 과실의 숙성과정 중 나타나는 변화에 대한 설명으로 옳지 않은 것은?

① 저장녹말이 당화되고 가용성 고형물이 증가한다.

② 유기산은 기질로 소모되거나 당으로 전환되어 감소한다.

③ 안토시아닌 함량과 엽록소 함량이 모두 감소한다.

④ 에틸렌의 발생과 공급은 과채류에서 호흡을 증가시킨다.

Answer 15.② 16.② 17.③

15 ② 밭 잡초는 대부분 호광성이어서 광이 있는 조건에서도 잘 발아한다.

16 ② PGI : 지리적 특성을 가진 농수산물 또는 농수산가공품의 품질 향상과 지역특화산업 육성 및 소비자 보호를 위한 지리적표시 등록 제도이다.
   ① GAP : 농산물의 생산, 수확, 포장, 저장 등의 전 과정에서 안전하고 위생적인 관리기준을 준수하는 제도이다.
   ③ PLS : 농약 사용의 안전성을 보장하기 위해 잔류허용기준을 설정하는 제도이다.
   ④ HACCP : 식품의 안전성을 보장하기 위해 생산 공정에서의 위해 요소를 분석하고 중요한 관리점을 설정하여 관리하는 시스템이다.

17 ③ 숙성 과정에서 안토시아닌 함량은 증가하여 과일의 색이 진해지고, 엽록소 함량은 감소하여 녹색이 사라진다.

18 각 작물의 수량 계산식으로 옳지 않은 것은?

① 사탕무 수량 : 단위 면적당 식물체수 × 덩이뿌리 무게 × 성분함량
② 콩 수량 : 단위 면적당 개체수 × 꼬투리당 평균 입수 × 백립중/100
③ 벼 수량 : 단위 면적당 수수 × 1수영화수 × 등숙률 × 천립중/1,000
④ 감자 수량 : 단위 면적당 식물체수 × 식물체당 덩이줄기수 × 덩이줄기의 무게

19 작물의 재배 이론에 대한 사실을 시대순으로 바르게 나열한 것은?

> (가) Lawes는 비료 3요소 개념을 제시하고 N, P, K가 주요 원소임을 밝혔다.
> (나) Koelreuter는 식물의 성을 규명하고 교잡을 통하여 새로운 개체를 얻었다.
> (다) Pokorny는 선택성 제초제인 2,4−D를 인공적으로 합성하는 데 성공하였다.
> (라) De Vries는 달맞이꽃 연구에서 돌연변이를 발견하고 돌연변이설을 발표하였다.

① (가) − (나) − (다) − (라)
② (가) − (나) − (라) − (다)
③ (나) − (가) − (다) − (라)
④ (나) − (가) − (라) − (다)

20 경종적 방제법에 대한 설명으로 옳지 않은 것은?

① 밤나무혹벌을 방제하기 위하여 저항성품종을 재배한다.
② 기지의 원인이 되는 토양전염성 병해충은 윤작으로 줄인다.
③ 고구마의 시들음병을 방제하기 위하여 비병원성인 *Fusarium* 균주를 상호처리한다.
④ 감자의 종서는 바이러스병을 방제하기 위하여 진딧물이 서식하기 어려운 고산지역에서 생산한다.

ANSWER 18.② 19.④ 20.③

18 ② 콩 수량 : 단위 면적당 개체수 × 개체당 꼬투리수 × 꼬투리당 평균 입수 × 백립중/100

19 (나) Koelreuter는 1761년에 식물의 성을 규명하고 교잡을 통하여 새로운 개체를 얻었다.
(가) Lawes는 1840년대에 비료 3요소 개념을 제시하고 N, P, K가 주요 원소임을 밝혔다.
(라) De Vries는 1901년에 달맞이꽃 연구에서 돌연변이를 발견하고 돌연변이설을 발표하였다.
(다) Pokorny는 1940년대에 선택성 제초제인 2,4−D를 인공적으로 합성하는 데 성공하였다.

20 ③ 비병원성인 *Fusarium* 균주를 상호처리하는 것은 생물학적 방제이다.

21 종자의 수명과 퇴화에 대한 설명으로 옳은 것은?

① 옥수수와 콩은 장명종자이고 가지와 토마토는 단명종자이다.
② 감자는 평지재배 시 가을재배보다 봄재배에서 퇴화가 경감된다.
③ 격리재배를 하면 자연교잡에 의한 유전적 퇴화를 줄일 수 있다.
④ 종자의 수명은 종자의 퇴화가 일어나지 않는 기간을 말한다.

22 작물 재배에서 온도에 대한 설명으로 옳지 않은 것은?

① 흐린 날 밤과 음지에서는 작물체온이 기온보다 낮다.
② 토양의 색이 검거나 진해지면 보통 지온이 높아진다.
③ 지하수를 바로 관개하면 벼의 냉해 피해를 줄일 수 있다.
④ 기온의 연변화 중 무상기간은 여름작물을 선택하는 데 중요한 요인이다.

23 작물의 포장광합성에 대한 설명으로 옳은 것은?

① 옥수수는 상위엽이 직립하고 아래로 갈수록 기울어져 하위엽은 수평인 경우가 유리하다.
② 군락의 수광태세가 좋을수록 최적엽면적지수는 낮아진다.
③ 포장동화능력은 총엽면적과 평균동화능력의 곱으로 표시된다.
④ 군락의 광포화점은 군락형성도가 낮을수록 높아진다.

ANSWER 21.③ 22.③ 23.①

21 ① 옥수수와 콩은 단명종자이고 가지와 토마토는 장명종자이다.
② 감자는 평지재배 시 봄재배보다 가을재배에서 퇴화가 경감된다.
④ 종자의 수명은 종자가 발아 능력을 유지하는 기간이다.

22 ③ 지온보다 낮은 온도인 지하수는 바로 관개하면 벼의 냉해 피해를 증가시킨다.

23 ② 군락의 수광태세가 좋을수록 최적엽면적지수는 높아진다.
③ 포장동화능력은 총엽면적, 수광능률, 평균동화능력의 곱으로 표시된다.
④ 군락의 광포화점은 군락형성도가 높을수록 높아진다.

24 타식성 작물의 육종에 대한 설명으로 옳지 않은 것은?

① 타식성 작물에서는 단순한 집단선발보다 계통집단선발의 육종효과가 확실하다.

② 상호순환선발은 서로 다른 대립유전자가 적을 때 효과적이며 4년 주기로 반복하여 실시한다.

③ 합성품종은 세대가 진전되어도 비교적 높은 잡종강세가 나타나고 환경변동에 대한 안정성이 높다.

④ 단순순환선발은 일반조합능력을 개량하는 데 효과적이나 검정친의 사용에 따라 특정조합능력을 개량할 수도 있다.

25 작물의 적산온도에 대한 설명으로 옳지 않은 것은?

① 유효온도는 작물의 생육이 효과적으로 이루어지는 온도를 말한다.

② 겨울작물인 추파맥류가 여름작물인 메밀보다 크다.

③ 유효적산온도 계산 시 기본온도는 유채가 $0\,^\circ C$, 벼는 $5\,^\circ C$가 타당하다.

④ 춘파작물의 최저온도는 그 작물의 파종시기를 결정하는 온도와 대체로 일치한다.

ANSWER 24.② 25.③
....

24 ② 상호순환선발은 유전적 다양성을 증가시키기 위해 상이한 대립유전자를 가진 집단을 교배하여 선발하는 방법으로 대립유전자가 많을 때 효과적이다.

25 ③ 유효적산온도 계산 시 기본온도는 유채가 $5\,^\circ C$, 벼는 $10\,^\circ C$가 타당하다.

1 다음에서 설명하는 식물생장조절제는?

> • 완두, 뽕, 진달래에 처리하면 정아우세를 타파하여 곁눈의 발달을 조장한다.
> • 옥수수, 당근, 토마토에 처리하면 생육 속도가 늦어지거나 생육이 정지된다.
> • 사과나무, 서양배, 양앵두나무에 처리하면 낙엽을 촉진하여 조기 수확할 수 있다.

① Ethephon
② Amo−1618
③ B−Nine
④ Phosfon−D

2 10a의 논에 질소 성분 10kg을 시비할 경우, 복합비료(20−10−12)의 시비량[kg]은?

① 20
② 30
③ 50
④ 80

ANSWER 1.① 2.③

1 ① 사과와 토마토의 과실성숙, 귤의 녹색제거, 파인애플 개화시기 조절, 꽃과 과실의 탈리조절 목적

2 복합비료량 중 질소를 기준으로 시비량을 구하면, 20−10−12의 복합비료이기 때문에

$$10\text{kg} \times \frac{100}{20} = 50\text{kg}$$

∴ 복합비료의 시비량은 50kg

3 페녹시(phenoxy)계로 이행성이 크고 일년생 광엽잡초 제초제는?

① Alachlor

② Simazine

③ Paraquat

④ 2,4-D

4 종자펠릿 처리의 이유가 아닌 것은?

① 종자의 크기가 매우 미세한 경우

② 종자의 표면이 매우 불균일한 경우

③ 종자가 가벼워서 손으로 다루기 어려운 경우

④ 종자의 식별이 어려운 경우

5 종자소독에 대한 설명으로 옳은 것은?

① 화학적 소독은 세균 및 바이러스를 모두 제거할 수 있다.

② 맥류에서 냉수온탕침법 시 온탕 처리는 100℃에서 2분간 실시한다.

③ 곡류종자는 온탕침법을 이용하고, 채소종자는 건열처리를 이용한다.

④ 친환경농업에서는 화학적 소독을 선호한다.

ANSWER 3.④ 4.④ 5.③

3 ④ 2,4-디클로로페녹시아세트산(2,4-Dichlorophenoxyacetic acid, 이사디. 간단히 2,4-D)는 잎이 넓은 잡초를 제어하는 데 쓰이는 일반적인 제초제 농약 가운데 하나이다. 전 세계에서 가장 널리 쓰이고 있는 제초제이며 북아메리카에서 세 번째로 많이 쓰인다.

4 ④ 펠렛의 목적은 종자크기를 증가시켜 기계화 파종을 가능하게 하여 파종과 솎음노력을 절감하고 종자를 절약하는데 있다.

5 ① 화학적 소독이 모든 세균 및 바이러스를 제거할 수 있는 것은 아니다.
② 맥류에서 냉수온탕침법 시 온탕 처리는 45~50℃에서 2분간 실시한다.
④ 친환경 농업은 농림축산물 생산 과정에서 화학 농약이나 비료를 최소한으로 투입하여 생물 환. 경(물, 토양 등)의 오염을 최소화하는 농법이다.

6 목초의 혼파에 대한 설명으로 옳지 않은 것은?

① 화본과목초와 콩과목초가 섞이면 가축의 영양상 유리하다.
② 잡초 경감 효과가 있으나, 병충해 방제와 채종작업이 곤란하다.
③ 상번초와 하번초가 섞이면 광을 입체적으로 이용할 수 있다.
④ 화본과목초와 콩과목초가 섞이면 콩과목초만 파종할 때보다 건초 제조가 어렵다.

7 대기조성 변화에 따른 작물의 생리현상으로 옳지 않은 것은?

① 광포화점에 있어서 이산화탄소 농도는 광합성의 제한요인이 아니다.
② 산소 농도에 따라 호흡에 지장을 초래한다.
③ 과일, 채소 등을 이산화탄소 중에 저장하면 pH 변화가 유발된다.
④ 암모니아 가스는 잎의 변색을 초래한다.

8 습답에 대한 설명으로 옳지 않은 것은?

① 작물의 뿌리 호흡장해를 유발하여 무기성분의 흡수를 저해한다.
② 토양산소 부족으로 인한 벼의 장해는 습해로 볼 수 없다.
③ 지온이 높아지면 메탄가스 및 질소가스의 생성이 많아진다.
④ 토양전염병해의 전파가 많아지고, 작물도 쇠약해져 병해 발생이 증가한다.

ANSWER 6.④ 7.① 8.②

6 ④ 목초를 혼파하면 유리한 점 건초, 사일리지, 방목 등 이용방법의 선택이 쉬워진다.

7 광합성에 영향을 주는 요인으로는 빛의 세기, 이산화 탄소 농도, 온도가 있다. 이 중 한 가지 요인이라도 부족하면 부족한 요인에 의해 광합성이 억제된다. 이러한 요인을 제한 요인이라고 한다.
ⓐ 빛의 세기 어느 한계 이상의 빛의 세기(광포화점)가 되면 광합성량이 증가하다가 일정해진다.
ⓑ 이산화 탄소 농도 어느 한계 이상으로 이산화 탄소 농도가 높아지면 광합성량이 증가하다가 일정해진다.
ⓒ 온도 최적 온도까지 온도 상승에 따라 광합성량이 증가하다가 최적 온도 이상이 되면 광합성량이 급격히 감소한다.

8 ② 습해란 토양 공극이 물로 차서 뿌리가 산소 부족으로 호흡을 못해서 해를 입는 것이다.

9 산성토양에 강한 작물로만 묶인 것은?

① 벼, 메밀, 콩, 상추
② 감자, 귀리, 땅콩, 수박
③ 밀, 기장, 가지, 고추
④ 보리, 옥수수, 팥, 딸기

10 다음 그림의 게놈 돌연변이에 해당하는 것은?

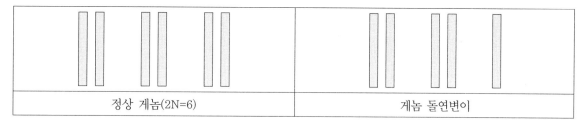

정상 게놈(2N=6)	게놈 돌연변이

① 3배체
② 반수체
③ 1염색체
④ 3염색체

ANSWER 9.② 10.③

9 ㉠ 산성토양에 강한 작물 : 고구마, 감자, 토란, 수박
㉡ 산성토양에 보통 작물 : 무, 토마토, 고추, 가지, 당근, 우엉, 파
㉢ 산성토양에 강한 작물 : 시금치, 상추, 양파

10

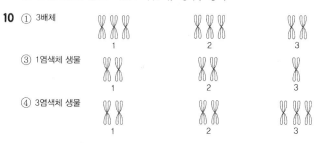

① 3배체

③ 1염색체 생물

④ 3염색체 생물

11 식용작물이면서 전분작물인 것으로만 묶인 것은?

① 옥수수, 감자
② 콩, 밀
③ 땅콩, 옥수수
④ 완두, 아주까리

12 합성품종의 특성에 대한 설명으로 옳지 않은 것은?

① 5 ~ 6개의 자식계통을 다계교배한 품종이다.
② 타식성 사료작물에 많이 쓰인다.
③ 환경변동에 대한 안정성이 높다.
④ 자연수분에 의한 유지가 불가능하다.

13 웅성불임성을 이용하여 일대잡종(F1)종자를 생산하는 작물로만 묶인 것은?

① 오이, 수박, 호박, 멜론
② 당근, 상추, 고추, 쑥갓
③ 무, 양배추, 배추, 브로콜리
④ 토마토, 가지, 피망, 순무

ANSWER 11.① 12.④ 13.②

- -

11 식용작물이면서 전분작물인 것 : 옥수수, 감자
전분작물로 분류되는 공예작물 : 옥수수, 고구마

12 ④ 합성품종은 여러 계통이 관여된 것이기 때문에 세대가 진전되어도 비교적 높은 잡종강세가 나타나고, 유전적 폭이 넓어 환경변동에 대한 안정성이 높으며, 자연수분에 의해 유지하므로 채종노력과 경비 채종노력과 경비가 절감된다.

13 ② 웅성불임성이란 웅성기관의 이상으로 말미암아 종자가 형성되지 않고 따라서 차대식물을 얻을 수 없는 현상을 말하는 것으로 양파, 당근, 고추, 토마토, 옥수수 등의 일대잡종 채종에 널리 이용되고 있다.

14 다음 그림은 세포질-유전자적 웅성불임성(CGMS)을 이용한 일대잡종(F1)종자 생산체계이다. ㈎~㈑에 들어갈 핵과 세포질의 유전조성을 바르게 연결한 것은? (단, S는 웅성불임세포질, N은 웅성가임세포질, Rf는 임성회복유전자이다)

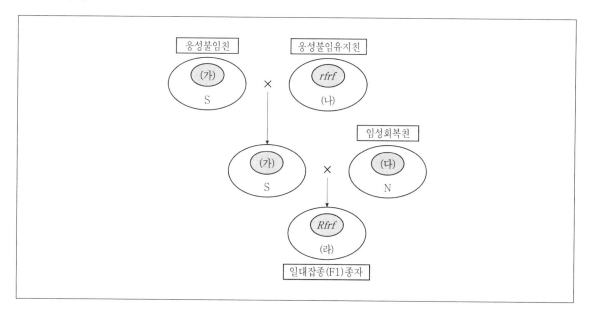

	㈎	㈏	㈐	㈑
①	rfrf	S	RfRf	N
②	rfrf	N	RfRf	S
③	RfRf	S	rfrf	N
④	RfRf	N	rfrf	S

ANSWER 14.②

14

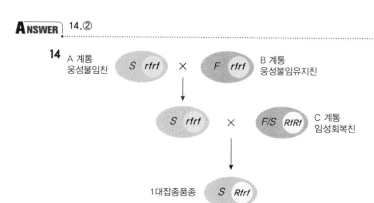

A 계통
웅성불임친

B 계통
웅성불임유지친

C 계통
임성회복친

1대잡종품종

15 작물의 수분과 수정에 대한 설명으로 옳지 않은 것은?

① 한 개체에서 암술과 수술의 성숙시기가 다르면 타가수분이 이루어지기 쉽다.

② 타식성 작물은 자식성 작물보다 유전변이가 크다.

③ 속씨식물과 겉씨식물은 모두 중복수정을 한다.

④ 옥수수는 2n의 배와 3n의 배유가 형성된다.

16 자식성 작물의 육종방법에 대한 설명으로 옳지 않은 것은?

① 계통육종은 세대를 진전하면서 개체선발과 계통재배 및 계통선발을 반복하여 우량한 순계를 육성한다.

② 집단육종은 초기세대부터 선발을 진행하고 후기세대에서 혼합채종과 집단재배를 실시한다.

③ 여교배육종에서 처음 한 번만 사용하는 교배친은 1회친이다.

④ 여교배육종은 우량품종의 한두 가지 결점 보완에 효과적인 방법이다.

17 다음 일장효과에 대한 설명으로 옳은 것만을 모두 고르면?

> ㉠ 빛을 흡수하는 피토크롬이라는 색소단백질과 연관되어 있다.
>
> ㉡ 일장효과에 유효한 광의 파장은 일장형에 따라 다르다.
>
> ㉢ 명기에는 약광일지라도 일장효과에 작용하고, 일반적으로 광량이 증가할 때 효과가 커진다.
>
> ㉣ 도꼬마리의 경우 8시간 이하의 연속암기를 주더라도 상대적 장일상태를 만들면 개화가 촉진된다.
>
> ㉤ 장일식물의 경우 야간조파 해도 개화유도에 지장을 주지 않는다.
>
> ㉥ 장일식물은 질소가 풍부하면 생장속도가 빨라져서 개화가 촉진된다.

① ㉠, ㉢, ㉤   ② ㉠, ㉣, ㉥

③ ㉡, ㉢, ㉤   ④ ㉡, ㉣, ㉥

ANSWER 15.③ 16.② 17.①

15 ③ 겉씨식물은 속씨식물과 달리 중복수정을 하지 않는다.

16 ② 집단육종은 초기세대까지는 그냥 한 곳에 집단으로 재배하여 씨앗을 얻고, 집단의 80% 정도가 동형접합체가 된 다음부터 개체를 선발하여 순계를 육성하는 방법이다.

17 ㉡ 일장효과에 유효한 광의 파장은 장일식물이나 단일식물이나 같다.
㉣ 도꼬마리의 경우 10시간 이상 연속암기를 주면 개화가 촉진된다.
㉥ 질소가 부족한 경우 장일식물은 개화가 촉진된다.

18 토양의 특성에 대한 설명으로 옳지 않은 것은?

① 토양의 pH가 올라감에 따라 토양의 산화환원전위는 내려간다.
② 암모니아태질소를 논토양의 환원층에 공급하면 비효가 짧다.
③ 공중질소 고정균으로 호기성인 Azotobacter, 혐기성인 Clostridium이 있다.
④ 담수조건의 작토 환원층에서는 황산염이 환원되어 황화수소(H_2S)가 생성된다.

19 기지 현상이 나타나는 정도를 순서대로 바르게 나열한 것은?

① 아마 > 삼 > 토란 > 벼
② 인삼 > 담배 > 마 > 생강
③ 수박 > 감자 > 시금치 > 딸기
④ 포도나무 > 감나무 > 사과나무 > 감귤류

20 작물의 이식재배에 대한 설명으로 옳지 않은 것은?

① 보온육묘를 하면 생육기간이 연장되어 증수를 기대할 수 있다.
② 본포에 전작물(前作物)이 있을 경우 전작물 수확 후 이식함으로써 경영 집약화가 가능하다.
③ 시비는 이식하기 전에 실시하며, 미숙퇴비는 작물의 뿌리에 접촉되지 않도록 주의해야 한다.
④ 묘상에 묻혔던 깊이로 이식하는 것이 원칙이나 건조지에서는 다소 얕게 심고, 습지에서는 다소 깊게 심는다.

ANSWER 18.② 19.③ 20.①

18 ② 암모니아태 질소를 미리 환원층에 주면 토양에 흡착된 채 변하지 않으므로 비효가 증진된다.

19 동일한 포장에 같은 종류의 작물을 계속해서 재배하는 것을 연작이라고 하는데, 연작을 할 때 작물의 생육이 뚜렷하게 나빠지는 것을 기지라고 하며 이러한 현상을 기지현상이라고 한다. 기지현상은 작물의 종류에 따라 큰 차이가 있다.
  ※ 작물의 기지 정도
  　㉠ 연작의 해가 적은 작물 : 벼, 맥류, 조, 수수, 옥수수, 고구마, 무, 당근, 연, 순무, 뽕나무, 아스파라거스, 토당귀, 미나리, 딸기, 양배추, 꽃양배추, 목화, 삼, 양파, 담배, 사탕수수, 호박
  　㉡ 1년 휴작이 필요한 작물 : 쪽파, 시금치, 콩, 파, 생강 등
  　㉢ 2년 휴작이 필요한 작물 : 마, 감자, 잠두, 오이, 땅콩 등
  　㉣ 3년 휴작이 필요한 작물 : 쑥갓, 토란, 참외, 강낭콩 등
  　㉤ 5년~7년 휴작이 필요한 작물 : 수박, 가지, 완두, 우엉, 고추, 토마토, 레드클로버, 사탕무 등
  　㉥ 10년 이상 휴작이 필요한 작물 : 아마, 인삼 등

20 ④ 묘상에 묻혔던 깊이로 이식하는 것이 원칙이나 건조지에서는 다소 깊게 심고, 습지에서는 다소 얕게 심는다.

1 생력기계화재배의 전제조건이 아닌 것은?

① 경지정리를 한다.
② 집단재배를 한다.
③ 잉여노력의 수익화를 도모한다.
④ 제초제를 이용하지 않는다.

2 다음에서 설명하는 효과로 옳지 않은 것은?

> 가축용 조사료를 생산하기 위해 사료용 옥수수와 콩과식물을 함께 섞어서 심는 재배기술이다.

① 가축의 영양상 유리하다.
② 질소질 비료를 절약할 수 있다.
③ 토양에 존재하는 양분을 효율적으로 이용할 수 있다.
④ 제초제를 이용한 잡초 방제가 쉽다.

ANSWER 1.④ 2.④

1 생력재배의 전제조건
　㉠ 경지정리가 되어 있어야 한다.
　㉡ 잡단재배 또는 공동 재배하는 것이 유리하다.
　㉢ 제초제의 사용
　㉣ 적응 재배체계를 확립할 수 있다.
　㉤ 잉여 노동력을 수익화에 활용해야 한다.

2 ④ 혼파의 단점은 파종작업이 불편하며 목초별로 생장이 달라 시비, 병충해 방제, 수확작업 등이 불편하며 채종이 곤란하다.

3 멀칭에 대한 설명으로 옳지 않은 것은?

① 생육 일수를 단축할 수 있다.
② 잡초의 발생을 억제할 수 있다.
③ 작물의 수분이용효율을 감소시킨다.
④ 재료는 비닐을 많이 사용한다.

4 잡초와 제초제에 대한 설명으로 옳은 것은?

① 클로버는 목야지에서는 목초이나 잔디밭에서는 잡초이다.
② 대부분의 경지 잡초들은 혐광성 식물이다.
③ 2,4-D는 비선택성 제초제로 최근에 개발되었다.
④ 가래와 올미는 1년생 논잡초이다.

5 토양의 입단에 대한 설명으로 옳지 않은 것은?

① 농경지에서는 입단의 생성과 붕괴가 끊임없이 이루어진다.
② 나트륨 이온은 점토 입자의 응집현상을 유발한다.
③ 수분보유력과 통기성이 향상되어 작물생육에 유리하다.
④ 건조한 토양이 강한 비를 맞으면 입단이 파괴된다.

ANSWER 3.③ 4.① 5.②
....

3 ③ 멀칭은 수분의 함유량을 증가시키며 수분의 이용 효율을 좋게 한다.

4 ② 대부분의 경지잡초들은 호광성 식물로서 광에 노출되는 표토에서 발아한다.
    ③ 2,4-D는 선택성 제초제로 수도본답과 잔디밭에 이용된다.
    ④ 가래와 올미는 광엽다년생잡초이다.

5 ② 나트륨 이온은 점토의 결합을 느슨하게 하여 입단을 파괴한다.

6 작물의 신품종이 보호품종으로 보호받기 위하여 갖추어야 할 요건이 아닌 것은?

① 구별성
② 균일성
③ 안전성
④ 고유한 품종 명칭

7 우리나라 자식성 작물의 종자증식에 대한 설명으로 옳지 않은 것은?

① 원원종은 기본 식물을 증식하여 생산한 종자이다.
② 원종은 원원종을 각 도 농산물 원종장에서 1세대 증식한 종자이다.
③ 보급종은 기본식물의 종자를 곧바로 증식한 것으로 농가에 보급할 목적으로 생산한 종자이다.
④ 기본식물은 신품종 증식의 기본이 되는 종자로 육종가가 직접 생산한 종자이다.

8 우리나라 농업의 특색에 대한 설명으로 옳지 않은 것은?

① 토양 모암이 화강암이고 강우가 여름에 집중되므로 무기양분이 용탈되어 토양비옥도가 낮은 편이다.
② 좁은 경지면적에 다양한 작물을 재배하여 작부체계가 잘 발달하였으며 우수한 윤작체계를 갖추고 있다.
③ 옥수수, 밀 등은 국내 생산이 부족하여 많은 양의 곡물을 수입에 의존하고 있다.
④ 경영규모가 영세하므로 수익을 극대화하기 위해 다비농업이 발전하였다.

ANSWER 6.③ 7.③ 8.②

6 ③ 안전성이 아닌 안정성이다.
   ※ **품종보호제도** … 식물 신품종 육성자의 권리를 법적으로 보장하여 주는 지적재산권의 한 형태이다.
   ※ **품종보호제도의 요건**
      ㉠ 신규성(Novelty) : 출원 전에 품종의 종자와 수확물의 상업적 처분이 없어야 한다.
      ㉡ 구별성(Distinctness) : 출원시에 일반인들에게 알려진 다른 품종과 분명하게 구별되어야 한다.
      ㉢ 균일성(Uniformity) : 번식을 할 때 예상되는 변이를 고려해서 관련 특성이 균일하게 분포해야 한다.
      ㉣ 안정성(Stability) : 반복으로 번식하여도 관련특성이 안정성을 유지하여야 한다.
      ㉤ 품종의 명칭(Denomination) : 모든 품종은 하나의 고유한 품종 명칭을 가져야 한다.

7 ③ 보급종은 원원종 또는 원종에서 1세대 증식하여 농가에 보급되는 종자를 말한다.

8 ② 우리나라는 경지의 제약이 있어 밭에서 이와 같은 윤작이 발달되지 못하였으며, 화학공업의 발달로 다비, 다농약에 의한 단위면적당 수량증대가 가능해짐에 따라 윤작이 경시되어 단작화 및 연작화되어 왔었다. 그러나 근래에 와서 남부지대의 일부에서 논에 시설채소를 재배한 후 토양 중 염농도가 상승되면 주기적으로 다시 논으로 전환하여 벼를 재배하는 답전윤환의 작부 방식이 행해지고 있다.

9 식물체 내의 수분퍼텐셜에 대한 설명으로 옳지 않은 것은?

① 매트릭퍼텐셜은 식물체 내에서 거의 영향을 미치지 않는다.
② 압력퍼텐셜과 삼투퍼텐셜이 같으면 원형질분리가 일어난다.
③ 수분퍼텐셜은 토양이 가장 높고 식물체가 중간이며 대기가 가장 낮다.
④ 식물이 잘 자라는 포장용수량은 중력수를 완전히 배제하고 남은 수분상태이다.

10 작물의 광합성에 대한 설명으로 옳지 않은 것은?

① 광보상점에서는 이산화탄소의 방출 속도와 흡수 속도가 같다.
② 광포화점에서는 광도를 증가시켜도 광합성이 더 이상 증가하지 않는다.
③ 군락 상태의 광포화점은 고립 상태의 광포화점보다 낮다.
④ 진정광합성은 호흡을 빼지 않은 총광합성을 말한다.

11 유전자 간의 상호작용에 대한 설명으로 옳은 것은?

① 비대립유전자 상호작용의 유형에서 억제유전자의 F2 표현형 분리비는 12 : 3 : 1이다.
② 우성이나 불완전우성은 대립유전자에서 나타나고 비대립유전자 간에는 공우성과 상위성이 나타난다.
③ 우성유전자 2개가 상호작용하여 다른 형질을 나타내는 보족유전자의 F2 표현형 분리비는 9 : 7이다.
④ 유전자 2개가 같은 형질에 작용하는 중복유전자이면 F2 표현형 분리비가 9 : 3 : 4이다.

ANSWER 9.② 10.③ 11.③

9 ② 압력퍼텐셜과 삼투퍼텐셜이 같으면 세포의 수분퍼텐셜이 0이 되므로 팽만상태가 된다.

10 ③ 고립상태의 광포화점은 전광의 30~60% 범위에 있고, 군락상태의 광포화점은 고립상태보다 높다.

11 ① 비대립유전자 상호작용의 유형에서 억제유전자의 F_2 표현형 분리비는 3 : 13이다.
② 완전우성, 불완전우성, 공우성은 대립유전자에서 나타나고 비대립유전자 간에는 상위성이 나타난다.
④ 유전자 2개가 같은 형질에 작용하는 중복유전자이면 F_2 표현형 분리비가 15 : 1이다.

12 온도가 작물 생육에 미치는 영향에 대한 설명으로 옳지 않은 것은?

① 벼에 알맞은 등숙기간의 일평균기온은 21~23℃이다.
② 감자는 밤 기온이 25℃ 정도일 때 덩이줄기 발달이 잘된다.
③ 맥류는 밤 기온이 높고 변온이 작을 때 개화가 촉진된다.
④ 콩은 밤 기온이 20℃ 정도일 때 꼬투리가 맺히는 비율이 높다.

13 작물의 육종에 대한 설명으로 옳은 것은?

① 자식성 작물은 자식에 의해 집단 내에서 동형접합체의 비율이 감소한다.
② 계통육종은 양적 형질을, 집단육종은 질적 형질을 개량하는 데 유리하다.
③ 타식성 작물의 분리육종은 순계 선발 후, 집단선발 또는 계통집단선발을 한다.
④ 배수성육종은 염색체 수를 배가하는 것으로 일반적으로 식물체의 크기가 커진다.

14 밀폐된 무가온 온실에 대한 설명으로 옳지 않은 것은?

① 오후 2~3시경부터 방열량이 많아 기온이 급격히 하강한다.
② 오전 9시경에는 온실 내의 기온이 외부 기온보다 낮다.
③ 노지와 온실 내의 온도 차이는 오후 3시경에 최대가 된다.
④ 야간의 유입 열량은 낮에 저장해 둔 지중전열량에 대부분 의존한다.

ANSWER 12.② 13.④ 14.②

12 ② 감자가 자라기 적당한 온도는 14~23℃이며, 덩이줄기가 굵어지는 데는 낮 온도가 23~24℃, 밤 온도가 10~14℃일 때가 가장 좋다.

13 ① 자식성 식물은 자식을 거듭함에 따라 동형접합체의 비율이 증가한다.
② 계통육종은 질적 형질의 개량에 유리하며 집단육종은 양적형질을 개량하는 데 유리하다.
③ 타식성 작물의 분리 육종은 순계선발을 하지 않고 집단선발이나 계통집단선발을 한다.

14 ② 오전 9시경에는 온실 내의 기온이 외부 기온보다 높다.
　※ 무가온 온실
　　온풍기와 같은 별도의 난방기구를 사용하지 않고 온실을 난방 할 수 있는 시스템으로, 주간에 온실 내의 더운 공기를 이용하여 축열을 하고 이렇게 축열된 에너지를 야간에 사용할 수 있도록 한다.

15 내건성이 강한 작물의 일반적인 특성으로 옳은 것은?

① 체적에 대한 표면적의 비율이 높고 전체적으로 왜소하다.
② 잎의 표피에 각피의 발달이 빈약하고 기공의 크기도 크다.
③ 잎의 조직이 치밀하고 엽맥과 울타리 조직이 잘 발달되어 있다.
④ 세포 중에 원형질이나 저장양분이 차지하는 비율이 아주 낮다.

16 재배적 방제에 대한 설명으로 옳지 않은 것은?

① 토양 유래성 병원균의 방제를 위해서 윤작을 실시하면 효과적이다.
② 감자를 늦게 파종하여 늦게 수확하면 역병이나 해충의 피해가 적어진다.
③ 질소비료를 과용하고 칼리비료나 규소비료가 결핍되면 병충해의 발생이 많아진다.
④ 콩, 토마토와 같은 작물에 발생하는 바이러스병은 무병 종자를 선택하여 줄인다.

17 우리나라의 작물 재배에 대한 설명으로 옳지 않은 것은?

① 농업생산에서 식량작물은 감소하고 원예작물이 확대되었다.
② 작부체계에서 연작의 해가 적은 작물은 벼, 옥수수, 고구마 등이다.
③ 윤작의 효과는 토양 보호, 기지의 회피, 잡초의 경감, 수량 증대 등이 있다.
④ 시설재배 면적은 과수류와 화훼류를 합치면 채소류보다 많다.

ANSWER 15.③ 16.② 17.④

15 ① 표면적, 체적의 비가 작고, 지상부가 왜생화되었다.
  ② 표피에 각피가 잘 발달하고, 기곡이 작고 수가 적다.
  ④ 세포에 원형질이나 저장양분이 차지하는 비율이 높아서 수분 보유력이 강하다.

16 ② 수확 시기를 늦추면 감자가 많이 굵어져 일부 품종의 경우 터질 가능성이 20~40까지 높아진다.

17 ④ 우리나라의 시설하우스 재배 면적은 52,000ha로 대부분은 비닐하우스다. 채소류의 재배에 가장 많이 쓰이며 화훼류, 과수류의 재배에도 이용된다.

18 발아를 촉진하는 방법에 대한 설명으로 옳은 것은?

① 벼과 목초의 종자에 질산염류를 처리한다.
② 감자에 말레산하이드라자이드(MH)를 처리한다.
③ 알팔파와 레드클로버는 105℃에서 습열처리를 한다.
④ 당근, 양파 등에 감마선(γ−ray)을 조사한다.

19 작물 재배에서 기상재해의 대처 방안에 대한 설명으로 옳은 것은?

① 습해는 배수가 잘되게 하고 휴립재배를 실시한다.
② 수해는 내비성 작물을 재배하고 관수기간을 길게 한다.
③ 풍해는 내한성 작물을 재배하고 질소비료를 시비한다.
④ 가뭄해는 내풍성 작물을 재배하고 배수를 양호하게 한다.

20 친환경 재배에서 태양열 소독에 대한 설명으로 옳은 것만을 모두 고르면?

> ㉠ 별도의 장비나 시설이 불필요하여 비용이 적게 든다.
> ㉡ 크기가 큰 진균(곰팡이)보다 세균의 방제가 잘된다.
> ㉢ 비닐하우스가 노지보다 태양열 소독의 효과가 크다.
> ㉣ 선충이나 토양해충, 잡초종자의 방제에 효과가 있다.

① ㉠, ㉡
② ㉠, ㉢, ㉣
③ ㉡, ㉢, ㉣
④ ㉠, ㉡, ㉢, ㉣

ANSWER   18.① 19.① 20.②

18 ② 감자에 지베렐린을 처리한다.
③ 알팔파, 레드클로버 등은 105˚C에 4분간 종자를 처리한다.
④ 당근, 양파 등에 감마선(γ−ray)을 조사하면 발아가 억제된다.

19 ② 볏과목초, 피, 수수, 옥수수, 땅콩 등이 침수에 강하며, 관수기간을 짧게 해야 한다.
③ 내풍성 작물을 선택하고, 칼리, 인산비료를 증시한다. 질산비료 과용은 피해야 한다.
④ 내건성 작물을 선택하고, 건조한 환경에서 생육시켜 내건성을 증대시켜야 한다.

20 ㉡ 크기가 비교적 큰 곰팡이 병균은 잘 방제가 되지만 세균 중에는 잘 죽지 않는 것도 있으며 토양 깊이 분포하고 있는 균에 대해서는 비교적 효과가 적다.

1 투명필름을 이용한 토양 피복의 효과가 아닌 것은?

① 토양수분의 증발이 억제되어 한발해가 경감된다.
② 촉성재배에서 작물의 초기 생육을 촉진한다.
③ 모든 광을 잘 흡수하여 잡초발생 경감에 효과적이다.
④ 강우에 의한 토양 침식이 경감된다.

2 농경지 잡초에 대한 설명으로 옳지 않은 것은?

① 돼지풀, 도꼬마리, 개망초는 귀화잡초이다.
② 손제초, 경운, 피복, 소각은 물리적 방제법에 속한다.
③ 논의 수온을 낮추어 벼의 생육에 영향을 주기도 한다.
④ 답전윤환에서는 밭잡초와 논잡초 모두 발생량이 늘어난다.

3 낙과에 대한 설명으로 옳지 않은 것은?

① 병충해에 의한 낙과는 생리적 낙과에 해당한다.
② 조기낙과는 대부분 개화 후 1~2개월 사이의 유과기에 일어난다.
③ 시토키닌, 칼슘이온은 수확 전 낙과를 억제하는 방향으로 작용한다.
④ 2,4-D나 NAA를 살포하면 후기낙과 방지에 효과가 있다.

ANSWER 1.③ 2.④ 3.①

1 ③ 투명필름은 빛을 통과시키기 때문에 잡초 발생을 억제하는 데는 효과적이지 않다.

2 ④ 답전윤환은 잡초의 발생을 억제하고 병해충의 발생을 줄인다.

3 ① 병충해에 의한 낙과는 생물적 손상으로 인한 낙과이다.

4 (가), (가)에 대한 설명으로 바르게 연결한 것은?

> (가) 검정할 계통들을 몇 개의 검정친과 교배한 F1의 생산력을 조사한 후 평균하여 조합능력을 검정하는 방법
>
> (나) 검정할 계통들을 교배하고 F1의 생산력을 비교함으로써 특정조합능력을 검정하는 방법

	(가)	(나)
①	톱교배	단교배
②	톱교배	다계교배
③	단교배	톱교배
④	다계교배	단교배

5 피자식물에서 체세포의 유전자형이 AA인 화분친과 aa인 자방친이 중복수정하여 형성된 배유의 유전자형은? (단, 멘델의 유전법칙을 따른다)

① Aa   ② aa

③ AAa   ④ Aaa

6 엽면시비에 대한 설명으로 옳지 않은 것은?

① 큐티클층이 발달한 잎의 표면에서는 이면보다 흡수가 더 잘된다.
② 살포액의 pH는 미산성인 것이 흡수가 잘된다.
③ 기상조건이 좋을 때 요소는 5시간 내에 잎에 묻은 양의 50% 이상이 흡수될 수 있다.
④ 잎의 생리작용이 왕성할 때 줄기의 정부에 가까운 잎에서 흡수율이 높다.

ANSWER 4.① 5.④ 6.①

4 (가) 톱교배 : 톱교배는 여러 검정친과 교배하여 그 평균 생산력을 평가하는 방법이다.
   (나) 단교배 : 검정할 계통들 간의 교배로 특정 조합능력을 평가하는 방법이다.

5 체세포의 유전자형이 AA, 화분친과 aa이다. 난세포 a와 정세포 A의 결합으로 배의 유전자형은 Aa이다.
극핵은 2n상태로 두 개의 극핵을 가지기 때문에 aa에 해당한다. 정세포 A와 결합하면 배유의 유전자형은 Aaa이다.
정세포(A)+극핵(aa)+극핵(aa)=Aaa

6 ① 큐티클층이 발달한 잎의 표면에서는 흡수가 잘 안되기 때문에 이면보다 흡수가 더 안된다.

7 작물의 분화 과정에 대한 설명으로 옳지 않은 것은?

① 자연교잡과 돌연변이에 의해 유전적 변이가 발생한다.
② 순화는 특정 생태조건에 더 잘 적응하는 과정이다.
③ 분화는 유전적 변이, 도태와 적응, 격리 과정을 거친다.
④ 생리적 격리가 되면 같은 장소에 있는 개체들 간에는 유전적 교섭이 활발히 발생한다.

8 무기성분 결핍에 따른 작물 반응에 대한 설명으로 옳지 않은 것은?

① 질소 또는 마그네슘 결핍 증상은 늙은 조직에서부터 나타난다.
② 인 결핍 증상은 잎이 암녹색 또는 자색을 띤다.
③ 마그네슘 결핍은 콩과작물의 질소고정과정을 저해한다.
④ 강산성이 되면 붕소 또는 몰리브덴은 가급도가 감소하여 작물생육에 불리하다.

9 채종재배에 대한 설명으로 옳은 것만을 모두 고르면?

> ㉠ 종자는 원종포 또는 원원종포에서 생산된 것을 사용한다.
> ㉡ 자연교잡을 방지하기 위해서 배추과 식물은 500m 이상 격리거리를 유지한다.
> ㉢ 화곡류는 황숙기, 배추과 채소는 갈숙기가 채종적기이다.
> ㉣ 가지나 오이의 종자충실도를 높이기 위해서는 1개체당 결과수를 제한하지 않는다.
> ㉤ 난지에서 생산한 무 종자를 봄에 파종하면 한지에서 생산한 무 종자보다 추대가 많아지는 것은 생리적 퇴화의 예이다.

① ㉠, ㉡   ② ㉡, ㉣
③ ㉠, ㉢, ㉤   ④ ㉢, ㉣, ㉤

ANSWER 7.④ 8.③ 9.③
....

7 ④ 생리적 격리가 되면 같은 장소에 있는 개체들 간에는 유전적 교섭이 제한되어서 발생하지 않는다. 생리적 격리는 교배를 방해하는 요인이다.

8 ③ 망간 결핍은 콩과작물의 질소고정과정을 저해한다.

9 ㉡ 자연교잡을 방지하기 위해서 배추과 식물은 1,000m 이상 격리거리를 유지한다.
㉣ 1개체당 결과수를 제한하여 개체당 열매의 수를 적게 유지한다.

10 다음 표를 보고 추론한 내용으로 옳은 것은?

<작물의 요수량>

(단위 : g)

작물	조사자	
	A	B
호박	834	—
알팔파	831	835
클로버	799	759
보리	534	523
밀	513	491, 550, 455
옥수수	368	361
수수	322	380, 287, 285
기장	310	274
흰명아주	948	—

① C_4 잡곡은 콩과 목초류보다 건물 1g 생산에 상대적으로 많은 양의 물을 필요로 한다.

② 콩과 목초류가 맥류보다 한발에 대한 저항성이 강하다.

③ 겨울 화본과 작물은 여름 화본과 작물에 비해 요수량이 낮다.

④ 흰명아주가 다량 발생한 포장은 토양 수분이 수탈된다.

11 온실 내 환경적 특이성에 대한 설명으로 옳지 않은 것은?

① 광은 광질이 다르고, 광분포가 균일하지 않다.

② 온도는 일교차가 크고, 지온이 높다.

③ 탄산가스 농도는 일정하게 유지되고, 유해가스 배출은 수월하다.

④ 토양은 건조해지기 쉽고, 공기습도가 높다.

ANSWER 10.④ 11.③

10 ① C_4 잡곡은 콩과 목초류보다 건물 1g 생산에 상대적으로 적은 양의 물을 필요로 한다.
　② 맥류가 콩과 목초류보다 한발에 대한 저항성이 강하다.
　③ 여름 화본과 작물은 겨울 화본과 작물에 비해 요수량이 낮다.

11 ③ 온실 내에서 환기가 제한되면서 탄산가스 농도가 부족하여 유해가스 배출이 수월하지 않다.

12 식물세포에서 작용하는 콜히친의 기능으로 옳은 것은?

① 세포융합을 시켜 염색체 수가 배가되는 작용을 한다.
② 인근 세포의 전사조절 인자를 이동시키는 통로 역할을 한다.
③ 같은 염색체에 동일한 염색체 단편을 2개 이상 되도록 만든다.
④ 분열 중인 세포에서 방추사 형성과 동원체 분할을 억제한다.

13 종자의 프라이밍(priming)에 대한 설명으로 옳은 것은?

① 친수성 중합체에 농약이나 색소를 혼합하여 종자표면에 얇게 덧씌워 주는 기술이다.
② 파종 전에 수분을 가하여 발아에 필요한 생리적 준비를 갖추게 하는 기술이다.
③ 진한황산처리로 경실종피를 약화시켜 휴면타파 또는 발아를 촉진시키는 기술이다.
④ 효소 분석을 통하여 활력이 높은 종자를 고르는 기술이다.

14 작물의 상적발육에 대한 설명으로 옳지 않은 것은?

① 추파 맥류를 늦은 봄에 파종하면 좌지현상(座止現象)을 보인다.
② 단일식물의 개화 유도에는 일정 시간 이상의 연속 암기가 반드시 필요하다.
③ 이춘화는 저온처리 기간이 충분히 길어서 다시 고온이 오더라도 버널리제이션 효과가 지속되는 현상이다.
④ 지베렐린, NAA처리는 일부 식물에서 화성을 유도한다.

ANSWER 12.④ 13.② 14.③

12 ① 콜히친은 세포분열 중 방추사 형성을 억제하여 염색체 수를 배가시키는 역할이다.
② 인근 세포의 전사조절 인자를 이동시키는 통로 역할을 하지 않는다.
③ 콜히친은 염색체 단편을 중복시키지 않으며 염색체 수를 배가시키는 역할을 합니다.

13 ① 종자 코팅
③ 경실의 휴면타파법
④ 효소활력측정법

14 ③ 이춘화는 저온처리 기간이 충분히 길어서 다시 고온이 오면 버널리제이션 효과가 상실된다.

15 우리나라에서 작물이 월동하는 동안 발생하는 피해에 대한 설명으로 옳지 않은 것은?

① 서릿발 피해는 남부지방의 식질토양에서 많이 발생한다.
② 광산파보다는 조파가 보리의 서릿발 피해를 줄이는 데 유리하다.
③ 과수의 동해는 급속한 동결과 빠른 융해에서 커진다.
④ 강설량이 적은 경우 천근성 작물은 건조해를 받기도 한다.

16 작물의 인공교배에 대한 설명으로 옳지 않은 것은?

① 벼의 성숙 화분 수명은 개화 후 2시간까지 활력이 유지된다.
② 밀의 수분 능력은 개화 전 2일부터 개화 후 7일 정도이다.
③ 감자의 제웅 시기는 개화가 시작되거나 개화 직전의 꽃봉오리 때이다.
④ 보리의 제웅은 개화 전 영화 속에 있는 3개의 수술을 제거하는 것이다.

17 토양미생물의 특성에 대한 설명으로 옳은 것은?

① 토양 1 g당 개체수는 방선균 > 사상균 > 세균순이다.
② 니트로박터(*Nitrobacter*)는 아질산을 질산으로 산화시키는 세균이다.
③ 클로스트리듐(*Clostridium*)은 단독생활을 하는 호기성 질소 고정균이다.
④ 외생균근의 균사는 토양양분 흡수를 용이하게 하나 병원균의 침입을 조장한다.

ANSWER 15.② 16.① 17.②
···

15 ② 서릿발 현상을 예방하기 위해서는 땅이 녹는 곳을 답압기를 이용해 밟아주고 물 빠짐 골을 정비한다. 밟아주기를 통해서 뿌리 발달을 유도하면서 웃자람 피해를 줄일 수 있다.

16 ① 벼의 성숙 화분 수명은 매우 짧다. 개화 후 30분 이내에 활력이 감소한다. 벼의 화분의 수명은 매우 짧기 때문에 개화 후 즉시 수분한다.

17 ① 세균 > 방선균 > 사상균 순이다.
③ 클로스트리듐(*Clostridium*)은 혐기성(무산소) 환경에서 자라는 질소 고정균이다.
④ 외생균근의 균사는 토양양분 흡수를 용이하게 하나 병원균의 침입을 조장하지 않는다.

18 양적형질에 대한 설명으로 옳지 않은 것은?

① 연속변이에 관여하는 폴리진을 구성하는 유전자가 표현형에 미치는 효과는 독립적이다.
② 양적형질에 관여하는 유전자들의 염색체상의 위치를 양적형질유전자좌(QTL)라고 한다.
③ 양적형질은 환경의 영향을 받으며, 표현형 분산 중 유전분산이 차지하는 비율로 유전력을 측정한다.
④ 양적형질은 평균, 분산, 변이계수 등 통계량으로 나타낼 수 있다.

19 작물의 품종과 계통에 대한 설명으로 옳지 않은 것은?

① 품종 내에서 유전적 변화가 일어나 새로운 특성을 지닌 변이체의 자손을 계통이라고 한다.
② 키의 큼·작음이나 개화기의 빠름·늦음은 형질에 해당한다.
③ 영양번식작물에서 변이체를 골라 증식한 개체군을 영양계라고 한다.
④ 자식성 작물은 우량한 순계를 골라 신품종으로 육성한다.

ANSWER 18.① 19.②

18 ① 유전자들의 효과가 항상 독립적이지 않다.

19 ② 키의 큼·직음은 형질에 해당하지만 개화기의 빠름·늦음은 특성에 해당한다.

20 그림에 대한 설명으로 옳지 않은 것은?

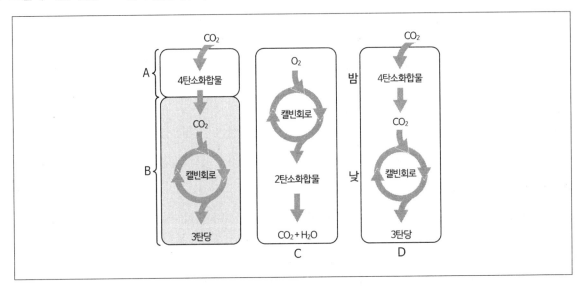

① A 과정은 엽육세포, B 과정은 유관속초세포에서 일어난다.
② C 과정은 높은 CO_2 수준에서 촉진된다.
③ A와 B 과정은 35℃ 내외에서 활발하다.
④ D 과정은 파인애플에서 일어난다.

21 우리나라의 주요 잡초에 대한 설명으로 옳은 것은?

① 참방동사니와 너도방동사니는 1년생으로 주로 밭에 발생한다.
② 개비름과 명아주는 1년생으로 광엽잡초에 속한다.
③ 강피와 참새피는 다년생으로 주로 밭에 발생한다.
④ 물옥잠과 가래는 다년생으로 주로 논에 발생한다.

ANSWER 20.② 21.②

20 ② C 과정은 낮은 CO_2 수준에서 촉진된다.

21 ① 참방동사니와 너도방동사니는 다년생 잡초이다.
　③ 강피와 참새피는 1년생 잡초이고 주로 논에서 발생한다.
　④ 물옥잠은 1년생 잡초이다.

22 수해와 습해에 대한 설명으로 옳은 것은?

① 수해는 토양의 과습상태가 지속되어 토양산소가 부족할 때 흔히 발생한다.
② 지온이 높고 토양이 과습하면 환원성 유해물질이 생성되어 습해가 더 커진다.
③ 습해가 발생하면 심층시비를 하여 뿌리가 깊게 자라도록 유도한다.
④ 수온이 낮은 유동청수(流動淸水)에 의해 천천히 생기는 피해를 청고라 한다.

23 일장형이 중성인 식물로만 묶은 것은?

① 상추, 도꼬마리
② 포인세티아, 당근
③ 밀, 시금치
④ 고추, 강낭콩

24 자식성 작물의 교배육종법에 대한 설명으로 옳지 않은 것은?

① 계통육종법은 질적형질의 개량에 효과적이다.
② 1개체 1계통법은 후기 세대에서 양적형질에 대한 동형접합체의 비율이 낮다.
③ 파생계통육종법에서는 F_2에서 질적형질에 대하여 개체선발하여 파생계통을 만든다.
④ 집단육종법에서는 집단의 동형접합성이 높아진 후기 세대에 가서 개체선발을 한다.

ANSWER 22.② 23.④ 24.②

22 ① 수해는 주로 물에 잠기거나 홍수로 인해 발생하는 물리적 피해이다. 토양의 과습 상태가 지속되어 토양 산소가 부족할 때 발생하는 것은 습해이다.
③ 습해가 발생한 경우에는 심층시비보다는 배수를 개선하고 표토의 과습 상태를 해소한다.
④ 수온이 높은 유동청수에 의해 발생한다.

23 ① 상추는 장일식물, 도꼬마리는 단일식물이다.
② 포인세티아는 단일식물, 당근은 장일식물이다.
③ 포인세티아는 단일식물, 당근은 장일식물이다.

24 ② 1개체 1계통법에서는 초기 세대에서부터 개체를 선발하여 그 자손을 지속적으로 평가하고 선발한다.

25 작물의 내적 균형을 나타내는 지표에 대한 설명으로 옳은 것은?

① G-D 균형은 지상부와 지하부 생장의 조화에 대한 균형을 나타낸다.

② 고구마 순을 나팔꽃 대목에 접목하면 T/R율이 낮아져 화아형성이 이루어진다.

③ 환상박피한 윗부분에 있는 눈에는 탄수화물 축적이 조장되어 C/N율이 높아진다.

④ 토양함수량이 감소하면 지상부의 생장보다 지하부의 생장이 더욱 저해되므로 T/R율은 증가한다.

Aɴsᴡᴇʀ 25.③
....

25 ① G-D 균형은 생장과 발달 간의 균형이다.

② 고구마 순을 나팔꽃 대목에 접목하면 C/N율이 낮아져 화아형성이 이루어진다.

④ 토양함수량이 감소하면 지상부의 생장보다 지하부의 생장이 더욱 저해되므로 T/R율은 감소한다.

1 작물의 생태적 분류에 대한 설명으로 옳지 않은 것은?

① 오처드그래스와 같은 직립형 목초는 줄기가 곧게 자란다.
② 버뮤다그래스와 같은 난지형 목초는 여름철 고온기에 하고현상을 나타낸다.
③ 가을밀과 같이 가을에 파종하여 그다음 해에 성숙하는 작물은 월년생 작물이다.
④ 사탕무와 같이 봄에 파종하여 그다음 해에 성숙하는 작물은 2년생 작물이다.

2 비대립유전자 상호작용에 대한 설명으로 옳은 것은?

① 멘델의 제1법칙은 비대립유전자쌍이 분리된다는 것이다.
② 비대립유전자의 기능에 의해 완전우성, 불완전우성, 공우성이 나타난다.
③ 중복유전자와 복수유전자는 같은 형질에 작용하는 비대립유전자의 기능이다.
④ 작물의 자가불화합성은 S유전자좌의 복수 비대립유전자가 지배한다.

ANSWER 1.② 2.③

1 ② 버뮤다그래스와 같은 난지형 목초는 여름철 고온기에 생육이 양호하다. 여름철 고온기에 하고현상을 나타내는 식물은 한지형 목초이다.

2 ① 멘델의 제1법칙은 대립유전자쌍이 분리된다는 것이다.
② 대립유전자의 기능에 의해 완전우성, 불완전우성, 공우성이 나타난다.
④ 작물의 자가불화합성은 S유전자좌의 복수 대립유전자가 지배한다.

3 경종적 방제법만을 나열한 것은?

① 재식밀도 조정, 윤작, 토양개량

② 재배시기의 개선, 비닐피복, 기피제 사용

③ 태양열 소독, 장기간 담수, 화학적 불임제 사용

④ 병충해저항성 품종 선택, 무병종자의 선택, 천적곤충 이용

4 식물학상 과실이 나출된 종자(가)와 무배유 종자(나)로 분류할 때 옳게 짝 지은 것은?

(가)	(나)
① 메밀, 겉보리	밀, 피마자
② 밀, 귀리	콩, 보리
③ 벼, 복숭아	옥수수, 양파
④ 옥수수, 메밀	완두, 상추

3 경종적 방제법

㉠ 건전 종묘 및 저항성 품종 이용

㉡ 파종시기(생육기) 조절

㉢ 합리적 시비 : 질소비료 과용 금지, 적절한 규산질 비료 시용

㉣ 토양개량제(규산, 고토석회) 사용

㉤ 윤작

㉥ 답전윤환

㉦ 접목(박과류 덩굴쪼김병 예방)

㉧ 멀칭 재배 : 객토 및 환토

4 ㉠ 과실이 나출된 종자 : 쌀보리, 밀, 옥수수, 메밀, 들깨, 호프, 삼, 차조기, 박하, 제충국, 상추, 우엉, 쑥갓, 미나리, 근대, 비트시금치 등

㉡ 무배유 종자 : 콩, 팥, 완두 등의 콩과 종자, 상추, 오이 등

5 건토효과에 대한 설명으로 옳은 것만을 모두 고르면?

> ㉠ 유기물 함량이 적을수록 효과가 크게 나타난다.
> ㉡ 밭토양보다 논토양에서 효과가 더 크다.
> ㉢ 건조 후 담수하면 다량의 암모니아가 생성된다.
> ㉣ 건조 후 담수하면 토양미생물의 활동이 촉진되어 유기물이 잘 분해된다.

① ㉠, ㉡
② ㉠, ㉢
③ ㉡, ㉣
④ ㉡, ㉢, ㉣

6 단위결과를 유도하기 위해 사용하는 생장조절물질로만 묶은 것은?

① 옥신, 에틸렌
② 옥신, 지베렐린
③ 시토키닌, 에틸렌
④ 시토키닌, 지베렐린

7 생물공학적 작물육종 기술에 대한 설명으로 옳지 않은 것은?

① 식물의 조직배양은 세포가 가지고 있는 전형성능을 이용한다.
② 세포융합을 통한 체세포잡종은 원하는 유전자만 도입하는 데 효과적이다.
③ 인공종자는 체세포 조직배양으로 유기된 체세포배를 캡슐에 넣어 만든다.
④ 형질전환육종은 외래 유전자를 목표식물에 도입하는 유전자전환기술을 이용한다.

ANSWER 5.④ 6.② 7.②

5 ㉠ 유기물 함량이 많을수록 효과가 크게 나타난다.

6 ㉠ 옥신 : 세포신장에 관여하며 식물의 생장을 촉진하는 호르몬, 줄기, 뿌리의 선단에 생성되어 체내를 이동하면서
주로 세포의 신장 촉진을 통하여 조직. 기관의 생장을 조정한다.
㉡ 지베렐린 : 포도의 무핵과 형성을 유도한다.

7 ② 원하는 유전자만 도입하는 데 효과적인 것은 형질전환육종이다.

8 자식성 작물의 육종에 대한 설명으로 옳지 않은 것은?

① 여교배육종은 우량품종에 1~2가지 결점이 있을 때 이를 보완하는 데 효과적이다.

② 초월육종은 같은 형질에 대하여 양친보다 더 우수한 특성이 나타나는 것이다.

③ 자식성 작물에서 분리육종은 주로 집단선발이나 계통집단선발을 이용한다.

④ 조합육종은 교배를 통해 서로 다른 품종이 별도로 가진 우량형질을 한 개체에 조합하는 것이다.

9 강우로 인한 토양침식의 대책으로 적절하지 않은 것은?

① 과수원에 목초나 녹비작물 등을 재배하는 초생재배를 한다.

② 경사지에서는 등고선을 따라 이랑을 만드는 등고선 경작을 한다.

③ 경사가 심하지 않은 곳은 일정한 간격의 목초대를 두는 단구식 재배를 한다.

④ 작토에 내수성 입단이 잘 형성되고 심토의 투수성도 높은 토양으로 개량한다.

10 작물의 유전적 특성과 육종방법에 대한 설명으로 옳지 않은 것은?

① 자연수분품종끼리 교배한 1대잡종품종은 자식계통을 교배하였을 때보다 생산성은 낮으나 F1 종자의 채종이 유리하다.

② 반수체육종은 반수체의 염색체를 배가하면 육종연한을 단축할 수 있고 열성형질을 선발하기 쉽다.

③ 돌연변이육종은 돌연변이율이 낮고 열성돌연변이가 많은 것이 특징이며, 영양번식작물에 유리하다.

④ 집단육종은 F_2 세대부터 선발을 시작하므로 육안관찰이나 특성검정이 용이한 질적형질의 개량에 효율적이다.

ANSWER 8.③ 9.③ 10.④

8 ③ 타식성 작물에서 분리육종은 주로 집단선발이나 계통집단선발을 이용한다.

9 ③ 경사가 심한 곳은 일정한 간격의 목초대를 두는 단구식 재배를 한다.

10 ④ 계통육종은 F_2 세대부터 선발을 시작하므로 육안관찰이나 특성검정이 용이한 질적형질의 개량에 효율적이다.

11 이산화탄소 농도와 작물의 생리작용에 대한 설명으로 옳은 것은?

① 이산화탄소 포화점은 유기물의 생성속도와 소모속도가 같아지는 이산화탄소 농도이다.

② 식물이 광포화점에 도달하였을 때 이산화탄소 농도를 높이면 광포화점이 높아진다.

③ 이산화탄소 농도가 높아질수록 광합성 속도는 계속 증대한다.

④ 이산화탄소 보상점은 이산화탄소 농도가 높아져도 광합성 속도가 더 이상 증가하지 않는 농도이다.

12 콩에서 군락의 수광태세가 좋고 밀식적응성이 높은 초형 조건에 해당하지 않는 것은?

① 가지를 적게 치고 가지가 짧다.

② 키가 크고 도복이 잘 되지 않는다.

③ 잎이 작고 가늘며 잎자루가 길고 늘어진다.

④ 꼬투리가 원줄기에 많이 달리고 밑에까지 착생한다.

13 재배시설의 유리온실 지붕 모양이 아닌 것은?

① 아치형   ② 벤로형

③ 양지붕형   ④ 외지붕형

14 $AABB$와 $aabb$를 교배하여 $AaBb$를 얻는 과정에서 두 쌍의 대립유전자 Aa와 Bb가 서로 다른 염색체에 있을 때(독립유전) 유전현상으로 옳지 않은 것은?

① 배우자는 4가지가 형성된다.

② $AB : Ab : aB : ab$는 $1 : 1 : 1 : 1$로 분리된다.

③ 분리된 배우자 중 AB와 ab는 재조합형이다.

④ 전체 배우자 중에서 재조합형이 50%이다.

ANSWER   11.②   12.③   13.①   14.③

11 ① 이산화탄소 보상점은 유기물의 생성속도와 소모속도가 같아지는 이산화탄소 농도이다.
　　③ 이산화탄소 농도가 높아질수록 광합성 속도는 이산화탄소 포화점까지 증대한다.
　　④ 이산화탄소 포화점은 이산화탄소 농도가 높아져도 광합성 속도가 더 이상 증가하지 않는 농도이다.

12 ③ 잎이 작고 가늘며 잎자루가 짧고 직립한다.

13 ① 아치형은 플라스틱 온실 지붕 모양이다.

14 ③ 분리된 배우자 중 AB와 ab는 양친형이다.

15 작물 종자의 휴면타파에 대한 설명으로 옳지 않은 것은?

① 일반적으로 벼는 50°C에 4~5일간 보관하면 휴면이 타파된다.
② 스위트클로버는 분당 180회씩 10분간 진탕 처리한다.
③ 레드클로버는 진한 황산을 15분간 처리한다.
④ 감자와 양파는 절단해서 2ppm 정도의 MH수용액에 처리한다.

16 작물의 요수량에 대한 설명으로 옳은 것은?

① 대체로 요수량이 적은 작물이 건조한 토양과 한발에 대한 저항성이 강하다.
② 작물의 생체중 1g을 생산하는 데 소비된 수분량을 말한다.
③ 증산계수와 같은 뜻으로 사용되고 증산능률과 같은 개념이다.
④ 수분경제의 척도를 표시하는 것으로 수분의 절대소비량을 나타낸다.

17 광호흡에 대한 설명으로 옳지 않은 것은?

① 광이 강하고 고온일 때 C_3 식물에서 주로 나타난다.
② 건조에 강한 CAM식물은 주로 밤에 광호흡을 한다.
③ 기온이 높고 건조하여 기공이 닫혔을 때 발생한다.
④ 산소농도가 증가하면 광호흡이 증가하고 탄산가스의 흡수는 억제된다.

ANSWER 15.④ 16.① 17.②

15 ④ 감자와 양파는 절단해서 2ppm 정도의 GA수용액에 처리한다.

16 ② 작물의 건물 중 1g을 생산하는 데 소비된 수분량을 말한다.
③ 증산계수와 같은 뜻으로 사용되고 증산능률과 반대 개념이다.
④ 수분경제의 척도를 표시하는 것으로 수분의 절대소비량은 알 수 없다.

17 ② 건조에 강한 CAM식물은 주로 밤에 기공을 열어 이산화탄소를 액포 안에 고정하며,

18 작물의 무병주를 얻기 위한 조직배양과 이용에 대한 설명으로 옳지 않은 것은?

① 유관속 조직이 미발달된 작물의 생장점을 이용하면 감염률이 낮아 유리하다.
② 조직배양한 바이러스 무병주를 포장에서 재배하면 재감염이 되므로 일정주기로 교체해야 한다.
③ 영양번식식물보다 종자번식식물에서 바이러스 문제가 심하기 때문에 더 많이 이용된다.
④ 기내에서 증식한 재료의 조직을 이용하면 페놀물질의 발생이 적어 무병주 확보에 유리하다.

19 감수분열을 통한 화분과 배낭의 발달과정에 대한 설명으로 옳지 않은 것은?

① 배낭세포는 3번의 체세포 분열을 거쳐서 배낭으로 성숙한다.
② 배낭모세포에서 만들어진 4개의 반수체 배낭세포 중 3개는 퇴화하고 1개는 살아남는다.
③ 감수분열을 마친 화분세포는 화분으로 성숙하면서 2개의 정세포와 1개의 화분관세포를 형성한다.
④ 생식모세포가 감수분열을 거쳐서 만들어진 4개의 딸세포는 염색체 구성과 유전자형이 동일하다.

20 작물생육에 필요한 무기원소의 주요 기능으로 옳은 것만을 모두 고르면?

> ㉠ 철(Fe) – 삼투압 조절과 단백질 대사의 효소기능에 관여한다.
> ㉡ 칼슘(Ca) – 세포분열에 관여하고 세포벽의 구성성분이다.
> ㉢ 칼륨(K) – 호흡, 광합성, 질소고정 관련 효소들의 구성성분이다.
> ㉣ 마그네슘(Mg) – 엽록소의 구성성분이고 많은 효소반응에 관여한다.
> ㉤ 몰리브덴(Mo) – 콩과 작물의 질소고정에 관여하고 질소대사 등에 필요하다.

① ㉠, ㉡, ㉢
② ㉠, ㉣, ㉤
③ ㉡, ㉢, ㉣
④ ㉡, ㉣, ㉤

ANSWER 18.③ 19.④ 20.④

18 ③ 종자번식식물보다 영양번식식물에서 바이러스 문제가 심하기 때문에 더 많이 이용된다.

19 ④ 생식모세포가 감수분열을 거쳐서 만들어진 4개의 딸세포는 염색체 구성과 유전자형이 상이하다.

20 ㉠ 철(Fe) : 엽록소의 형성에 관여한다.
㉢ 칼륨(K) : 삼투압 조절과 단백질 대사의 효소기능에 관여한다.

1 작물의 분류와 해당 작물의 연결로 옳지 않은 것은?

① 녹비작물 – 호밀, 자운영, 베치
② 사료작물 – 옥수수, 티머시, 라이그래스
③ 약용작물 – 제충국, 박하, 호프
④ 유료작물 – 아주까리, 왕골, 어저귀

2 작물의 재배조건과 T/R율의 관계에 대한 설명으로 옳지 않은 것은?

① 토양함수량이 감소하면 T/R율이 증가한다.
② 질소를 다량 시용하면 T/R율이 증가한다.
③ 뿌리의 호기호흡이 저해되면 T/R율은 증가한다.
④ 고구마는 파종기나 이식기가 늦어지면 T/R율이 증가한다.

3 저온처리와 장일조건을 필요로 하는 식물의 화아형성과 개화를 촉진하는 식물생장조절제는?

① ABA
② 지베렐린
③ 시토키닌
④ B-Nine

ANSWER 1.④ 2.① 3.②

1 ④ 유료작물 : 참깨 · 들깨 · 유채 · 땅콩 · 아주까리 · 해바라기

2 ① 토양함수량이 감소하면 지하부의 생장보다 지상부의 생장이 더욱 저해되어 T/R율 감소한다.

3 ① 지베렐린(Gibberellin, GAs)은 줄기 신장, 발아, 휴면, 꽃의 개화 및 성장, 잎과 과일의 노화 등 식물 생장을 조절하는 식물호르몬이다.

4 다음에서 설명하는 관개법은?

• 물을 절약할 수 있다.   • 표토의 유실이 거의 없다. • 시설재배에서 주로 이용한다.   • 정밀한 양의 물과 양분을 공급할 수 있다.

① 고랑관개   ② 살수관개

③ 점적관개   ④ 전면관개

5 버널리제이션에 대한 설명으로 옳지 않은 것은?

① 단일식물은 비교적 고온인 10~30°C의 처리가 유효한데 이를 고온버널리제이션이라고 한다.

② 화학물질을 처리해도 버널리제이션과 같은 효과를 얻을 수 있는데 이를 화학적 춘화라고 한다.

③ 배나 생장점에 탄수화물의 공급을 차단하여 버널리제이션의 효과를 증가시킬 수 있다.

④ 월동채소는 버널리제이션을 해서 봄에 파종해도 추대·결실하므로 채종에 이용될 수 있다.

6 다음 조건에서 흰색 꽃잎의 개체 빈도가 0.16일 때, 2세대 진전 후 이 집단에서 붉은색 꽃잎의 유전자 빈도는?

• Hardy–Weinberg 유전적 평형이 유지되는 집단에서, 하나의 유전자가 꽃잎 색을 조절한다. • 우성대립유전자는 붉은색 꽃잎, 열성대립유전자는 흰색 꽃잎이 나타난다. • 두 대립유전자 사이에는 완전우성이다.

① 0.6   ② 0.4

③ 0.36   ④ 0.16

ANSWER   4.③   5.③   6.①

----

4 ① 포장에 이랑을 세우고, 고랑에 물을 흘려서 대는 방법이다.
   ② 공중에 물을 뿌려서 대는 방법이다.
   ④ 지표면 전면에 물을 흘려 대는 방법이다.

5 ③ 배나 생장점에 당과 같은 탄수화물이 공급되지 않으면 버널리제이션효과가 나타나기 힘들다.

6 한 쌍의 대립유전자 A, a의 빈도를 p, q라고 할 때 유전적 평형집단에서 대립유전자빈도와 유전자형 빈도의 관계 $(qA + qa)^2 = p^2 AA + 2pqAa + q^2 aa$
   $aa = q^2 = 0.4^2 = 0.16$
   $p + q = 1$이므로 $p = 0.6$, $q = 0.4$

7 다음 조건에서 F₂의 표현형과 유전자형의 비가 옳지 않은 것은?

• 멘델의 유전법칙을 따른다.
• 유전자 W, G는 각각 유전자 w, g에 대하여 완전우성이다.
• 둥근황색종자의 유전자형은 W_G_이다.
• 주름진녹색종자의 유전자형은 wwgg이다.
• 완두의 종자모양과 색깔에 대한 양성잡종 F₁의 유전자형은 WwGg이다.

표현형	유전자형
① 9/16 둥근황색	1/16 WWGG, 3/16 WwGG, 3/16 WWGg, 2/16 WwGg
② 3/16 둥근녹색	1/16 WWgg, 2/16 Wwgg
③ 3/16 주름진황색	1/16 wwGG, 2/16 wwGg
④ 1/16 주름진녹색	1/16 wwgg

8 작물의 내습성에 대한 설명으로 옳지 않은 것은?

① 뿌리조직의 목화는 내습성을 강하게 한다.
② 작물별로는 미나리 > 옥수수 > 유채 > 감자 > 파의 순으로 내습성이 강하다.
③ 뿌리가 황화수소나 아산화철에 대하여 저항성이 크면 내습성이 강해진다.
④ 근계가 깊게 발달하거나, 습해를 받았을 때 부정근의 발생력이 큰 것은 내습성이 강하다.

ANSWER 7.① 8.④

7

	WG	Wg	wG	wg
WG	WWGG(둥근황색)	WWGg(둥근황색)	WwGG(둥근황색)	WwGg(둥근황색)
Wg	WWGg(둥근황색)	WWgg(둥근녹색)	WwGg(둥근황색)	Wwgg(둥근녹색)
wG	WwGG(둥근황색)	WwGg(둥근황색)	wwGG(주름진황색)	wwGg(주름진황색)
wg	WwGg(둥근황색)	Wwgg(둥근녹색)	wwGg(주름진황색)	wwgg(주름진녹색)

ⓐ 표현형 : 9/16 둥근황색
ⓑ 유전자형 : 1/16 WWGG, 2/16 WwGG, 2/16 WWGg, 4/16 WwGg

8 ④ 근계가 깊게 발달하거나, 습해를 받았을 때 부정근의 발생력이 큰 것은 내습성을 약화시킨다.

9 작물의 상적발육에 대한 설명으로 옳지 않은 것은?

① 고위도 지대에서의 벼 종자 생산은 감광형이 감온형에 비하여 개화와 수확이 안전하다.
② 광중단을 통한 장일유도에는 적색광이 효과가 크다.
③ 오처드그래스와 클로버 등은 야간조파로 단일조건을 파괴하면 산초량이 증대한다.
④ 벼의 묘대일수감응도는 감온형이 높고, 감광형과 기본영양생장형이 낮다.

10 다음 중 신품종의 특성을 유지하고 품종퇴화를 방지하기 위한 종자갱신의 증수효과가 가장 큰 작물은?

① 벼   ② 옥수수
③ 보리   ④ 감자

11 냉해의 대책으로 옳은 것만을 모두 고르면?

> ㉠ 물이 넓고 얕게 고이는 온수저류지를 설치한다.
> ㉡ 암거배수하여 습답을 개량한다.
> ㉢ 객토를 실시하여 누수답을 개량한다.
> ㉣ 만기재배 · 만식재배를 하여 성숙기를 늦춘다.

① ㉠, ㉡
② ㉠, ㉣
③ ㉠, ㉡, ㉢
④ ㉡, ㉢, ㉣

ANSWER 9.① 10.② 11.③

9 ① 고위도지대에서는 감온형 품종을 심어야 일찍 출수하여 안전하게 수확할 수 있다.

10 종자갱신의 증수효과 : 벼 6%, 맥류 12%, 감자 50%, 옥수수 65%

11 ㉣ 조기재배, 조식재배를 하여 성숙기를 앞당긴다.

12 돌연변이 육종법에 대한 설명으로 옳지 않은 것은?

① 돌연변이 유발원을 처리한 당대에 돌연변이체를 선발한다.

② 돌연변이 유발원으로 X선은 잔류방사능이 없어 많이 이용된다.

③ 인위 돌연변이체는 세포질에 결함이 생기는 등의 원인으로 대부분 수확량이 적다.

④ 이형접합성인 영양번식작물에 돌연변이 유발원 처리로 체세포 돌연변이를 얻는다.

13 다음에서 설명하는 육종방법은?

> 자식성 작물의 육종 방법 중 하나로 F_2 또는 F_3세대에서 질적형질을 개체 선발하여 계통을 만들고 이 계통별로 집단재배를 한 후 $F_5 \sim F_6$세대에 양적형질에 대해 개체 선발하여 품종을 육성한다.

① 계통육종   ② 파생계통육종

③ 여교배육종   ④ 1개체1계통육종

14 엽면시비에 대한 설명으로 옳은 것은?

① 습해를 받은 맥류는 요소·망간 등의 엽면시비를 삼가야 한다.

② 수확 전의 밀이나 뽕잎에 요소를 엽면시비하면 단백질 함량이 감소한다.

③ 출수 전의 꽃에 엽면시비를 하면 잎이 마르므로 삼가야 한다.

④ 비료를 농약에 혼합해서 살포할 수도 있으므로 시비의 노력이 절감된다.

ANSWER 12.① 13.② 14.④

12 ① 돌연변이 육종에서 타식성 작물은 자식성 작물에 비해 이형접합체가 많으므로 돌연변이원을 종자처리한 후대에는 돌연변이체를 선발하기 어렵다.

13 ① 서로 다른 품종이 따로 따로 가지고 있는 우량형질을 인공교배를 통하여 한 개체로 모으는 교배육종의 한 종류이다.

③ 서로 다른 두 품종의 교잡으로 만들어진 자식세대를 다시 부모 세대와 교잡시키는 육종방법이다.

④ 분리세대 동안 매 세대마다 모든 개체로부터 1립씩 채종해서 집단재배하고 후기세대에 가서 개체별 계통재배를 한다.

14 ① 습해를 받은 맥류는 요소·망간 등의 엽면시비를 해야 한다.

② 수확 전의 밀이나 뽕잎에 요소를 엽면시비하면 단백질 함량이 증가한다.

③ 출수 전의 꽃에 엽면시비를 하면 잎이 싱싱해진다.

15 경종적 방법에 의한 병충해 방제에 해당하지 않는 것은?

① 고랭지는 감자의 바이러스병 발생이 적어서 채종지로 알맞다.

② 감자·콩 등의 바이러스병은 무병종자 선택으로 방제된다.

③ 낙엽에 들어 있는 해충은 낙엽을 소각하면 피해가 경감된다.

④ 기지의 원인이 되는 토양전염성 병해충은 윤작으로 경감된다.

16 종묘로 이용되는 영양기관과 작물을 옳게 짝 지은 것은?

① 지근 – 모시풀, 마늘

② 덩이줄기 – 달리아, 마

③ 덩이뿌리 – 토란, 돼지감자

④ 땅속줄기 – 생강, 박하

ANSWER 15.③ 16.④

15 경종적 방제법

㉠ 건전 종묘 및 저항성 품종 이용

㉡ 파종시기(생육기) 조절

㉢ 합리적 시비 : 질소비료 과용 금지, 적절한 규산질 비료 사용

㉣ 토양개량제(규산, 고토석회) 사용

㉤ 윤작

㉥ 답전윤환

㉦ 접목(박과류 덩굴쪼김병 예방)

㉧ 멀칭 재배 : 객토 및 환토

16 종묘로 이용되는 영양기관의 분류

㉠ 눈(bud) : 마, 포도 나무꽃의 아삼 등

㉡ 잎 : 베고니아 등

㉢ 줄기

• 지상경(지상부에 나온 고등 식물의 줄기) 또는 지조(식물의 줄기) : 사탕수수, 포도나무, 사과나무, 귤나무, 모시풀 등

• 땅속줄기 : 생강, 연, 박하, 호프 등

• 덩이줄기 : 감자, 토란, 돼지감자 등

• 알줄기 : 글라디올러스 등

• 비늘줄기 : 나리, 마늘 등

• 흡지(온대지역 여러해살이풀에 있는 휴면 기관의 일종이다. 각 마디에서 방사상 형태로 발생한 땅속줄기 또는 기는줄기 의 일부로 나온 눈이다) : 박하, 모시풀 등

㉣ 뿌리

• 지근(땅위줄기에서 나온 막뿌리의 하나로 땅속으로 뻗어 들어가 줄기를 버티어 준다):닥나무, 고사리, 부추 등

• 덩이뿌리 : 달리아, 고구마, 마 등

17 (가)~(다)에 들어갈 말을 A~C에서 바르게 연결한 것은?

[가] 은 광을 잘 투과시켜 지온상승 효과는 크나, 잡초의 발생이 많다.

[나] 은 광을 잘 흡수하여 지온상승 효과는 적으나, 잡초억제 효과는 크다.

[다] 은 녹색광과 적외광을 잘 투과시키고, 청색광과 적색광을 강하게 흡수한다.

A. 녹색 필름
B. 흑색 필름
C. 투명 필름

	(가)	(나)	(다)
①	A	B	C
②	B	C	A
③	C	A	B
④	C	B	A

18 작물의 파종량과 파종 시기에 대한 설명으로 옳지 않은 것은?

① 맥류는 녹비용보다 채종용으로 재배할 때 파종량을 늘린다.
② 콩의 경우 단작에 비해 맥후작으로 심을 때는 늦게 심는다.
③ 추파성이 낮은 맥류 품종은 다소 늦게 파종하는 것이 좋다.
④ 파종 시기가 늦을수록 대체로 발육이 부실하므로 파종량을 늘린다.

ANSWER 17.④ 18.①

17 ㉠ 녹색 필름 : 흑색비닐과 투명 비닐의 중간에 있는 비닐로 흑색보단 1~3도 정도 지온을 높여주고 적외선 투과율이 좋은 비닐이다.
　　㉡ 흑색 필름 : 지온을 내려주며 자외선 차단에 효과적이다.
　　㉢ 투명 필름 : 광을 잘 투과시켜 지온상승 효과는 크나, 잡초의 발생이 많다.

18 ① 녹비용 재배는 채종용보다 파종량을 늘린다.

19 (가)~(다)에 들어갈 수 있는 원소의 형태를 바르게 연결한 것은?

원소명	밭(산화)	논(환원)
C	CO_2	(가)
N	(나)	NH_4^+
S	SO_4^{2-}	(다)

	(가)	(나)	(다)
①	CH_4	N_2	H_2S
②	CH_4	NO_3^-	H_2S
③	HCO_3^-	NO_3^-	S
④	HCO_3^-	N_2	S

20 작물생육과 무기원소의 과잉에 대한 설명으로 옳지 않은 것은?

① 망간이 과잉되면 잎에 갈색의 반점이 생긴다.
② 아연은 과잉되어도 거의 장해가 나타나지 않는다.
③ 구리가 과잉되면 철 결핍증과 비슷한 황화현상이 나타난다.
④ 알루미늄이 과잉되면 칼슘·마그네슘·질산의 흡수가 저해된다.

ANSWER 19.② 20.②

19

원소	밭(산화) 상태	논(환원) 상태
C	CO_2	CH_4
N	NO_3^-	N_2, NH_4
Mn	$Mn4+Mn3+$	Mn^{2+}
Fe	Fe^{3+}	Fe^{2+}
S	SO_4^{2-}	H_2S, S
P	H_2PO_4, $AIPO_4$	$Fe(h_2PO_4)_2$, $Ca(H_2PO_4)_2$
EH	높음	낮음

20 ② 아연은 과잉되면 잎이 황백 되며 콩과 작물에서 잎줄기나 잎의 뒷면이 자줏빛으로 변하는 증상이 생긴다.

1 작물 및 작물 생산에 대한 설명으로 옳지 않은 것은?

① 작물은 야생식물보다 생존경쟁력이 낮다.
② 토지 이용 면에서 수확체감의 법칙이 적용된다.
③ 농산물은 공산품에 비해 수요의 탄력성이 크고, 공급의 탄력성은 작다.
④ 작물 수량성은 유전성, 재배환경, 재배기술의 3요소가 동일한 정삼각형일 때 가장 높다.

2 유성생식 작물의 세대교번에서 포자체(2n) 세대에 해당하는 것만을 바르게 나열한 것은?

① 배낭모세포, 화분모세포
② 소포자, 대포자
③ 정세포, 난세포
④ 화분, 배낭

ANSWER 1.③ 2.①

1 ③ 농산물은 공산품에 비해 수요의 탄력성과 공급의 탄력성이이 작다. 농산물은 필수재로서 수요가 일정하게 유지되고 공급은 자연 조건에 영향을 받아 변동성이 크고 변화를 예측하기 어렵다.

2 ① 배낭모세포는 포자체 세대의 일부로 감수분열을 통해 대포자를 형성하고 화분모세포는 감수분열을 통해 소포자를 형성한다.
②③ 소포자, 대포자, 정세포, 난세포는 배우체(n) 세대의 일부이다.
④ 화분과 배낭은 소포자와 대포자에서 발달한 배우체(n) 세대이다.

3 식물의 세포분열에 대한 설명으로 옳지 않은 것은?

① 체세포분열은 S기를 거치면서 DNA 양이 두 배로 증가한다.
② 제1 감수분열 중기에 상동염색체가 서로 접합한 상태로 교차가 일어난다.
③ 화분모세포의 경우 간기에 DNA 양이 두 배로 증가한 후, 제1 감수분열을 시작한다.
④ 제1 감수분열은 염색체 수가 반감되는 과정이며, 제2 감수분열은 각 염색체의 염색분체가 분리되는 과정이다.

4 작물의 광합성에 대한 설명으로 옳은 것은?

① 광보상점이 높은 식물은 내음성이 강하다.
② 동일한 작물에서 군락상태의 광포화점은 고립상태의 광포화점보다 높다.
③ C_4 식물은 C_3 식물에 비하여 광호흡이 활발하게 일어난다.
④ 엽면적이 증대함에 따라 군락의 외견상광합성량은 계속 증가한다.

5 벼의 기상생태형에 따른 재배적 특성에 대한 설명으로 옳은 것은? (단, 중위도 지대를 대상으로 함)

① 감광형은 감온형보다 만식적응성이 크다.
② 묘대일수감응도는 감온형보다 감광형이 높다.
③ 파종과 모내기를 일찍 할 경우 기본영양생장형은 조생종이 된다.
④ 조파조식할 때보다 만파만식할 때, 출수기의 지연 정도는 감온형보다 감광형이 더 크다.

3 ② 상동염색체가 접합하여 교차가 일어나는 과정은 제1 감수분열의 전기이다. 중기는 상동염색체가 세포의 적도면에 배열된다.

4 ① 광보상점이 낮은 식물이 내음성이 강하다.
③ C_4 식물은 광호흡을 억제하는 기작을 가지고 있기 때문에 C_3 식물에 비해 광호흡이 적게 발생한다.
④ 엽면적이 계속 증가하면 초기에는 광합성량이 증가하지만 일정 한계에 도달하면 빛의 투과가 감소하여 광합성량이 더 이상 증가하지 않는다.

5 ② 묘대일수감응도는 감온형이 높고 감광형이 낮다.
③ 파종과 모내기를 일찍 하면 조생종보다는 만생종이 유리할하다.
④ 감광형은 일조 시간에 민감하여 출수 시기가 크게 변동하지 않기 때문에 감온형보다 출수기 지연이 크지 않다.

6 복이배체(Amphidiploid)에 대한 설명으로 옳지 않은 것은?

① 임성이 높다.
② 환경적응력이 크다.
③ 두 종의 중간형질을 나타낸다.
④ 생식세포 염색체의 불분리현상으로 생긴다.

7 교배육종에 대한 설명으로 옳지 않은 것은?

① 검정교배로 얻어지는 F_1은 분리하지만, 3원교배로 얻어지는 F_1은 분리하지 않는다.
② F_3 이후 세대에서 병충해저항성이나 품질 관련 특성검정은 별도의 검정재료를 준비해야 한다.
③ 교배육종에서 육종방법을 달리하더라도 인공교배와 생산력 검정, 지역적응성검정은 동일하게 적용된다.
④ F_3 세대부터 여러 가지 특성검정을 동시에 수행하게 되면 그 이후 세대의 육종규모를 줄일 수 있다.

8 뿌리에서 수분의 흡수와 이동에 대한 설명으로 옳지 않은 것은?

① 수분은 확산을 통해 근모세포 내로 이동할 수 있다.
② 근모는 뿌리의 표면적을 효과적으로 높여 주어 수분의 흡수를 용이하게 한다.
③ 근모는 생장속도가 매우 빠르기 때문에 세포분열이 왕성하게 이루어지는 분열대에 주로 분포한다.
④ 뿌리에서 수분의 이동은 세포간극 사이를 통하는 경로와 세포와 세포 사이를 통하는 경로 둘 다 가능하다.

ANSWER 6.④ 7.① 8.③

6 ④ 복이배체는 보통 두 배수체가 결합하여 만들어지고, 염색체의 불분리현상이 아니라 정상적인 이배체가 결합하여 형성된다. 염색체의 불분리현상은 이수배수체나 염색체 이상을 초래하지만 복이배체 형성의 주된 요인은 아니다.

7 ① 검정교배와 3원교배 모두에서 F_1 세대는 분리된다. 특정 유전자형을 확인하기 위해 이루어지는 교배인 검정교배는 F_1에서의 분리가 중요하다. 3원교배에서도 F_1 세대에서 유전자형이 분리된다.

8 ③ 근모는 세포분열이 왕성하게 일어나지 않는다. 분열대가 아니고 뿌리의 신장대와 성숙대에 주로 분포한다. 또한 근모는 분열대에 주로 분포하지 않는다.

9 연차변이 평가를 위한 반복실험을 할 수 있는 고정된 유전집단만을 모두 고르면?

> ㉠ F_2 (단교배 F_1 후대 집단)
>
> ㉡ BC_1F_1 (여교배 집단)
>
> ㉢ DHs (배가된 반수체집단 : Double Haploids)
>
> ㉣ RILs (재조합 자식집단 : Recombinant Inbred Lines)

① ㉠, ㉡   ② ㉠, ㉣

③ ㉡, ㉢   ④ ㉢, ㉣

10 연관과 교차에 대한 설명으로 옳은 것은?

① 두 유전자가 완전연관인 경우 재조합빈도는 50%이다.

② 두 유전자 간 재조합빈도가 1%이면 유전자지도상의 거리는 1cM이다.

③ 연관된 두 유전자에 교차가 일어나면 양친형 배우자보다 재조합형 배우자가 더 많이 나온다.

④ A, B 두 유전자가 상반으로 연관된 경우 재조합형 배우자의 유전자형은 Ab, aB 이다.

11 정지 및 파종에 대한 설명으로 옳지 않은 것은?

① 토양이 건조할 때 진압을 통해 종자의 흡수를 조장하여 발아를 향상시킬 수 있다.

② 논에서 비료 시용 후, 써레질은 전층시비의 효과가 있다.

③ 맥류는 조파보다 산파 시, 콩은 단작보다 맥후작에서 파종량을 늘린다.

④ 겨울철이나 봄철에 강우량이 적으면 추경에 의한 건토효과는 현저히 줄어든다.

ANSWER 9.④ 10.② 11.④

9 ㉠ F_2 집단은 유전적으로 고정되지 않은 집단이다. 후대에서도 유전적 분리가 계속 발생한다.
㉡ BC_1F_1 집단도 유전적으로 고정되지 않아서 유전적 변이가 발생할 수 있다.

10 ① 두 유전자가 완전연관이라면 재조합빈도는 0%이다.
③ 양친형 배우자가 재조합형 배우자보다 더 많이 나온다.
④ 재조합형 배우자의 유전자형은 AB와 ab이고, 양친형 배우자는 Ab와 aB이다.

11 ④ 강우량이 적은 상황에 추경으로 건토효과를 줄이기는 어렵다. 강우량이 적어 토양 수분 보유량이 부족하고 추경 효과의 한계 등으로 건토효과가 현저히 줄어들지 않는다.

12 간척지 재배법에 대한 설명으로 옳지 않은 것은?

① 조기재배, 휴립재배를 한다.
② 석회, 규산석회, 규회석을 시용한다.
③ 땅속에 암거를 설치하여 염분을 걸러 낸다.
④ 내염성이 강한 완두, 고구마를 재배한다.

13 작물의 종자와 종묘에 대한 설명으로 옳은 것은?

① 마늘은 땅속줄기로 번식한다.
② 감자, 토란은 덩이줄기로 번식한다.
③ 상추, 오이 종자는 배유종자이다.
④ 벼, 보리, 밀 종자는 무배유종자이다.

14 뿌리 생육과 환경요인에 대한 설명으로 옳지 않은 것은?

① 작물의 뿌리가 주로 발달하는 토층은 작토층이다.
② 칼슘과 마그네슘이 부족하면 뿌리의 생장점 발육이 나빠진다.
③ 습답에서 미숙유기물이 집적되면 뿌리의 생장과 흡수작용에 장해를 준다.
④ 뿌리의 피층세포가 사열로 되어 있는 것이 직렬로 되어 있는 것보다 내습성이 강하다.

ANSWER 12.④ 13.② 14.④
....

12 ④ 완두와 고구마는 내염성이 강하지 않다. 간척지에서는 내염성이 강한 작물인 보리, 밀, 옥수수, 사탕무, 벼 등이 더 적합하다.

13 ① 비늘줄기(구근)로 번식한다.
③ 상추와 오이 종자는 무배유종자이다.
④ 벼, 보리, 밀 종자는 배유종자이다.

14 ④ 피층세포가 사열로 되어 있으면 공기와 물의 이동이 원활하지 않아 내습성에 약해진다. 직렬로 배열된 피층세포가 내습성에 강하다.

15 동상해(凍霜害)에 대한 설명으로 옳지 않은 것은?

① 온도가 지나치게 내려가 작물의 조직 내에 결빙이 생겨서 받는 피해를 동해(凍害)라고 한다.

② 늦서리로 인해 0~ −2 °C 정도에서 작물이 동사하는 피해를 상해(霜害)라고 한다.

③ 겨울철 저온으로 토양에서 발생한 빙주로 인해 단근이 발생하는 피해를 상주해(霜柱害)라고 한다.

④ 월동작물은 흔히 상해(霜害)를 입고, 봄에 일찍 파종한 작물은 동해(凍害)를 입는다.

16 한 쌍의 대립유전자가 이형접합체인 F1을 F5까지 자식한 집단에서 동형접합체의 빈도는?

① $\dfrac{1}{16}$

② $\dfrac{1}{32}$

③ $\dfrac{15}{16}$

④ $\dfrac{31}{32}$

Answer 15.④ 16.③

....

15 ④ 월동작물은 겨울철의 동해를 입고, 봄에 일찍 파종한 작물은 늦서리로 인해 상해를 입는다.

16 이형접합체를 자식할 때마다 동형접합체의 빈도는 세대를 거듭할수록 증가한다.

F1에서 이형접합체(Aa)를 자식하여 F2를 만들면 동형접합체인 AA와 aa가 $\dfrac{1}{4}$ 확률로 생성되고 이형접합체 Aa는 $\dfrac{1}{2}$ 확률로 생성된다.

동형접합체의 빈도는 AA와 aa의 빈도를 합한 값으로 $\dfrac{1}{4}+\dfrac{1}{4}=\dfrac{1}{2}$ 가 된다.

F2세대부터는 이형접합체의 빈도는 세대를 거듭할수록 $\dfrac{1}{2}$ 씩 감소한다. F5세대에서 이형접합체의 빈도는 $(\dfrac{1}{2})^4=\dfrac{1}{16}$ 이 된다.

그러므로 한 쌍의 대립유전자가 이형접합체인 F1을 F5까지 자식한 집단에서 동형접합체의 빈도는 $\dfrac{15}{16}$ 가 된다.

17 이식에 대한 설명으로 옳지 않은 것은?

① 벼는 한랭지에서 이앙재배하면 착근까지 장시간이 걸려 생육이 지연되고 임실이 불량해지기 쉽다.

② 양배추는 이식을 하면, 경엽이 도장되고 생육이 불량하여 결구를 지연시킨다.

③ 수박과 참외는 뿌리가 잘리면 매우 해로우므로 부득이 이식하는 경우, 플라스틱 포트 등에 분파(盆播)하여 육묘한다.

④ 무, 당근, 우엉과 같이 직근을 가진 작물은 어릴 때 이식하여 뿌리가 손상되면 근계의 발육에 나쁜 영향을 미친다.

18 작물의 수확과 저장에 대한 설명으로 옳지 않은 것은?

① 사일리지용 옥수수와 사일리지용 호밀의 수확적기는 완숙기이다.

② 수확, 선별, 포장, 운송과정에서 기계적 상처로 인한 손실이 발생한다.

③ 작물이 수확되면 수분공급이 중단되는 반면 증산이 계속되므로 수분손실이 일어난다.

④ 사과, 배, 토마토, 수박은 수확 후 호흡급등현상이 나타나는 작물이다.

19 타식성 작물의 육종에 대한 설명으로 옳지 않은 것은?

① 합성품종은 자연수분에 의해 유지되므로 채종 노력과 비용이 경감되나, 환경 변동에 대한 안정성은 떨어진다.

② 지속적으로 근친교배를 하면 이형접합체의 열성유전자가 분리되어 동형접합체를 만들기 때문에 근교약세 현상이 나타난다.

③ 단순순환선발에서는 기본집단에서 선발한 우량개체를 자가수분하고, 동시에 검정친과 교배한다.

④ 타식성작물의 분리육종에서 근교약세를 방지하고 잡종강세를 유지하기 위해서는, 순계선발을 하지 않고 집단선발이나 계통집단선발을 한다.

ANSWER 17.② 18.① 19.①

17 ② 양배추는 이식 후에도 비교적 잘 자라게 되어 도장이나 생육 불량으로 결구가 지연되는 경우는 드물다. 양배추는 이식에 용이한 식물 중에 하나이다.

18 ① 사일리지용 작물은 대개 완숙기 이전에 수확한다. 옥수수의 경우 보통 유숙기나 초지숙기에 수확하고, 호밀은 개화 후 초기 단계에서 수확한다.

19 ① 타식성 작물은 다른 개체와 교배를 통해 번식한다. 자연 수분을 통해 번식하고 유전적 다양성이 높기 때문에 환경 변동에 안정성이 높은 편에 해당한다.

20 일장효과에 대한 설명으로 옳지 않은 것은?

① 일장효과에 가장 효과적인 파장은 적색광 영역이다.
② 단일식물의 개화에는 일정 기간 이상의 연속암기가 필요하다.
③ 장일식물의 질소함량이 높으면 장일효과가 더 잘 나타난다.
④ 대체로 단일처리 횟수가 증가하면 단일처리의 효과가 커진다.

21 중경에 대한 설명으로 옳지 않은 것은?

① 토양의 모세관이 절단되어 한해(旱害)를 줄일 수 있다.
② 서리나 냉온에 의한 어린 식물의 동해(凍害)를 줄일 수 있다.
③ 논에 요소, 황산암모늄 등을 덧거름으로 주고 중경을 하면 비효가 증가된다.
④ 파종 후 비가 와서 토양 표층에 굳은 피막이 생긴 경우 중경을 하면 발아가 조장된다.

ANSWER 20.③ 21.②

20 ③ 장일식물의 개화와 질소함량 간에는 연관성이 없다. 일식물은 빛의 기간이 길어질 때 개화한다.

21 ② 중경은 서리나 냉온에 의한 동해를 직접적으로 줄이는 데는 직접적인 효과가 없다. 중경은 토양 물리성을 개선하고 수분 관리를 한다.
　　※ 중경
　　　⊙ 정의 : 농작물 재배 과정에서 작물의 생육을 촉진하고 잡초를 방제하고 토양 물리성을 개선하기 위해 밭을 경작하는 작업이다.
　　　ⓒ 특징
　　　　• 토양에 공기와 수분의 침투를 촉진하여 뿌리에 산소 공급을 늘리고 뿌리 발달을 촉진한다.
　　　　• 잡체 제거 · 억제에 효과적이다. 토양을 뒤집거나 긁어서 잡초의 성장을 억제한다.
　　　　• 토양 표면에 모세관을 차반하여 수분 증발을 방지하여 수분을 보존한다.
　　　　• 비료를 고르게 토양에 혼합하여 작물에 비료를 효과적으로 흡수시킬 수 있다.
　　　　• 토양 표면을 부드럽게 만든다. 파종 후에 비가 내리면서 발생하는 토양 표층의 피막을 깨뜨리고 발아를 조장한다.
　　　　• 토양의 온도 조절에 도움이 된다.

22 종자의 발아에 대한 설명으로 옳은 것은?

① 담배는 광에 의하여 발아가 억제된다.
② 보리의 발아 최적온도는 콩에 비해 상대적으로 높다.
③ 대체로 전분종자가 단백종자에 비해 발아에 필요한 최소수분함량이 많다.
④ 벼 종자는 무기호흡으로 발아에 필요한 에너지를 얻을 수 있다.

23 소 방목용 초지에 대한 설명으로 옳지 않은 것은?

① 스프링플러시 경향이 심하면 하고현상에 의한 피해를 줄일 수 있다.
② 초지에 콩과목초가 50% 이상 번성하면 고창증 발생의 우려가 있다.
③ 상번초 작물과 하번초 작물을 함께 심으면 공간의 효율적 이용이 가능하다.
④ 난지형목초가 한지형목초에 비해서 하고현상의 피해가 적다.

24 작물의 생육과 토양의 관계에 대한 설명으로 옳은 것은?

① 강산성 토양에서 Al^{3+}은 산도를 높인다.
② 작물이 생육하고 있는 토양은 나지보다 산소 농도가 현저히 높아진다.
③ 토양의 수분함량이 포장용수량에 달했을 때의 용기량을 최소용기량이라고 한다.
④ 토양교질이 Ca^{2+}, Mg^{2+}, K^+, Na^+, H^+ 등으로 포화된 것을 포화교질이라고 한다.

ANSWER 22.④ 23.① 24.①

22 ① 담배는 광에 의해 발아가 촉진되는 광발아종자이다.
② 보리의 발아 최적온도는 콩보다 낮다.
③ 전분종자는 단백종자에 비해 발아에 필요한 최소수분함량이 적다.

23 ① 스프링플러시 경향이 심하면 초지의 생육 주기가 불균형해지고 여름철에 생산성이 떨어져 하고현상이 발생할 확률이 높다.
※ 스프링플러시 … 봄철에 일시적으로 초지의 생산성이 급격히 증가하는 현상이다.

24 ② 작물이 생육하고 있는 토양은 나지보다 산소 농도가 낮다.
③ 장용수량은 토양이 수분을 최대한 머금을 수 있는 상태이다. 최소용기량은 식물이 이용할 수 있는 최소한의 수분 상태이다.
④ 포화교질은 다양한 양이온으로 포화된 상태이다. Ca^{2+}, Mg^{2+}, K^+, Na^+, H^+ 등과 같은 양이온이 아니라 포화도는 토양의 비옥도를 평가하는 중요한 지표이다.

25 작물재해에 대한 설명으로 옳지 않은 것은?

① 고온에서는 수분흡수보다 증산이 과다하여 위조를 유발한다.

② 밀식재배와 질소과다 시용은 줄기를 연약하게 하여 도복을 유발한다.

③ 당분함량이 많으면 내동성이 크나, 지방함량이 높으면 내동성이 약해진다.

④ 내염성 식물은 삼투적 적응에 중요한 역할을 하는 다량의 프롤린을 갖고 있다.

25 ③ 당분 함량이 높은 식물은 세포 내 용질 농도가 증가하여 세포액의 어는점을 낮추어 내동성을 높인다. 지방은 세포막의 유동성을 유지하고 추운 환경에서도 세포막을 안정화시킨다.

1 작물을 생존연한에 따라 분류할 때 다년생 작물에 해당 하는 것으로 짝지은 것은?

① 가을보리, 가을밀
② 무, 사탕무
③ 호프, 아스파라거스
④ 옥수수, 콩

2 작부방식에 따른 작물 분류에 대한 설명으로 가장 옳지 않은 것은?

① 가뭄이 심해서 벼를 못 심고 대신 메밀 등을 파종하여 재배하는 작물을 휴한작물이라고 한다.
② 서로 도움이 되는 특성을 지닌 두가지 작물을 같이 재배할 경우, 이 두 작물을 동반작물이라고 한다.
③ 재배를 통해 잡초가 크게 경감되는 작물을 중경작물 이라고 한다.
④ 기후가 불순한 흉년에도 비교적 안전한 수확을 얻을 수 있는 작물을 구황작물이라고 한다.

ANSWER 1.③ 2.①

1 ① 가을보리와 가을밀은 1년생 작물이다.
② 무와 사탕무는 2년생 작물이다.
④ 옥수수와 콩은 1년생 작물이다.

2 ① 휴한작물은 원래 휴경지에 심는 작물이다. 벼 대신 메밀 등을 파종하는 것은 대체작물이다.

3 재배작물의 기원지에 대한 설명으로 가장 옳지 않은 것은?

① Vavilov는 세계 각지에서 수집한 재배식물과 그 근연종들의 유전적 변이를 조사하고 식물의 지리적 미분법을 적용하여 유전적 변이가 가장 많은 지역을 그 작물의 기원중심지라고 하였다.
② Vavilov가 제시한 유전자중심설에 의하면 작물의 2차 중심지는 1차 중심지보다 더욱 다양한 변이를 보인다.
③ Vavilov는 재배작물의 기원지를 8개 지역으로 구분 하였다.
④ 메밀, 배추, 콩의 기원지는 중국이다.

4 양친 A와 B를 교배하여 얻은 F_1을 확보하고, 이를 여교배하여 목표형질을 얻고자 한다. 반복친과 여교배를 통해 얻은 BC_2F_1에서 B개체의 유전자 비율[%]은?(단, A개체는 반복친이며, B개체는 1회친이다.)

① 12.5
② 25
③ 50
④ 75

5 유전변이와 환경변이에 대한설명으로 가장 옳지 않은 것은?

① 감수분열 과정에서 일어나는 유전자재조합과 염색체와 유전자의 돌연변이는 유전변이의 주된 원인이다.
② 환경변이의 원인은 환경요인에 의한 것으로 다음 세대로 유전되는 특징을 가지고 있다.
③ 유전변이는 변이양상에 의하여 불연속변이와 연속변이로 구분할 수 있으며, 불연속변이를 하는 형질을 질적형질 이라고 한다.
④ 양적형질은 표현형의 구분이 어렵기 때문에 평균, 분산, 회귀, 유전력 등의 통계적 방법에 의하여 유전분석을 한다.

ANSWER 3.② 4.① 5.②

3 ② Vavilov가 제시한 유전자중심설에 의하면 작물의 1차 중심지는 2차 중심지보다 더욱 다양한 변이를 보인다.

4 F_1 세대는 A와 B를 교배하여 얻은 F_1은 A와 B의 유전자를 각각 50%씩 갖는다.
F_1을 반복친 A와 교배하면, BC_1F_1 세대는 A의 유전자를 75%, B의 유전자를 25% 갖는다.
F_1 (50%A + 50%B) × A (100%A) = 75%A + 25%B
BC_1F_1을 다시 반복친 A와 교배하면, BC_2F_1 세대는 A의 유전자를 더 많이 갖게 된다.
BC_1F_1 (75%A + 25%B) × A (100%A) = 87.5%A + 12.5%B
BC_2F_1 세대에서 B 개체의 유전자 비율은 12.5%이다.

5 ② 환경변이는 환경 요인에 의해 발생하고 다음 세대로 유전되지 않는다.

6 〈보기〉에서 신품종의 종자증식과 보급에 대한 설명으로 옳은 것을 모두 고른 것은?

> ㉠ 기본식물은 육종가들이 직접 생산하거나 육종가의 관리하에 생산된다.
> ㉡ 신품종의 종자 증식체계는 기본식물 ─원종 ─원원종 ─ 보급종이다.
> ㉢ 원종은 각 도의 농업기술원에서 생산하여 보급한다.
> ㉣ 우량종자는 보급종, 원종, 원원종을 포함한다.

① ㉠㉡
② ㉠㉣
③ ㉡㉢
④ ㉢㉣

7 작물의 생식방법에 대한 설명으로 가장 옳지 않은 것은?

① 같은 식물체에서 생긴 정세포와 난세포가 수정하는 것을 자가수정이라고 한다.
② 유성생식기관 또는 거기에 부수되는 조직세포가 수정 과정을 거치지 않고 배를 만들어 종자를 형성하는 생식방법을 아포믹시스라고 한다.
③ 아포믹시스 종자는 다음 세대에 유전분리가 일어나지 않기 때문에 이형접합체라도 우수한 유전자형은 동형 접합체와 동일한 품종으로 만들 수 있다.
④ 벼, 밀, 콩, 토 마 토 등의 자식성 작물은 타식성 작물 보다 유전변이가 더 크다.

ANSWER 6.② 7.④

6 ㉡ 기본식물 ─원원종 ─원종 ─보급종 순서이다.
　 ㉢ 원종은 각 도의 농산물 원종장에서 생산하여 보급한다.

7 ④ 자식성 작물은 자가수분을 통해 유전적 동질성을 유지하지만 타식성 작물은 유전적 변이가 크기 때문에 유전변이가 더 크다.

8 〈보기〉에서 논토양 내 질소순환에 대한 설명으로 옳은 것을 모두 고른 것은?

> ⊙ 유기물은 질산화작용을 통해 식물이 이용할 수 있는 무기태 질소화합물인 암모늄이온 (NH_4^+) 형태로 변한다.
> ⊙ 질산태질소는 논토양에서 용탈이 심하게 일어나 암모니아태질소보다 지속적인 비료 효과가 떨어진다.
> ⊙ 논의 환원층에서는 혐기성인 탈질균의 작용으로 인해 가스태질소로 비산된다.
> ⊙ 논토양은 산화작용이 활발하여 토양의 색깔이 황갈색을 띤다.

① ㉠㉡

② ㉠㉢

③ ㉡㉢

④ ㉢㉣

9 상적 발육설에 대한 설명으로 가장 옳지 않은 것은?

① 한 식물체가 발육상을 경과하려면 서로 다른 특정한 환경조건이 필요하다.

② 종자식물인 1년생 작물의 발육상은 하나하나의 단계로 구성되어 있다.

③ 앞과 뒤의 발육상은 분리되어 성립하여 앞의 발육상을 경과하지 못하여도 다음 발육상으로 이행된다.

④ 양적 증가 인생 장과 달리 발육은 체내의 순차적인 질적 재조정작용을 의미한다.

10 우수한 유전자형을 개발하기 위한 타식성 작물의 육종에 대한 설명으로 가장 옳은 것은?

① 타식성 작물은 타가수분을 하므로 대부분 동형접합체이다.

② 타식성 작물보다 자식성 작물에서 잡종강세가 월등히 크게 나타난다.

③ 타식성 작물의 대표적인 육종방법은 순계선발이다.

④ 타식성 작물을 인위적으로 자식시키면 근교약세가 일어난다.

ANSWER 8.③ 9.③ 10.④

8 ⊙ 유기물은 암모니아화 작용을 통해 식물이 이용할 수 있는 무기태 질소화합물인 암모늄이온 (NH_4^+) 형태로 변한다.
  ⊙ 논토양은 환원 조건이 우세하여 환원 조건에서는 토양이 회색이나 푸른 색을 띤다.

9 ③ 발육상은 순차적으로 진행되기 때문에 앞의 발육상을 경과해야만 다음 발육상으로 이행된다.

10 ① 타식성 작물은 타가수분을 하므로 대부분 이형접합체이다.
  ② 자식성 작물보다 타식성 작물에서 잡종강세가 월등히 크게 나타난다.
  ③ 순계선발은 주로 자식성 작물에서 사용되는 육종방법이다.

11 작물의 습해에 대한 설명으로 가장 옳지 않은 것은?

① 과습으로 토양산소가 부족하면 호흡이 저해되어 에너지 방출이 저해된다.
② 지온이 높을 때 과습하면 환원성 유해물질이 생성되어 작물의 생육이 저해된다.
③ 맥류의 경우, 저온기에 습해를 받으면 근부조직이 괴사된다.
④ 맥류의 경우, 생육 성기보다 초기에 심한 습해를 받기 쉽다.

12 광과 작물의 생리작용에 대한 설명으로 가장 옳지 않은 것은?

① 광보상점이 낮은 식물은 내음성이 강하다.
② 광보상점보다 낮은 광도조건에서 식물 잎은 이산화탄소를 방출한다.
③ 녹색광파장 영역은 적색과 청색에 비해 상대적으로 광합성에 미치는 효과가 적다.
④ 지나치게 강한광 조건과 고온조건에서는 광호흡보다 광합성이 우세하다.

13 이산화탄소 농도에 대한 설명으로 가장 옳은 것은?

① 여름철 지표면과 접한 공기층은 토양유기물의 분해와 뿌리 호흡으로 인해 이산화탄소의 농도가 낮다.
② 이산화탄소는 공기보다 무거워 가라앉기 때문에 지표로 부터 멀어짐에 따라 농도가 더 낮게 나타난다.
③ 미숙유기물을 시용하면 이산화탄소의 발생을 적게 하여 작물주변공기층에서 이산화탄소농도가 낮게 나타난다.
④ 바람은 공기 중의 이산화탄소 농도의 불균형을 촉진하고, 식생이 무성하면 바람을 막아 가까운 공기층에서 이산화탄소 농도를 낮춘다.

ANSWER 11.④ 12.④ 13.②

11 ④ 초기에는 뿌리 발달이 덜 진행되어 생육 성기에 비해 습해를 덜 받는다.

12 ④ 지나치게 강한 광 조건과 고온 조건에서는 광합성 효율이 감소하고 광호흡이 우세하게 되면서 식물의 생장을 저해한다.

13 ① 토양유기물의 분해와 뿌리 호흡으로 인해 이산화탄소가 발생하면서 여름철 지표면과 접한 공기층에서는 이산화탄소 농도가 높다.
③ 미숙유기물을 시용하면 유기물의 분해가 활발하게 일어나 이산화탄소 농도가 높게 나타난다.
④ 바람은 공기 중의 이산화탄소 농도를 균일하게 하는 데 도움을 주고 식생이 무성하면 바람을 막아 공기 중 이산화탄소 농도는 유지된다.

14 작물의 생육형태 조정법에 대한 설명으로 가장 옳지 않은 것은?

① 환상박피를 하면 상부에서 생성된 동화양분이 껍질부를 통하여 내려가지 못하므로 화아분화가 억제된다.

② 적심은 원줄기나 원가지의 순을 질러서 그 생장을 억제하고 곁가지 발생을 많게 하는 것이다.

③ 적아는 필요하지 않은 눈을 손으로 따주는 것이다.

④ 제얼이란 감자 및 토란재배 등에서 한포기로 부터 여러 개의 싹이 나올 경우, 충실한 것을 몇 개만 남기고 나머지는 제거해주는 것이다.

15 작물 재배 시 발생하는 도복과 수발아 대책에 대한 설명으로 가장 옳지 않은 것은?

① 키가 작고 대가실한 품종을 선택하면도 복방지에 효과적이다.

② 만숙종이 조숙종 보다 수발아 위험이 적고, 숙기가 같더라도 휴면기간이 짧은 품종은 수발아가 적다.

③ 도복 방지를 위해 질소 중심의 시비를 피하고, 칼리, 인, 규소, 석회 등을 충분히 시용한다.

④ 도복하면 수발아 발생 가능성이 커진다.

16 〈보기〉는 배추종자 100립을 7월 1일에 치상하여 발아시킨 결과이다. 이 실험의 평균발아일수[일]는?(단, 발아종자 수는 치상 후 해당 일에 새롭게 발아된 종자수이다. 평균발아 일수는 소수점둘째 자리에서 반올림한다.)

조사 날짜	7월 2일	7월 4일	7월 6일	7월 8일	7월 10일	7월 12일	계
치상 후 일수	1	3	5	7	9	11	
발아한 종자 수	10	20	40	15	5	0	90

① 4.3

② 4.7

③ 5.1

④ 5.5

14 ① 환상박피는 상부에서 생성된 동화양분이 아래로 내려가지 못하게 하여 상부에 양분이 축적하면서 화아분화가 촉진된다.

15 ② 만숙종이 조숙종 보다 수발아 위험이 크고, 숙기가 같더라도 휴면기간이 짧은 품종은 수발아가 많다.

16 평균발아일수 = $\dfrac{(1 \times 10) + (3 \times 20) + (5 \times 40) + (7 \times 15) + \times (9 \times 5)}{90} = 4.67$

17 〈보기〉는 옥신 호르몬 농도에 따른 식물기관의 생장족진과 생장억제 반응이다. (A)~(C)에 해당하는 식물기관을 순서대로 바르게 나열한 것은?

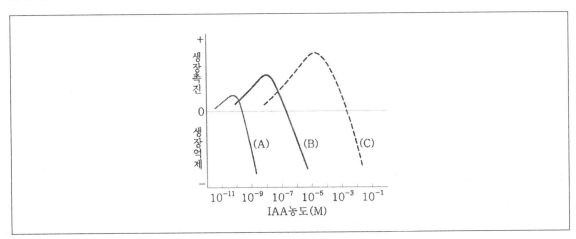

① 뿌리 – 눈 – 줄기
② 뿌리 – 줄기 – 눈
③ 눈 – 줄기 – 뿌리
④ 눈 – 뿌리 – 줄기

18 멀칭필름의 종류별 효과에 대한 설명으로 가장 옳지 않은 것은?

① 녹색필름은 청색광과 적색광을 강하게 흡수하여 잡초 발생 억제 효과가 크다.
② 투명필름은 지온을 상승시키지만 잡초의 발생은 많아진다.
③ 흑색필름은 모든 광을 잘 흡수하여 잡초 발생 억제 효과가 크다.
④ 녹색필름은 멀칭필름 중 지온 상승 억제 효과가 가장 크다.

ANSWER 17.① 18.④
....

17 (A) 뿌리, (B) 눈, (C) 줄기에 해당한다.

18 ④ 녹색필름보다 흑색필름이 지온 상승 억제 효과가 크다.

19 수증기압포차(VPD)에 대한 설명으로 옳지 않은 것은?

① 포화 수증기압과 실제 수증기압 간의 차이로서 온도와 상대습도로부터 계산된다.

② 식물의 증산 속도에 영향을 미치는 중요한 요인이다.

③ 재배 온실은 보온을 위해 밀폐되는 겨울에 높은 상대 습도와 낮은 VPD 조건이 되기 쉽다.

④ 삽목 단계에서는 증산을 막기 위해 수증기압 포차를 2.2kPa 이상 높게 유지함으로써 삽수가 건조해지는 것을 막을 수 있다.

20 연작의 피해인 기지현상이 가장 크게 나타나는 작물로 옳게 짝지은 것은?

① 양배추, 뽕나무

② 옥수수, 감나무

③ 인삼, 복숭아나무

④ 고구마, 포도나무

ANSWER 19.④ 20.③

19 ④ VPD를 2.2kPa 이상 높게 유지하면 증산을 촉진하여 삽수가 건조해진다.

20 연작(연속재배) 피해는 특정 작물들을 동일한 토지에 반복해서 재배할 때 발생한다. 원인으로는 병해충의 축적, 토양의 영양 불균형, 유해물질의 축적 등이 있다. 인삼과 복숭아는 연작장해가 크게 나타나는 작물이다.

1 작물 및 작물재배에 대한 설명으로 옳지 않은 것은?

① 작물은 이용성과 경제성이 높아서 재배대상이 되는 식물을 말한다.

② 작물재배는 인간이 경지를 이용하여 작물을 기르고 수확하는 행위를 말한다.

③ 작물재배는 자연환경의 영향을 크게 받고, 생산조절이 자유롭지 못하다.

④ 휴한농법은 정착농업이 활성화되기 이전에 지력을 유지하는 방법으로 실시되었다.

2 작물의 재배관리에 대한 설명으로 옳은 것은?

① 중경으로 인한 단근의 피해는 생식생장기보다 어릴 때 더 크다.

② 제초제를 사용하는 잡초방제는 물리적 방제법에 해당된다.

③ 맥류 재배 시 월동 후 답압은 한해(旱害)를 경감하는 효과가 있다.

④ 토양멀칭은 골 사이의 흙을 포기 밑으로 긁어 모아주는 것을 말한다.

ANSWER　1.④　2.③

1　④ 휴한농업은 정착농업 이후에 지력감퇴를 방지하기 위하여 농경지의 일부를 몇 년에 한 번씩 휴한하는 작부방식이다. 유럽에서 발달한 3포식 농법이 대표적이다.

2　① 중경으로 인한 단근의 피해는 작물이 어릴 때는 크지 않지만, 생식생장기에 피해가 커진다.
② 제초제를 사용하는 잡초방제는 화학적 방제법에 해당된다.
④ 토양멀칭은 농작물이 자라고 있는 땅에 잡초 발생을 억제하기 위해 짚이나 비닐 따위로 덮는 일이다.
※ 잡초방제 방법
　㉠ 예방적방제 : 잡초위생, 법적장치(검역)
　㉡ 생태적(재배적, 경종적) : 방제경합특성이용(재배법), 환경제어
　㉢ 물리적(기계적) 방제 : 인, 축, 동력
　㉣ 생물적방제 : 균, 충, 어폐류, 동·식물
　㉤ 화학적방제 : 제초제, PGR
　㉥ 종합방제(IPM)

3 작물의 유전성에 대한 설명으로 옳은 것만을 모두 고르면?

> ㉠ 표현형 분산에 대한 환경 분산의 비율을 유전력이라고 한다.
>
> ㉡ 우성유전자와 열성유전자가 연관되어 있는 유전자 배열을 상반이라고 한다.
>
> ㉢ 하나의 유전자 산물이 여러 형질에 관여하는 것을 유전자 상호작용이라고 한다.
>
> ㉣ 비대립유전자 사이의 상호작용에서 한쪽 유전자의 기능만 나타나는 현상을 상위성이라고 한다.

① ㉠, ㉡

② ㉠, ㉢

③ ㉡, ㉣

④ ㉢, ㉣

4 기지(忌地)현상의 원인에 대한 설명으로 옳지 않은 것은?

① 콩, 땅콩 등을 연작하면 토양선충이 번성한다.

② 심근성 작물을 연작하면 토양의 긴밀화로 그 물리성이 악화된다.

③ 앨팰퍼, 토란을 연작하면 석회가 많이 흡수되어 그 결핍증이 나타나기 쉽다.

④ 가지, 토마토 등을 연작하면 토양 중 특정 병원균이 번성하여 병해를 유발한다.

ANSWER 3.③ 4.②

3 ㉠ 특정 형질의 전체변이 중에 유전효과로 설명될 수 있는 부분의 비율을 유전력이라고 하는데, 이는 표현형분산에 대한 유전분산의 비율로서 표현된다.
㉢ 하나의 유전자 산물이 여러 형질에 관여하는 것을 유전자 연관이라고 한다.

4 ② 화곡류와 같은 천근성 작물을 연작하면, 토양이 긴밀화해져서 물리성이 악화된다.

5 작물의 병충해 방제법 중 경종적 방제법과 생물학적 방제법을 바르게 연결한 것은?

> ㉠ 과실에 봉지를 씌워 병충해를 차단한다.
> ㉡ 농약을 살포하여 병충해를 방제한다.
> ㉢ 맵시벌, 꼬마벌과 같은 기생성 곤충을 활용한다.
> ㉣ 배나무의 붉은별무늬병은 주변의 향나무를 제거하여 방제한다.

	경종적 방제법	생물학적 방제법
①	㉠	㉡
②	㉠	㉢
③	㉣	㉡
④	㉣	㉢

6 타식성 작물의 육종방법에 대한 설명으로 옳은 것은?

① 집단선발은 기본집단에서 선발한 우량개체를 계통재배하고, 선발된 우량계통을 혼합채종하여 집단을 개량하는 방법이다.

② 순환선발은 우량개체를 선발하고 그들 간에 상호교배를 하더라도 집단 내에 우량유전자의 빈도가 변하지 않는다.

③ 잡종강세는 잡종강세유전자가 이형접합체로 되면 공우성이나 유전자 연관 등에 의하여 잡종강세가 발현된다는 우성설로 설명된다.

④ 상호순환선발은 두 집단에 서로 다른 대립유전자가 많을 때 효과적이며, 일반조합능력과 특정조합능력을 함께 개량할 수 있다.

ANSWER 5.④ 6.④

5 ㉣ 병해충, 잡초의 생태적 특징을 이용하여 작물의 재배조건을 변경시키고 내충, 내병성 품종의 이용, 토양관리의 개선 등에 의하여 병충해, 잡초의 발생을 억제하여 피해를 경감시키는 방법이다.
　㉢ 식물체에는 해를 주지 않지만, 식물병원체에는 길항작용을 나타내는 미생물을 이용하여 병해를 방제하는 방법이다.

6 ① 집단선발은 기본집단에서 우량개체를 선발, 혼합채종하여 집단재배하고, 집단 내 우량 개체 간에 타가수분을 유도함으로 품종을 개량한다.
② 순환선발은 우량개체를 선발하고 그들 간에 상호교배를 함으로써 집단 내에 우량 유전자의 빈도를 높여가는 육종방법이다.
④ 타식성 작물의 근친교배로 약세화한 작물체 또는 빈약한 자식계통끼리 교배하면 그 F1은 양친보다 왕성한 생육을 나타내는 데, 이를 잡종강세라고 한다.

7 한해(旱害, 건조해)에 대한 설명으로 옳지 않은 것은?

① 내건성이 강한 작물은 건조할 때 광합성이 감퇴하는 정도가 크다.
② 내건성이 강한 작물의 세포는 원형질의 비율이 높아 수분보유력이 강하다.
③ 작물의 내건성은 생육단계에 따라 차이가 있으며 생식생장기에 가장 약하다.
④ 밭작물의 한해대책으로 질소의 다용을 피하고, 퇴비 또는 칼리를 증시한다.

8 자식성 작물과 타식성 작물에 대한 설명으로 옳지 않은 것은?

① 자식성 작물은 세대가 진전됨에 따라 동형접합체 비율이 증가한다.
② 타식성 작물은 자식이나 근친교배에 의해 이형접합체의 열성유전자가 분리된다.
③ 자식성 작물은 타식성 작물과는 달리 자식약세 현상과 잡종강세가 모두 나타나지 않는다.
④ 자식성 및 타식성 작물 모두 영양번식으로 유전자형을 동일하게 유지할 수 있다.

9 작물의 열해에 대한 설명으로 옳지 않은 것은?

① 단백질의 합성이 저해되고 암모니아의 축적이 많아진다.
② 원형질단백의 열응고가 유발되어 열사가 나타난다.
③ 철분이 침전되면 황백화 현상이 일어난다.
④ 작물체의 연령이 높아질수록 내열성이 대체로 감소한다.

ANSWER 7.① 8.③ 9.④

7 ① 내건성이 강한 작물은 건조할 때 광합성이 감퇴하는 정도가 크다.

8 ③ 자식성 작물도 잡종강세가 있지만 타식성 작물에서 월등히 크게 나타난다.

9 ④ 작물체의 연령이 높아질수록 내열성이 증대된다.

10 다음은 보리 종자 100립의 발아조사 결과이다. 이에 대한 설명으로 옳지 않은 것은? (단, 최종 조사일은 파종 후 7일, 발아세 조사일은 파종 후 4일이다. 소수점 이하는 둘째 자리에서 반올림한다)

파종 후 일수(일)	1	2	3	4	5	6	7	합계
조사 당일 발아종자수(개)	0	3	15	40	15	10	2	85

① 발아율은 85%이다.
② 발아세는 58%이다.
③ 평균발아일수는 3.6일이다.
④ 발아전은 파종 후 6일이다.

11 일장과 작물의 화성에 대한 설명으로 옳지 않은 것은?

① 유도일장과 비유도일장의 경계를 한계일장이라고 한다.
② 단일식물은 유도일장의 주체가 단일측에 있고, 한계일장은 보통 장일측에 있다.
③ 장일식물은 24시간 주기가 아니더라도 상대적으로 명기가 암기보다 길면 장일효과가 나타난다.
④ 중간식물은 일정한 한계일장이 없고, 대단히 넓은 범위의 일장에서 화성이 유도된다.

12 작물의 육종방법에 대한 설명으로 옳은 것은?

① 계통육종법은 집단육종법에 비해 유용 유전자형을 상실할 염려가 적다.
② 돌연변이육종법은 돌연변이 유발원이 처리된 M0세대에서 변이체를 선발하는 방법이다.
③ 세포분열이 왕성한 생장점에 콜히친을 처리하면 핵의 발달이 저해되어 배수체가 유도된다.
④ 파생계통육종법은 1개체 1계통법보다 초기세대에서 개체선발을 시작한다.

ANSWER 10.③ 11.④ 12.④

10 평균발아일수

$$= \sum \left\{ \frac{(2 \times 3) + (3 \times 15) + (4 \times 40) + (5 \times 15) + (6 \times 10) + (7 \times 2)}{85} \right\} = 4.24$$

11 ④ 중성식물(중일성 식물)은 일정한 한계일장이 없고, 대단히 넓은 범위의 일장에서 화성이 유도되며, 화성이 일장의 영향을 받지 않는다고 할 수도 있다.

12 ① 계통육종법은 유용 유전자를 상실할 우려가 있다.
② 돌연변이 육종법은 자체 유전자 변이를 이용하는 것으로, 교배육종이 곤란한 식물종에도 적용이 가능하다는 장점이 있다.
③ 세포분열이 왕성한 생장점에 콜히친을 처리하면 방추체의 형성이 억제된다.

13 다음 설명에 해당하는 토양 무기성분은?

> 감귤류에서 결핍 시 잎무늬병, 소엽병, 결실불량 등을 초래하고, 경작지에 과잉 축적되면 토양오염의 원인이 된다.

① 아연
② 구리
③ 망간
④ 몰리브덴

14 지베렐린에 대한 설명으로 옳은 것만을 모두 고르면?

> ㉠ 세포분열을 촉진하고, 콩과작물의 근류 형성에 필수적이다.
> ㉡ 잎의 노화·낙엽촉진·휴면유도·발아억제 등의 효과가 있다.
> ㉢ 섬유작물, 목초 등에 처리하면 경엽의 신장을 촉진한다.
> ㉣ 종자의 휴면을 타파하여 발아를 촉진하고, 호광성 종자의 발아를 촉진한다.

① ㉠, ㉡
② ㉠, ㉣
③ ㉡, ㉢
④ ㉢, ㉣

ANSWER 13.① 14.④

13 ① 감귤류에서 아연 결핍 시, 황색 반점이 잎맥 사이에 나타난다. 엽맥을 따라 불규칙한 녹색부분이 나타나며, 신초는 더 이상 성장하지 않는다.

14 ㉠ 지베렐린은 세포신장과 세포분열을 모두 증가시킨다.
　　 ㉡ 호광성 종자는 적색광에서 발아가 촉진된다.

15 시비방법에 대한 설명으로 옳지 않은 것은?

① 꽃을 수확하는 작물은 꽃망울이 생길 무렵에 질소의 효과가 잘 나타나도록 하면 개화와 발육이 양호하다.

② 뿌리를 수확하는 작물은 초기에는 칼리를 충분히 주고, 양분 저장이 시작될 무렵에는 질소를 충분히 시용한다.

③ 종자를 수확하는 작물은 영양생장기에는 질소의 효과가 크고, 생식생장기에는 인과 칼리의 효과가 크다.

④ 과실을 수확하는 작물은 특히 결과기에 인과 칼리가 충분해야 과실의 발육과 품질의 향상에 유리하다.

16 작물의 수분 흡수에 대한 설명으로 옳지 않은 것은?

① 세포 삼투압과 막압의 차이를 확산압차라고 한다.

② 토양용액 자체의 삼투압이 높으면 수분 흡수를 촉진한다.

③ 세포가 수분을 최대로 흡수하여 팽만상태가 되면 삼투압과 막압이 같아진다.

④ 일비현상은 근압에 의하여 발생하며 적극적 흡수의 일종이다.

17 간척지 토양의 재배환경에 대한 설명으로 옳지 않은 것은?

① 대체로 지하수위가 낮아 산화상태가 발달한다.

② 높은 염분농도 때문에 벼의 생육이 저해된다.

③ 간척지에서는 황화물이 산화되어 강산성을 나타낸다.

④ 점토가 과다하고 나트륨 이온이 많아 뿌리 발달이 저해된다.

Aɴsᴡᴇʀ 15.② 16.② 17.①

15 ② 뿌리를 수확하는 작물은 초기에는 질소를 넉넉히 주어 생장을 촉진시키고, 양분의 저장이 시작될 무렵에는 칼리를 충분히 시용하도록 한다.

16 ② 토양용액의 삼투압이 높아지면 수분과 양분흡수가 방해를 받게 된다.

17 ① 간척지 토양은 지하수위가 높아 배수가 불량하며, 초기 염도가 높고 비옥도가 낮아 밭작물 재배나 녹화가 불리한 여건이다.

18 작물과 대기환경에 대한 설명으로 옳지 않은 것은?

① 작물의 이산화탄소 보상점은 대기 중 평균 이산화탄소 농도보다 높다.

② 이산화탄소, 메탄가스, 아산화질소 등이 온실효과를 유발한다.

③ 풍해로 인한 벼의 백수현상은 대기가 건조할수록 발생하기 쉽다.

④ 시속 4~6km 이하의 약한 바람은 광합성을 증대시키는 효과가 있다.

19 작물의 수확 후 관리에 대한 설명으로 옳지 않은 것은?

① 과실과 채소는 예냉처리를 통해 신선도를 유지하고 저장성을 높일 수 있다.

② 서류는 수확작업 중에 발생한 상처를 큐어링 처리한 후 저장한다.

③ 곡물 저장 시 미생물 번식 억제와 품질 유지를 위해 수분함량을 16~18%로 유지한다.

④ 사과나 참다래는 수확 후 일정기간 후숙처리를 하면 품질이 향상된다.

20 작물의 웅성불임성에 대한 설명으로 옳지 않은 것은?

① 하나의 열성유전자로 유기되는 유전자적 웅성불임성은 불임계와 이형계통을 교배하여 가임종자와 불임종자가 3 : 1로 섞여 있는 상태로 유지되는 단점이 있다.

② 임성회복유전자가 없는 세포질적 웅성불임계를 모계로 사용하여 1대 잡종종자를 생산하면 어떠한 가임계통의 꽃가루로 수분하여도 100% 불임개체만 나오게 된다.

③ 세포질－유전자적 웅성불임성에서 웅성불임성 도입을 위해 여교배를 활용할 수 있다.

④ 감온성 유전자적 웅성불임성을 모계로 이용하는 경우 임성회복유전자가 없더라도 조합능력이 높으면 부계로 이용할 수 있다.

ANSWER 18.① 19.③ 20.①

18 ① 일반적으로 작물의 이산화탄소 보상점은 대기 중의 이산화탄소 농도 370ppm보다 낮은 30~80ppm 수준이다.

19 ③ 곡물 저장 시 수분함량을 15% 이하로 유지하고 저장고 내의 온도는 15℃ 이하, 습도는 70% 이하로 유지해야 한다.

20 ① 웅성불임성은 양파, 당근, 고추, 토마토, 옥수수 등의 일대잡종 채종에 널리 이용되고 있다. 이때 잡종종자는 웅성불임계에서 얻어지므로 채종량의 증대를 위해 불임계 : 가임계의 배식비율은 보통 3:1 이상으로 한다.

1 식물의 진화와 재배작물로의 특성 획득에 대한 설명으로 옳지 않은 것은?

① 식물의 자연교잡과 돌연변이는 유전변이를 일으키는 원인이다.
② 재배작물은 환경에 견디기 위해 휴면이 강해지는 방향으로 발달하였다.
③ 재배작물이 안정상태를 유지하려면 유전적 교섭이 생기지 않아야 한다.
④ 식물이 순화됨에 따라 종자의 탈립성이 작아지는 방향으로 발달하였다.

2 감자와 양파에서 발아억제, 담배의 측아 억제 효과가 있는 약제는?

① MH
② GA
③ CCC
④ B-Nine

ANSWER   1.② 2.①

1   ② 재배작물은 빠른 발아를 위해 휴면이 약해지는 방향으로 발달하였다.

2   발아억제 물질
　　ⓐ Auxin : 측아의 발육 억제
　　ⓑ ABA(Abscisic acid) : 자두, 사과, 단풍나무 동아(동아) 휴면 유도
　　ⓒ 쿠마린(Coumarin) : 토마토, 오이, 참외의 과즙 중에 존재
　　ⓓ MH(Maleic hydrazide) : 감자, 양파의 발아 억제

3 다음 조건에서 양친을 교배했을 때 생성되는 F_1 종자의 유전자형으로 옳은 것은?

> • 모본과 부본의 유전자형은 각각 S_1S_2, S_1S_3이다.
> • 포자체형 자가불화합성을 나타내는 복대립유전자이다.
> • 대립유전자 간 우열관계는 없다.

① S_1S_2, S_2S_3
② S_1S_3, S_2S_3
③ S_1S_2, S_1S_3, S_2S_3
④ 종자가 생성되지 않는다.

4 성분량으로 질소 50kg을 추비하려면 요소비료의 시비량[kg]은?

① 46
② 64
③ 96
④ 109

5 자식계통으로 1대잡종품종 육성 시 단교배의 특징에 대한 설명으로 옳지 않은 것은?

① 생육이 빈약한 교배친을 사용하므로 발아력이 약하다.
② 영양번식이 가능한 사료작물을 육종할 때 널리 이용한다.
③ 잡종강세현상이 뚜렷하고 형질이 균일하다.
④ 생산량이 적고 종자가격이 비싸지만 불량형질은 적게 나타난다.

ANSWER 3.④ 4.④ 5.②

3 모본과 부본의 유전자형에 하나라도 같으면 불화합이다. S_1S_2, S_1S_3에 S_1이 동일하므로 종자가 생성되지 않는다.

4 요소 시비량＝질소 시비량/질소 함량
요소 비료의 질소 함량은 46%이므로, 50/0.46＝약 109이다.

5 ② 영양번식이 가능한 사료작물을 육종할 때는 3원교배(복교배)를 이용한다.

6 종자를 토양에 밀착시켜 흡수가 잘 되도록 하여 발아를 조장하는 작업은?

① 시비
② 이식
③ 진압
④ 경운

7 춘화처리의 농업적 이용에 대한 설명으로 옳지 않은 것은?

① 추파밀을 춘화처리해서 파종하면 육종상의 세대단축에 이용할 수 있다.
② 일부 사료작물은 춘화처리 후 발아율로 종이나 품종을 구별할 수 있다.
③ 동계 출하용 딸기는 촉성재배를 위해서 고온으로 화아분화를 유도한다.
④ 월동채소를 봄에 심어도 저온처리를 하면 추대와 결실이 되므로 채종이 가능하다.

8 답전윤환의 효과로 옳지 않은 것은?

① 지력 증강
② 잡초 감소
③ 수량 증가
④ 기지현상 증가

ANSWER 6.③ 7.③ 8.④

6 진압…종자의 출아를 빠르고 균일하게 하기 위해 파종 전후에 인력 또는 기계로 토양을 눌러주거나 다져주는 작업

7 ③ 동계 출하용 딸기는 촉성재배를 위해서 저온으로 화아분화를 유도한다.

8 답전윤환…논 또는 밭을 논 상태와 밭 상태로 몇 해씩 돌려가면서 벼와 밭 작물을 재배하는 방식
　※ 답전윤환의 효과
　　㉠ 지력 증강
　　㉡ 잡초 감소
　　㉢ 수량 증가
　　㉣ 기지현상 감소

9 토양의 입단을 파괴하는 원인으로 옳은 것은?

① 유기물 시용
② 나트륨이온 시용
③ 콩과작물 재배
④ 토양개량제 투입

10 수분의 기본역할에 대한 설명으로 옳지 않은 것은?

① 작물이 필요물질을 용해상태로 흡수하는 데 용질로서 역할을 한다.
② 다른 성분들과 함께 식물체의 구성물질을 형성하는 데 필요하다.
③ 세포의 긴장상태를 유지하여 식물체의 체제 유지를 가능하게 한다.
④ 식물체 내의 물질분포를 고르게 하는 매개체가 된다.

11 노지재배에서 광과 온도가 적정 생육 조건일 때 이산화탄소 농도와 작물의 생리작용에 대한 설명으로 옳지 않은 것은?

① C_4 식물의 이산화탄소 보상점은 30~70ppm 정도이다.
② C_4 식물은 C_3 식물보다 낮은 농도의 이산화탄소 조건에서도 잘 적응한다.
③ 이산화탄소 농도가 높아지면 일반적으로 호흡속도는 감소한다.
④ 이산화탄소 농도가 높아지면 온도가 높아질수록 동화량이 증가한다.

ANSWER 9.② 10.① 11.①

9 ① 토양에 유기물이 결핍되면 입단 구조가 잘 부서진다. 유기물이 분해될 때에는 미생물에 의해 분비되는 점질물질이 토양 입자를 결합시켜 입단이 형성된다.
③ 클로버, 알팔파 등의 콩과작물은 잔뿌리가 많고 석회분이 풍부하여 토양을 잘 피복하여 입단 형성을 조장하는 효과가 크다.
④ 미생물에 분해되지 않고 물에도 안전한 입단을 만드는 점질물을 인공적으로 합성해 낸 것으로 크릴륨이나 아크릴 소일 등을 사용한다.

10 ① 작물이 필요물질을 용해상태로 흡수하는 데 용매로서 역할을 한다.

11 ① C_4 식물의 이산화탄소 보상점은 0~10ppm 정도이다.

12 다음 중 안전저장온도가 가장 낮은 작물은?

① 쌀
② 고구마
③ 식용 감자
④ 가공용 감자

13 채종재배에 대한 설명으로 옳지 않은 것은?

① 채종지의 기상조건으로는 기온이 가장 중요하다.
② 채종포는 개화기부터 등숙기까지 강우량이 많은 곳이 유리하다.
③ 씨감자는 진딧물이 적은 고랭지에서 생산하는 것이 유리하다.
④ 채종포에서 조파(條播)를 하면 이형주 제거와 포장검사가 편리하다.

14 작물의 습해 대책으로 옳지 않은 것은?

① 고휴재배를 한다.
② 세사로 객토한다.
③ 과산화석회를 시용한다.
④ 황산근비료를 시용한다.

NSWER 12.③ 13.② 14.④

12 ③ 식용 감자의 안전저장온도는 3~4℃이다.
　　① 15℃
　　② 13~25℃
　　④ 10℃

13 ② 채종포는 개화기부터 등숙기까지 강우량이 적은 곳이 유리하다.

14 ④ 작물의 습해 대책으로는 미숙유기물과 황산근비료의 시용을 피한다. 황산근비료는 습해 시 황화수소로 변해
　　작물 뿌리에 악영향을 미친다.

15 다음은 양성잡종에서 유전자가 독립적으로 분리하는지 알아보는 실험이다. (가)~(다)에 들어갈 내용을 바르게 연결한 것은?

(가)	열성친(P) $\times$ 이형접합체(F_1) 주름진 녹색종자(wwgg) 둥근 황색종자(WwGg)			
배우자	wg $\times$ $\frac{1}{4}$WG $\frac{1}{4}$Wg $\frac{1}{4}$wG $\frac{1}{4}$wg (난세포) (정세포)			
접합자	$\frac{1}{4}$WwGg $\frac{1}{4}$Wwgg $\frac{1}{4}$wwGg $\frac{1}{4}$wwgg			
유전자형 빈도	(나)			
표현형 빈도	(다)			

	(가)	(나)	(다)
①	검정교배	1 : 1 : 1 : 1	1 : 1 : 1 : 1
②	검정교배	4 : 2 : 2 : 1	9 : 3 : 3 : 1
③	정역교배	1 : 1 : 1 : 1	1 : 1 : 1 : 1
④	정역교배	4 : 2 : 2 : 1	9 : 3 : 3 : 1

16 반수체육종법에 대한 설명으로 옳지 않은 것은?

① 반수체는 생육이 불량하고 완전한 불임현상을 나타낸다.
② 반수체를 배가한 2배체에서 열성형질은 발현되지 않는다.
③ 반수체육종법을 이용하면 육종 연한의 단축이 가능하다.
④ 화분배양을 통해 반수체를 확보할 수 있다.

ANSWER 15.① 16.②
....

15 배우자 wg(난세포)를 통해 열성동형접합체와 교배하는 검정교배임을 알 수 있다. 유전자형 빈도와 표현형 빈도 모두 1:1:1:1을 보인다.

16 ② 반수체를 배가한 2배체에서 열성형질은 발현되지 않는 것은 아니다. 반수체육종법을 통해 열성형질의 선발을 용이하게 할 수 있다.

17 시설 피복자재에 대한 설명으로 옳지 않은 것은?

① 연질 필름을 방진처리하면 내구성을 높일 수 있다.
② 적외선을 반사하는 유리는 온실의 고온화를 방지하는 효과가 있다.
③ 무적 필름은 소수성을 친수성 필름으로 변환시킨 것이다.
④ 광파장변환 필름은 녹색파장을 증대시킨 것으로 광합성 효율이 높다.

18 다음은 콩과식물의 근류균에 관여하는 원소를 설명한 것이다. (가)~(다)에 들어갈 원소를 바르게 연결한 것은?

> • ┌─(가)─┐ 은 질산환원효소의 구성성분이며 질소대사와 고정에 필요하고 콩과식물에 많이 함유되어 있
> 다. 결핍 시 잎이 황백화되고 모자이크병에 가까운 증상을 보인다.
>
> • ┌─(나)─┐ 가 결핍되면 분열조직에 괴사를 일으키는 일이 많고 수정과 결실이 나빠지며, 사탕무에서는
> 속썩음병이 발생한다. 특히 콩과식물에서는 근류형성과 질소고정이 저해된다.
>
> • ┌─(다)─┐ 은/는 근류균 활동에 필요하고 근류균에는 B_{12}가 많은데 이 원소는 B_{12}의 구성성분이다.

	(가)	(나)	(다)
①	칼슘	붕소	니켈
②	칼슘	규소	코발트
③	몰리브덴	붕소	코발트
④	몰리브덴	규소	니켈

ANSWER 17.④ 18.③

17 ④ 광파장변환 필름은 자외선을 식물에 필요한 적색광으로 광변환할 수 있기 때문에 식물의 성장에 효과적일 것으로 기대된다.

18 (가) 몰리브덴은 질산환원효소의 구성성분이며 질소대사와 고정에 필요하고 콩과식물에 많이 함유되어 있다. 결핍 시 잎이 황백화되고 모자이크병에 가까운 증상을 보인다.
(나) 붕소가 결핍되면 분열조직에 괴사를 일으키는 일이 많고 수정과 결실이 나빠지며, 사탕무에서는 속썩음병이 발생한다. 특히 콩과식물에서는 근류형성과 질소고정이 저해된다.
(다) 코발트는 근류균 활동에 필요하고 근류균에는 B_{12}가 많은데 이 원소는 B_{12}의 구성성분이다.

19 토양수분에 대한 설명으로 옳은 것만을 모두 고르면?

> ㉠ 작물이 생육하는 데 가장 알맞은 토양수분함량을 최대용수량이라고 한다.
> ㉡ 모관수는 응집력에 의해서 유지되므로 작물이 흡수할 수 없는 무효수분이다.
> ㉢ 수분퍼텐셜은 토양이 가장 높고 식물체는 중간이며 대기가 가장 낮다.
> ㉣ 포장용수량과 영구위조점 사이의 수분은 작물이 이용 가능한 유효수분이다.

① ㉠, ㉡
② ㉠, ㉣
③ ㉡, ㉢
④ ㉢, ㉣

20 병해충 관리를 위한 천연살충제가 아닌 것은?

① 보르도액
② 피레드린
③ 니코틴
④ 로테논

ANSWER 19.④ 20.①
....

19 ㉠ 작물이 생육하는 데 가장 알맞은 토양수분함량을 포장용수량이라고 한다.
　㉡ 모관수는 공극에 머물러 있으므로 작물이 흡수할 수 있는 유효수분이다.

20 ① 살균제 농약으로 석회보르도액이라고도 한다.